一流本科专业一流本科课程建设系列教材
普通高等教育交通运输类专业系列教材

机器学习及智慧交通应用

主　编　徐国艳
副主编　崔志勇　周　帆
参　编　刘聪琳　陈海兵

项目代码和数据集

机械工业出版社

本书从机器学习的基本概念出发，逐步深入讲解经典机器学习方法、深度学习、卷积神经网络、循环神经网络以及大模型技术，及它们在智慧交通中的应用，包括车辆追尾预警、交通事故严重程度判断、自动驾驶技术等丰富的案例。本书主要内容有绪论、回归分析、逻辑回归、K近邻算法、决策树、支持向量机、集成学习、贝叶斯分析、聚类分析、深度学习基础及交通标志分类实践项目、卷积神经网络理论及斑马线检测项目、循环神经网络及实践、大模型技术原理及交通领域智能体应用。

本书适合作为智慧交通、智能车辆、自动控制等专业人工智能课程的入门教材。本书内容丰富，叙述清晰且循序渐进，采用新形态构建形式。本书配有项目代码讲解视频、部分习题参考答案等，读者可扫描书中的二维码进行观看；本书提供了部分教学案例和实践项目的源代码，读者可扫描内封上的二维码进行下载。本书还配有PPT课件、教学大纲等，免费赠送给采用本书作为教材的教师（可登录 www.cmpedu.com 注册下载）。首次使用二维码的方法请见封底有关说明。

图书在版编目（CIP）数据

机器学习及智慧交通应用 / 徐国艳主编. -- 北京：机械工业出版社，2025.8. --（一流本科专业一流本科课程建设系列教材）（普通高等教育交通运输类专业系列教材）. -- ISBN 978-7-111-78739-6

Ⅰ. TP181；U495

中国国家版本馆 CIP 数据核字第 2025NX2275 号

机械工业出版社（北京市百万庄大街22号　邮政编码100037）
策划编辑：宋学敏　　　　　　责任编辑：宋学敏　王　荣
责任校对：张爱妮　王　延　　封面设计：张　静
责任印制：单爱军
保定市中画美凯印刷有限公司印刷
2025年8月第1版第1次印刷
184mm×260mm · 16.25 印张 · 399 千字
标准书号：ISBN 978-7-111-78739-6
定价：59.00元

电话服务　　　　　　　　　　网络服务
客服电话：010-88361066　　　机　工　官　网：www.cmpbook.com
　　　　　010-88379833　　　机　工　官　博：weibo.com/cmp1952
　　　　　010-68326294　　　金　书　网：www.golden-book.com
封底无防伪标均为盗版　　　　机工教育服务网：www.cmpedu.com

前　言

在当今信息化、智能化快速发展的时代，机器学习作为人工智能领域的核心技术，正深刻改变着各行各业的发展格局，其中智慧交通领域尤为显著。本书不仅系统介绍了机器学习的基础理论、经典和前沿方法，还深入探讨了这些方法在智慧交通领域的具体应用，旨在为读者提供一个全面、深入且实用的学习平台。

本书主要特色如下。

1. 理论与实践并重，强化应用导向

本书从机器学习的基础理论出发，逐步深入到各类经典算法的原理与实现，同时紧密结合智慧交通领域的案例分析和实践项目，帮助读者理解并掌握机器学习在智慧交通领域的应用，提高解决实际问题的能力。

2. 算法全面且前沿，紧跟技术动态

本书涵盖了从基础的线性回归、逻辑回归、KNN、支持向量机、决策树、聚类算法，到复杂的集成学习、贝叶斯分析，再到深度学习、卷积神经网络、循环神经网络以及大模型等前沿技术，形状了一个完整且系统的机器学习知识体系。同时，本书还密切关注技术动态、介绍了新的研究成果和技术趋势，如大模型在自动驾驶中的应用等，使读者能够保持对行业动态的关注，为未来的学习和工作打下坚实的基础。

3. 注重工程实践，提升项目能力

本书通过多个实践项目和案例，如电动汽车续驶里程预测、汽车追尾事故预测、交通事故严重程度评判、斑马线检测及车辆轨迹预测等，引导读者将所学知识应用于实际问题的解决中。这些实践项目不仅有助于加深读者对算法的理解，还能提升实践能力，为未来的职业发展奠定坚实的基础。

本书由北京航空航天大学徐国艳担任主编，崔志勇、周帆担任副主编，参加编写的还有百度 AI 技术生态部刘聪琳、北京航空航天大学陈海兵。北京航空航天大学研究生刘明达、张璐璐、魏轩帮助整理了实践项目代码等工作。

本书的编写参阅了大量教材、文件、网站资料等有关文献，并将部分参考书目列于参考文献中，由于篇幅有限，还有一些参考书目未能一一列出，在此谨向相关作者表示谢忱和歉意。

由于编者水平有限，书中不足之处在所难免，诚望广大读者不吝赐教，提出宝贵意见。

编　者

目 录

前言

第1章 绪论 …………………………………… 1
  1.1 智慧交通概述 ……………………………… 1
    1.1.1 智慧交通基本概念及特征 ……… 1
    1.1.2 智慧交通简要发展历程 ………… 2
  1.2 机器学习概述 ……………………………… 6
    1.2.1 机器学习的基本概念 …………… 6
    1.2.2 机器学习的典型算法 …………… 7
  1.3 机器学习在智慧交通中的典型应用 …… 8
    1.3.1 机器学习在交通事件检测中的应用 ………………………………… 9
    1.3.2 机器学习在交通状态预测中的应用 ………………………………… 10
    1.3.3 机器学习在交通管理与控制中的应用 ……………………………… 10
    1.3.4 机器学习在自动驾驶技术中的应用 ………………………………… 11
    1.3.5 交通领域大模型的应用 ………… 12
  习题 …………………………………………… 13

第2章 回归分析 …………………………… 14
  2.1 回归分析的起源与基本概念 …………… 14
  2.2 一元线性回归 …………………………… 15
    2.2.1 一元线性回归的基本概念 ……… 15
    2.2.2 损失函数的定义 ………………… 15
    2.2.3 参数优化方法 …………………… 18
    2.2.4 回归模型评估指标 ……………… 19
    2.2.5 一元线性回归实践——电动汽车续驶里程预测 …………………… 20
  2.3 多元线性回归 …………………………… 24
    2.3.1 多元线性回归的基本概念 ……… 24
    2.3.2 多元线性回归的梯度下降法求解 ……………………………… 24
    2.3.3 多元线性回归实践——电动汽车续驶里程预测 …………………… 25
  2.4 多项式回归 ……………………………… 26
    2.4.1 多项式回归的基本概念 ………… 26
    2.4.2 多项式回归的实践——电动汽车续驶里程预测 …………………… 26
  2.5 过拟合与正则化 ………………………… 27
    2.5.1 过拟合 …………………………… 27
    2.5.2 正则化 …………………………… 28
    2.5.3 增加正则项的实践案例 ………… 32
  习题 …………………………………………… 35

第3章 逻辑回归 …………………………… 37
  3.1 二分类与伯努利分布 …………………… 37
  3.2 逻辑函数 ………………………………… 38
  3.3 逻辑回归的损失函数 …………………… 39
    3.3.1 从0/1损失到交叉熵损失 ……… 40
    3.3.2 逻辑回归损失函数的正则化 …… 40
  3.4 逻辑回归的参数优化方法 ……………… 40
  3.5 分类的评估工具与指标 ………………… 42
    3.5.1 混淆矩阵 ………………………… 42
    3.5.2 精确率、召回率、综合评价指标 ……………………………… 42
    3.5.3 微平均、宏平均、加权平均 …… 43
  3.6 Scikit-learn 中的逻辑回归方法 ………… 45
    3.6.1 Scikit-learn 中的逻辑回归分类器 … 45
    3.6.2 LogisticRegression …………… 45
    3.6.3 LogisticRegressionCV ………… 47
    3.6.4 SGDClassifier ………………… 48
  3.7 逻辑回归实践案例 ……………………… 48
    3.7.1 汽车追尾事故预测 ……………… 48
    3.7.2 交通事故严重程度判断 ………… 51
  习题 …………………………………………… 54

第4章 K近邻算法 ………………………… 55
  4.1 KNN 的核心思想 ………………………… 55

4.2 距离度量方式 ……………………… 56
4.3 KNN 实践案例 …………………… 58
    4.3.1 KNN 实践案例——汽车追尾事故
          预测 …………………………… 58
    4.3.2 KNN 实践案例——交通事故严重
          程度判断 ……………………… 59
习题 ……………………………………… 61

第 5 章 决策树 …………………………… 63
5.1 决策树概述 ……………………… 63
5.2 决策树特征选择策略与典型算法 … 64
    5.2.1 特征选择衡量准则 ………… 64
    5.2.2 ID3 算法 …………………… 65
    5.2.3 C4.5 算法 …………………… 68
    5.2.4 CART 算法 ………………… 69
5.3 决策树剪枝 ……………………… 71
    5.3.1 预剪枝 ……………………… 71
    5.3.2 后剪枝 ……………………… 72
5.4 回归决策树 ……………………… 73
5.5 Sklearn 库中的决策树方法 ……… 75
5.6 决策树实践案例 ………………… 77
    5.6.1 汽车安全行驶决策树分类预测 … 77
    5.6.2 汽车防追尾决策树分类预测 … 79
    5.6.3 回归决策树实例 …………… 82
习题 ……………………………………… 82

第 6 章 支持向量机 ……………………… 84
6.1 支持向量机概述 ………………… 84
6.2 线性可分支持向量机 …………… 85
    6.2.1 基本原理 …………………… 85
    6.2.2 线性可分支持向量机实践案例 … 88
6.3 近似线性可分支持向量机 ……… 90
6.4 线性不可分支持向量机 ………… 91
    6.4.1 核函数 ……………………… 91
    6.4.2 线性不可分支持向量机实践
          案例 …………………………… 92
6.5 支持向量机的优缺点 …………… 92
6.6 Sklearn 中的支持向量机方法 …… 93
6.7 支持向量机实践案例——交通事故
    严重程度判断 …………………… 93
习题 ……………………………………… 96

第 7 章 集成学习 ………………………… 97

7.1 偏差和方差 ……………………… 97
    7.1.1 偏差和方差的图示 ………… 97
    7.1.2 偏差和方差的数学定义 …… 98
    7.1.3 偏差和方差的实例演示 …… 99
    7.1.4 偏差和方差的权衡 ………… 101
7.2 Bagging 算法 …………………… 102
    7.2.1 Bagging 算法理论 ………… 102
    7.2.2 Sklearn 中的 Bagging 方法 … 103
    7.2.3 Bagging 实践案例 ………… 104
    7.2.4 随机森林算法理论 ………… 105
    7.2.5 Sklearn 中的随机森林方法 … 105
    7.2.6 随机森林实践案例——电动汽车
          续驶里程预测 ………………… 107
    7.2.7 随机森林实践案例——交通事故
          严重程度判断 ………………… 109
    7.2.8 随机森林的超参数优化 …… 111
7.3 Boosting 算法 …………………… 113
    7.3.1 AdaBoost 算法 ……………… 114
    7.3.2 梯度提升决策树算法 ……… 115
    7.3.3 XGBoost 算法 ……………… 117
    7.3.4 LightGBM 算法 …………… 121
    7.3.5 Boosting 实践案例——电动汽车
          续驶里程预测 ………………… 123
7.4 Stacking 算法 …………………… 126
    7.4.1 Stacking 算法理论 ………… 126
    7.4.2 Stacking 算法实践案例 …… 127
习题 ……………………………………… 128

第 8 章 贝叶斯分析 ……………………… 130
8.1 贝叶斯定理 ……………………… 130
8.2 朴素贝叶斯 ……………………… 131
    8.2.1 朴素贝叶斯原理 …………… 131
    8.2.2 高斯朴素贝叶斯 …………… 132
    8.2.3 伯努利朴素贝叶斯 ………… 132
    8.2.4 多项式朴素贝叶斯 ………… 133
    8.2.5 朴素贝叶斯实践案例 ……… 133
8.3 基于贝叶斯的超参数优化方法及
    实践 ……………………………… 134
    8.3.1 基于 bayes_opt 的电动汽车续驶
          里程预测超参数优化 ………… 134
    8.3.2 基于 hyperopt 的电动汽车续驶
          里程预测超参数优化 ………… 136
    8.3.3 基于 optuna 的电动汽车续驶

里程预测超参数优化 ………… 139
习题 ………… 140

第9章 聚类分析 ………… 142
9.1 聚类分析的分类 ………… 142
9.2 距离或相似度 ………… 143
9.2.1 闵氏距离 ………… 143
9.2.2 马氏距离 ………… 144
9.2.3 相关系数 ………… 144
9.2.4 夹角余弦 ………… 144
9.3 评估指标 ………… 145
9.3.1 轮廓系数 ………… 145
9.3.2 Calinski-Harabasz 指数 ………… 145
9.3.3 Davies-Bouldin 指数 ………… 146
9.4 K-means 聚类 ………… 146
9.4.1 K-means 基本原理 ………… 146
9.4.2 K-means 实践案例——停车场车辆聚类分析 ………… 148
9.4.3 K-means 实践案例——共享单车聚类分析 ………… 150
9.5 DBSCAN 聚类 ………… 152
9.5.1 DBSCAN 基本原理 ………… 152
9.5.2 DBSCAN 实践案例——共享单车聚类分析 ………… 153
9.5.3 DBSCAN 实践案例——球形数据聚类分析 ………… 154
9.6 层次聚类法 ………… 156
9.6.1 层次聚类法基本原理 ………… 156
9.6.2 层次聚类法实践案例——共享单车聚类分析 ………… 157
习题 ………… 158

第10章 深度学习基础及交通标志分类实践项目 ………… 160
10.1 神经网络 ………… 160
10.1.1 神经网络基本概念 ………… 160
10.1.2 单层感知机 ………… 161
10.1.3 多层感知机 ………… 164
10.1.4 综合实践项目——交通事故的严重程度判断 ………… 164
10.2 深度学习理论基础 ………… 164
10.2.1 信号前向传播 ………… 165
10.2.2 激活函数 ………… 166
10.2.3 损失函数 ………… 168
10.2.4 参数优化方法 ………… 169
10.2.5 误差反向传播 ………… 171
10.2.6 计算图 ………… 177
10.3 深度学习框架 ………… 179
10.3.1 TensorFlow ………… 179
10.3.2 PyTorch ………… 179
10.3.3 PaddlePaddle ………… 180
10.4 MLP 实践项目——交通标志分类识别 ………… 181
习题 ………… 183

第11章 卷积神经网络理论及斑马线检测项目 ………… 185
11.1 全连接神经网络的局限性分析 ………… 185
11.2 卷积神经网络理论基础 ………… 186
11.2.1 卷积神经网络基本结构与主要特征 ………… 186
11.2.2 卷积层 ………… 188
11.2.3 池化层 ………… 193
11.3 典型的卷积神经网络模型 ………… 193
11.3.1 LeNet-5 ………… 193
11.3.2 AlexNet ………… 195
11.3.3 VGGNet ………… 196
11.3.4 GoogLeNet ………… 198
11.3.5 ResNet ………… 201
11.4 卷积神经网络实践项目——斑马线检测 ………… 203
习题 ………… 204

第12章 循环神经网络及实践 ………… 206
12.1 自然语言处理及相关技术 ………… 206
12.1.1 NLP 的发展历程 ………… 206
12.1.2 词向量技术 ………… 207
12.2 循环神经网络 ………… 209
12.3 LSTM 和 GRU ………… 210
12.3.1 LSTM ………… 210
12.3.2 GRU ………… 213
12.4 深度循环神经网络 ………… 214
12.4.1 堆叠循环神经网络 ………… 215
12.4.2 深度双向循环神经网络 ………… 215

12.5 序列到序列模型 …………………… 217
12.6 循环神经网络实践项目 ……………… 219
    12.6.1 使用 Gensim 库进行词向量
           生成 ………………………… 219
    12.6.2 基于 LSTM 的文本情感分析 …… 220
    12.6.3 基于循环神经网络的车辆轨迹
           预测 ………………………… 220
习题 ……………………………………… 220

第 13 章 大模型技术原理及交通领域智能体应用 ……………………… 223

13.1 大模型技术概述 …………………… 223
    13.1.1 深度学习的新纪元与挑战 …… 223
    13.1.2 大模型研究进展概述 ………… 224
    13.1.3 大模型发展中的伦理考量 …… 225
13.2 大模型的定义和分类 ……………… 226
    13.2.1 大模型的定义 ………………… 226
    13.2.2 大模型的分类 ………………… 226

13.3 典型的大模型架构原理 …………… 228
    13.3.1 Transformer 模型原理 ………… 228
    13.3.2 生成对抗网络原理 …………… 229
    13.3.3 生成扩散模型原理 …………… 231
13.4 大模型常见应用方式 ……………… 232
    13.4.1 提示词工程 …………………… 232
    13.4.2 检索增强生成 ………………… 233
    13.4.3 大模型微调技术 ……………… 234
    13.4.4 大模型全调技术 ……………… 235
    13.4.5 大模型智能体 ………………… 236
13.5 交通领域大模型智能体技术路径与
       应用实践 …………………………… 237
    13.5.1 基于百度 AppBuilder 零代码平台
           的智能体提示词工程实践 …… 237
    13.5.2 自动驾驶决策智能体构建 …… 243
习题 ……………………………………… 248

参考文献 ……………………………………… 250

第1章 绪 论

在智慧交通系统加速演进的背景下,机器学习技术正成为重构交通运行范式的核心驱动力。作为数据驱动的决策范式,机器学习通过挖掘海量交通数据中蕴含的模式与规律,为交通事件检测、状态预测、管控优化等关键场景提供了革命性的解决方案。面对全球城市化进程引发的交通拥堵、安全隐患及运行效率挑战,基于机器学习的智能交通系统展现出强大的场景适应能力与决策优化潜力,成为构建新一代智慧交通基础设施的关键技术支撑。

本章主要探讨机器学习与智慧交通的融合路径,首先概述智慧交通的内涵特征及其演进历程;其次阐述机器学习基本概念及机器学习在智慧交通中的典型应用,为后续算法解析与实践奠定基础。

1.1 智慧交通概述

1.1.1 智慧交通基本概念及特征

智慧交通是智能交通系统的升级版,同时也是智慧城市建设的重要组成部分,经历了从传统交通管理到智能交通,再到智慧交通的演变过程。智慧交通不仅包含了智能交通系统的基本元素,如信息技术、电子传感技术、控制技术,还融合了物联网、大数据、云计算、人工智能等先进技术。智慧交通的核心在于构建一个动态、灵活、高效的交通系统,旨在提升交通安全性、效率和服务水平。

智慧交通的主要作用如下。

(1) **收集信息** 智慧交通通过安装各种传感器和监控设备,实时收集交通信息,包括车辆速度、道路状况、交通流量等。

(2) **处理信息** 智慧交通利用大数据技术对收集到的信息进行处理和分析,以实现对交通状况的实时监控和预测。

(3) **提供服务** 智慧交通提供多样化的交通服务,如智能导航、实时交通信息推送、在线车辆管理等。

(4) **应急响应** 智慧交通通过集成化的管理平台,实现对交通流的优化控制和紧急事件的快速响应。

智慧交通的建设与发展，为城市交通管理带来了全新的视角与解决方案，不仅显著提高了交通运行效率，有效缓解了交通拥堵，还极大提升了居民的出行满意度，为城市的可持续发展奠定了坚实基础。展望未来，智慧交通将更加注重用户体验的优化与服务质量的提升，致力于实现交通系统的全面智能化，推动车—车、车—路、车—人的无缝互联。同时，依托技术创新，持续探索解决城市交通难题的新路径，共同迈向更加绿色、智能、可持续的交通新时代。

1.1.2 智慧交通简要发展历程

1. 国外智慧交通发展

（1）第一阶段　起源与早期探索阶段。

智慧交通系统的概念可以追溯到20世纪60年代，当时美国和欧洲国家开始研究如何利用新兴的信息技术来提高交通系统的效率和安全性。在20世纪60年代末，北美率先部署了首个交通管理中心，这一中心专门用于收集和处理道路系统的数据。该中心的建立标志着交通系统管理从传统的手工操作向自动化、数据驱动的管理方式转变。交通管理中心通过实时监控进行交通流量数据分析，旨在缓解日益严重的交通拥堵问题。这一时期的主要目标是通过引入计算机技术和通信技术，优化交通管理和控制，提高道路使用效率和安全性。

进入20世纪70年代，随着微处理器的出现，交通信号控制系统开始实现自动化。微处理器的应用使得交通信号灯能够根据实时交通状况进行动态调整，从而提高了交通流量管理的效率。此时，许多城市开始实施自适应交通信号控制系统（Adaptive Traffic Signal Control，ATSC）。其中，最为出名的是20世纪70年代初英国伦敦引入的分割循环偏移优化技术（Split Cycle Offset Optimizing Technique，SCOOT）和70年代末澳大利亚的悉尼协调自适应交通系统（Sydney Coordinated Adaptive Traffic System，SCATS），SCOOT系统更加注重逐周期的优化调整，适用于交通流量变化较快的环境，而SCATS适用于更大范围的区域控制，能通过灵活的配置和多层次控制适应各种交通状况。SCOOT系统与SCATS如图1-1所示。

SCOOT系统和SCATS的成功应用为其他智能交通技术的发展奠定了基础，其技术和经验为未来智能交通系统的集成和发展提供了宝贵的参考和示范。

（2）第二阶段　技术发展与应用推广阶段。

进入20世纪80年代，计算机技术和通信技术的快速发展推动了智能交通系统的进一步发展，交通监控摄像头、车辆检测器和通信网络的结合，使得交通管理者能够获得更加全面和实时的交通信息。这些信息被用于交通状况的监控、交通事件的响应和交通规划的改进。20世纪80年代中期，美国开始实施一系列智能交通项目，旨在通过技术创新解决交通问题。

1991年，美国通过了《综合陆地交通效率法案》（ISTEA），正式将智能交通系统列为国家战略。1994年，美国成立了智能交通协会（ITS America），推动智能交通技术的研究、开发和应用。同一时期，欧洲和日本也开始大力投资于智能交通系统的研究和应用。

除了战略和政策的利好与重要机构的成立以外，在20世纪90年代，全球定位系统（GPS）、地理信息系统（GIS）和无线通信技术的发展，智慧交通系统的功能和应用范围得到了极大的扩展，实时交通信息服务、电子收费系统和车辆导航系统在这一时期逐渐普及。

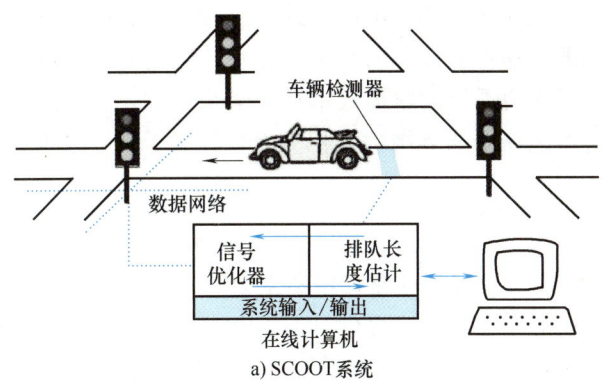

a) SCOOT系统

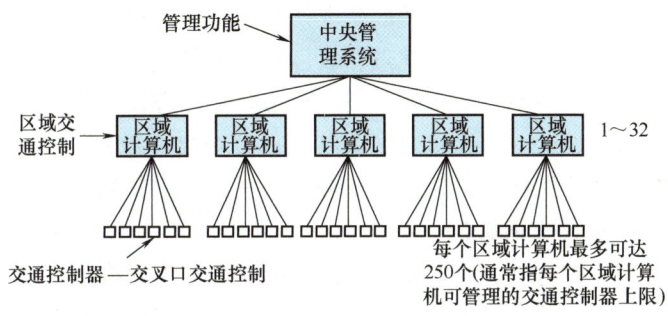

b) SCATS

图 1-1　SCOOT 系统与 SCATS

这些技术不仅提高了交通系统的效率和安全性，还为公众提供了更加便捷的出行服务，并且通过实时的交通信息和精准的导航帮助驾驶者做出更明智的决策，减少了交通拥堵和行驶时间。智能交通系统的发展不仅在技术层面上取得了重大进步，还在政策支持和国际合作的推动下，显著改善了全球范围内的交通管理水平。

（3）第三阶段　全面发展与智能化升级阶段。

进入 21 世纪，互联网和移动通信技术的普及，使得智能交通系统从单一的技术应用向综合集成系统发展，实现了交通信息的实时采集、传输、处理和发布，大大提高了交通管理的智能化水平。21 世纪 00 年代中期，浮动车数据技术开始应用于交通监控，通过移动电话的信号分析来获取交通流量信息。00 年代末和 10 年代初，智能交通系统进一步发展，车联网（V2X）技术开始被广泛应用，实现了车辆与基础设施之间的信息共享和协同控制。

近年来，大数据、人工智能、物联网和 5G 通信等新兴技术的应用，使得交通系统更加智能化和高效化。大数据技术的应用使得交通系统能够处理和分析海量交通数据，从而实现精准的交通流量预测和管理。人工智能技术，特别是机器学习和深度学习，广泛应用于交通流量预测、交通事故检测、自动驾驶等领域，极大地提升了交通系统的智能化水平。

在此阶段智慧交通的典型应用，考虑了更多的交通要素与参与者，在互联与交互方面有了很大提升，能够使交通参与者的出行更加便捷高效。例如在新加坡智慧国（Smart Nation）计划中，智能交通系统得到了全面应用。新加坡通过集成传感器网络、智能摄像头和浮动车数据，实现了对城市交通的全面监控和管理。该智能交通系统能够实时采集和分析交通数据，并通过人工智能算法进行交通流量预测和优化调度，及时发布交通信息，指导市民出行。同时，新加坡还积极推进自动驾驶技术的测试和应用，通过车联网技术实现车辆与基础设施之间的信息共享，提高了交通系统的整体效率和安全性。

在这一阶段，智能交通系统在全球范围内发挥重要作用，为人们提供更加便捷、高效、安全的出行服务。

2. 国内智慧交通发展

(1) 第一阶段　初始阶段，20 世纪 90 年代中期至 2007 年。

这一时期是我国智能交通的孕育和初步探索时期。我国在交通运输和管理方面应用电子信息技术的工作早在 20 世纪 70 年代末就已经开始，当时称为交通工程。我国交通工程的具体内容与国际上有所不同。我国将道路管理系统中的通信、监控和收费系统都纳入交通工程的范围。而国际上对智能交通系统发展的研究认为，交通工程的研究与应用是智能交通系统初级阶段的工作。根据国际上的这一观点，我国的智能交通前身或基础工作早在 70 年代末就已经开始，当时交通部公路科学研究所与北京市公安局合作首次进行了计算机控制交通信号的工程试验。在 20 世纪 80 年代初，国家科技攻关项目津塘疏港公路交通工程研究中，首次在高等级公路上将计算机技术、通信技术和电子技术用于监视和管理系统。

1986—1995 年，我国在交通管理系统方面开展和实施了一系列科学研究和工程，在城市交通管理、高速公路监控系统、收费系统安全保障系统等方面取得了多项科研成果，并开发生产了车辆检测器、可变情报板、可变限速标志、紧急电话、分车型检测仪、通信控制器、监控地图板等多种专用设备，制定了一系列标准和规范。毋庸置疑，这些工作是今天进行智能交通研究和开发的基础。

自 20 世纪 90 年代中期开始，我国组织参与了智能交通系统（ITS）的发展战略、体系框架、标准体系等研究，并进行了关键技术的攻关和试点示范。1995 年，我国首次在世界智能交通大会上亮相，随后逐步参与了更多的智能交通系统相关大会，认识到了智能交通系统的发展趋势及其必要性。

1997 年 4 月，我国第一次智能交通大会召开。科技部于 1999 年 11 月批准成立了国家智能交通系统工程技术研究中心。交通部在"九五"期间指出分阶段地开展交通控制系统、驾驶员信息系统等 5 个领域的研究开发、工程化和系统集成。2000 年，我国 ITS 体系与战略框架被正式提出。2001 年后，国家"十五"规划中提出了"智能交通系统的核心技术开发和示范工程"科技攻关重大项目，标志着智能交通进入了发展阶段。

(2) 第二阶段　发展阶段，2008 年至 2011 年。

我国智能交通协会成立于 2008 年 5 月 14 日，旨在面向企业，建立政府与企业沟通的桥梁，促进企业间的横向联系和合作，促进行业技术进步、产业资源整合，推进产业、学术和研究合作，推动国际交流和合作，加快交通领域信息化和智能化进程，依法维护行业和会员的合法权益，加快我国智能交通事业的发展。

2008 年底，智慧城市在我国首次被提出，智慧交通作为智慧城市的关键部分引起了社会各界的研究兴趣。智能交通开始向智慧交通的概念转变，IBM 等公司抓住机遇，与我国多个城市达成战略合作，推动了智慧交通相关技术的应用和发展。"十一五"期间，结合 2008 年北京奥运会、2010 年上海世界博览会和 2010 年广州亚运会等重大活动的举办需求，科技部启动实施了国家综合智能交通技术集成应用示范科技支撑计划的重大项目,围绕国家高速公路联网不停车收费和服务系统、北京奥运智能交通集成系统、上海世博智能交通技术综合集成系统、广州亚运智能交通综合信息平台系统、远洋船舶与战略物资运输在线监控系统五个方面开展了系统的研究和示范应用,取得了显著成果,为我国举办大型国际活动提供了智能化交通管理和出行服务方面的支撑。

(3) **第三阶段** **成熟阶段,2012 年至今。**

2012 年,我国成立了智慧城市创建工作领导小组,智慧交通作为智慧城市的重要组成部分,建设序幕由此拉开。2013 年,交通运输部部长提出了建设"综合交通、智慧交通、绿色交通、平安交通"的发展理念。2016 年,在《综合运输服务"十三五"发展规划》中提出了要求各地开展智慧交通示范工程的任务。2017 年 9 月,交通运输部发布《智慧交通让出行更便捷行动方案(2017—2020 年)》,标志着我国智慧交通进入了全面建设阶段。2018 年 2 月,交通运输部发布了《关于加快推进新一代国家交通控制网和智慧公路试点的通知》,提出了六个重点方向:基础设施数字化、路运一体化车路协同、北斗高精度定位综合应用、基于大数据的路网综合管理、"互联网"路网综合服务和新一代国家交通控制网。2019 年 9 月,中共中央和国务院发布了《交通强国建设纲要》,提出推动大数据、互联网、人工智能、区块链、超级计算等新技术与交通行业深度融合,到 2035 年,基本建成交通强国,到 21 世纪中叶,全面建成交通强国。2021 年 9 月,交通运输部发布《交通运输领域新型基础设施建设行动方案(2021—2025 年)》,提出"要在 2025 年前建成若干交通新基建重点项目,形成若干可复制可推广的应用场景和修订若干技术标准规范,推动交通基础设施网和运输服务网、信息网和能源网一体化建设"。2021 年 11 月,交通运输部再次发布了《数字交通"十四五"发展规划》,提出到 2025 年,实现"交通设施数字化感知、信息网络大范围覆盖、运输服务方便快捷智能化、行业治理线上线下协同、技术应用主动创新、网络安全保障强有力"的数字交通体系深入推进。

近年来,随着交通行业和数字化技术的不断融合,互联网技术公司逐渐成为促进交通低碳发展的一支重要力量。大数据、5G、云计算、人工智能等新兴技术的迭代升级加快了智慧交通的发展,诞生了新网络、新需求、新融合、新方式,如图 1-2 所示。我国的交通行业也在持续地向智能化、智慧化方向发展,其市场规模呈现出显著的上升趋势。

智慧交通已成为智慧城市建设的重要突破口。首先,从应用成熟度看,目前无论是卡

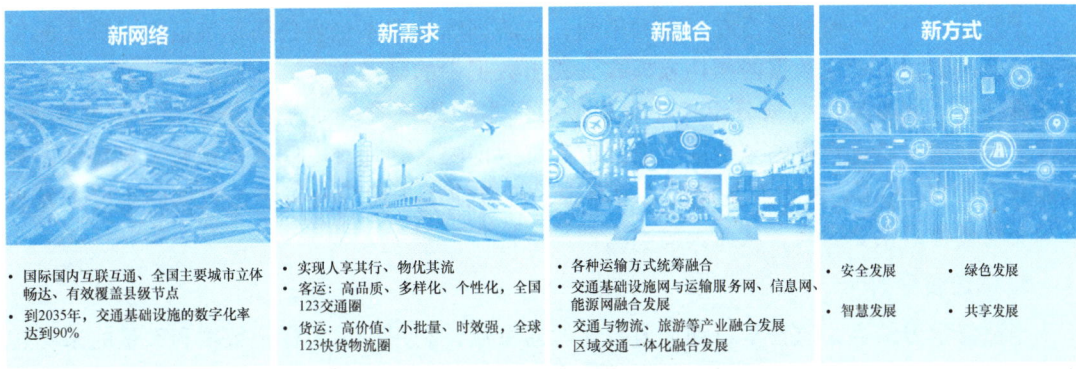

图 1-2 当前智慧交通的发展诞生了新网络、新需求、新融合、新方式

口、电子警察还是视频监控，都是对图像和视频数据进行语义化和结构化处理最成熟、最完整、应用最深的领域。智慧交通可能是现在新兴技术和应用领域里，率先突破数据应用瓶颈的一个技术领域。其次，从技术角度看，大数据、云计算等技术架构最先在智慧交通中落地，智慧交通也必将引领整个智慧城市各个子模块的技术潮流和走势。最后，从使用者与应用者关联的角度看，交通的智能化，最终会影响到人们出行的感受。每个人都能够有非常好的交通秩序体验，这一点就需要智慧交通的技术方案去支撑实现。在这一过程中，智能交通的发展经历了从信息化到智能化的转变，再到当前的智慧化、数字化发展，不断地融合新技术，提升交通管理效率和服务水平，为构建安全、便捷、高效、绿色、经济的现代综合交通体系提供了强力支持。

1.2 机器学习概述

1.2.1 机器学习的基本概念

机器学习是一种通过数据自动改进模型性能的技术，广泛应用于各个领域。其核心思想是通过算法使计算机从数据中学习并做出预测或决策，而不需要明确的编程指令。机器学习的魅力在于它能够通过从数据中提取模式和知识，使计算机系统在处理未知数据时表现出智能行为。机器学习主要分为监督学习、无监督学习、半监督学习和强化学习，每种方法都有其独特的应用场景和优势。

1. 监督学习

监督学习是机器学习中最为常见的方法之一。其特点是训练数据集包含输入数据和对应的期望输出，即每个输入都有一个已知的标签。目标是通过训练模型来学习这种输入到输出的映射关系，使模型能够对新数据做出准确的预测。在监督学习中，常见的任务包括分类和回归。例如，在图像分类任务中，通过大量标记过的猫和狗的图片来训练模型，使其能够在面对新的图片时准确地识别出猫或狗。类似地，在回归任务中，模型可能会预测房价或股市趋势。经典的监督学习算法包括线性回归、决策树、支持向量机和神经网络等。这些算法通过不同的方式对数据进行拟合和预测，使得模型在实际应用中能够提供有效的决策支持。

2. 无监督学习

无监督学习则与监督学习有显著的不同，它的训练数据不包含任何标签信息。算法的任务是从输入数据中发现数据的结构或模式，找出数据中的隐藏关系。无监督学习常用于聚类和降维任务。聚类是将数据分组，并将相似的样本归为一类，如 K 均值聚类和层次聚类。降维技术则用于简化数据的复杂度，通过将高维数据映射到低维空间来保留其主要特征，如主成分分析和 t-SNE。例如在交通拥堵预测中，可以使用主成分分析降低数据的维度，发现影响交通拥堵的主要因素，从而提高预测的准确性。

3. 半监督学习

半监督学习结合了监督学习和无监督学习的特点，利用少量的标记数据和大量的未标记数据进行模型训练。在这种学习中，标记数据用于指导模型学习数据的潜在分布，而未标记数据则帮助模型捕捉数据的整体结构和特征，从而在不增加大量标注成本的情况下，提高模型的泛化能力和预测性能。半监督学习特别适用于标注成本高昂或标注资源有限的场景。

4. 强化学习

强化学习是一种通过与环境交互来学习策略的方法，主要用于需要连续决策的任务。强化学习通过奖励和惩罚的反馈机制，使模型能够在动态环境中不断优化其行为策略，以达到某个特定目标。与监督学习不同，强化学习的目标并不是从标记数据中直接学习，而是通过试验和错误的过程来逐步改进策略。例如，在游戏中，强化学习算法可以通过不断试验和优化策略，提升游戏得分。在强化学习中，关键的概念包括状态、动作、奖励和策略。状态表示当前环境的情况，动作是可以采取的行为，奖励是对行为的反馈，策略是决定行为选择的规则。常用的强化学习算法包基于值（Value-Based）的算法和基于策略（Policy-Based）的算法以及将基于值和基于策略的算法的优点结合起来的演员-评论家（Actor-Critic）框架，这些算法通过不断的训练和反馈机制来优化策略，实现最优决策。

1.2.2 机器学习的典型算法

监督学习、无监督学习、半监督学习和强化学习都有一些典型的算法，以下是一些典型算法的简单介绍。

1. 监督学习典型算法

（1）**线性回归** 线性回归通过拟合一个或多个自变量（预测变量）与因变量（响应变量）之间的最佳线性关系来预测目标值。它旨在找到一条直线、平面或超平面（在多维数据中），使得预测值与实际观测值之间的误差（通常是平方误差）的总和最小。线性回归一般用于预测连续值。

（2）**逻辑回归** 逻辑回归是一种分类算法，它基于线性回归模型，通过引入 Sigmoid 函数将线性回归的连续值映射到 0 和 1 之间，从而实现对二分类问题的处理。逻辑回归一般用于根据一个或多个自变量预测二元结果的概率。

（3）**支持向量机（SVM）** 支持向量机是一种用于分类和回归分析的监督学习模型。它在解决二分类问题中表现出色，并且可以通过一些扩展方法应用于多分类问题和非线性分类问题。支持向量机的核心思想是找到一个最优的超平面（二维空间中是直线，三维空间中是平面，高维空间中为超平面），使得不同类别的数据点尽可能地被分开，同时保持最大的间隔（Margin）。

（4）**决策树** 决策树是一种基于树形结构的决策分析方法或预测模型，它利用归纳推理从数据中学习简单的决策规则，通过一系列属性测试将样本分配到不同的类别或预测值。决策树广泛应用于分类、预测和规则提取等领域。

（5）**随机森林** 随机森林是一种集成学习方法，通过构建多个决策树并综合它们的预测结果来进行分类或回归，以增加模型的多样性和准确性，减少过拟合风险。

（6）**梯度提升树（GBDT）** 梯度提升树是一种集成学习算法，通过迭代训练多个决策树模型，并将这些模型的预测结果进行加权融合，以构建更强大的分类或回归模型，每次迭代都会尝试减少前一次模型的残差，从而不断优化预测性能。梯度提升树一般用于解决回归和分类问题。

2. 无监督学习典型算法

无监督学习算法主要有以下几类。

(1) 聚类算法 通过数据相似性将未标记样本自动分组，使同簇内相似度高、簇间差异显著。常见算法包括 K-Means、DBSCAN、层次聚类、高斯混合模型等。

(2) 降维算法 如主成分分析（PCA）、t-SNE，通过减少数据集的维度来简化数据结构，便于分析和可视化。

(3) 关联规则学习 如 Apriori 算法，用于发现数据中的频繁项集和关联规则。

3. 半监督学习典型算法

半监督学习算法结合了监督学习和无监督学习的特点，利用少量标记数据和大量未标记数据进行学习。常用的半监督学习典型算法主要有以下两种。

(1) 自编码器 自编码器通过学习重构输入数据来提取有用特征，可用于降维和特征学习。

(2) 标签传播 标签传播利用已标记数据的标签信息来推断未标记数据的标签。

4. 强化学习典型算法

强化学习算法通过与环境的交互来学习如何做出最优决策，目的是使累积奖励最大化。典型的强化学习算法有以下几种。

(1) Q 学习 Q 学习通过 Q 表来存储状态-动作值，从而选择最优动作。

(2) 深度 Q 网络（DQN） 深度 Q 网络结合了深度学习与 Q 学习，适用于处理复杂状态空间的问题。

(3) 策略梯度方法 策略梯度方法直接学习策略函数，使智能体能够直接选择最优动作。

在实际应用中，可以根据具体问题和数据特点进行选择和优化。机器学习算法随着技术的发展，新的算法和模型不断涌现，为解决复杂问题提供了更多可能性。

1.3 机器学习在智慧交通中的典型应用

近年来，智慧交通发展显著，尤其是在大数据、人工智能、物联网和 5G 通信等新兴技术的推动下。大数据技术的应用使得交通系统能够处理和分析海量的交通数据，从而实现精准的交通流量预测和管理。人工智能技术特别是机器学习和深度学习，广泛应用于交通流量预测、交通事故检测、自动驾驶等领域，极大地提升了交通系统的智能化水平。

监督学习凭借其强大的模式识别能力，在智慧交通的图像识别和自然语言处理领域得到了广泛应用。例如，通过标记大量的交通图像数据，监督学习算法能够训练出高精度的车辆识别、行人检测等模型，为交通监控和安全管理提供了有力支持。同时，在交通信息的自然语言处理方面，监督学习算法能够解析和分析交通新闻、公告等文本数据，提取出关键信息，为交通决策和规划提供数据支撑。

无监督学习则在智慧交通的数据探索和模型构建、优化中具有重要的应用价值。面对海量的交通数据，无监督学习算法能够自主发现数据中的潜在规律和特征，为交通管理者提供新的视角和见解。例如，通过聚类分析，无监督学习可以将交通流量、速度等数据划分为不同的群组，揭示出交通拥堵的潜在模式和趋势，为交通疏导和流量管理提供决策依据。

而强化学习，则在自动驾驶领域中展现出了其独特的优势。在自动驾驶领域，强化学习算法通过模拟驾驶环境和奖励机制，不断学习和优化驾驶策略，使自动驾驶车辆能够更加智能、安全地行驶。

1.3.1 机器学习在交通事件检测中的应用

目前，智能交通领域对交通事件的定义尚未统一。我国对交通事件定义为：致使道路通行能力降低或交通需求非正常性升高，且普遍具有非周期性的情况的统称。而美国对交通事件的定义是：任何能够使得道路的通行能力降低，且具有非重发性的交通问题，又或者由于相关部门规划建设不当，从而致使通行能力下降的现象。根据以上定义可知，交通事件具有一定的随机性，其发生的时间、地点、持续时间通常是不可预测的，且交通事件可能造成道路通行能力降低、人员伤亡及财产损失等负面影响。因此，交通事件可以是紧急制动、违章停车及车辆逆行等交通行为，也可以是交通事故、交通堵塞、道路损坏、道路施工以及恶劣天气等情况。

交通事件的检测需要各种交通检测器采集道路交通数据，并通过有线或无线通信技术将数据传输至特定的数据处理中心进行进一步的处理与分析，从而实现有效识别交通事件。其中常用的交通数据采集设施包括地磁传感器、视频摄像头、毫米波雷达、激光雷达、超声波检测器等固定检测设施以及 GPS 浮动车等移动检测器。固定检测设施通常能够采集到交通流量、速度、占有率、排队长度等交通参数。

不同种类的检测器也各有优缺点：地磁传感器是一种基于电磁感应原理的检测器，它计数准确，技术成熟，但它是侵入式的检测器，安装维护难度大。视频摄像头基于数字图像处理技术采集数据，采集的信息丰富、直观，安装维护简单，但易因车辆遮挡造成检测误差，或因恶劣天气影响检测视线。毫米波雷达通过发射毫米波段的电磁波，利用多普勒效应进行检测，它能够实现高分辨率成像，且穿透力、抗干扰能力强，但传输距离相对较短，易受复杂环境的干扰。激光雷达基于激光反射原理进行检测，它具备超高分辨率和三维成像能力，环境适应性好，但成本较高。而 GPS 浮动车具有连续性、实时性、准确性、覆盖广、全天候工作等特点，能够采集车辆的位置、速度和时间等数据，是一种新兴的交通事件检测方法。

自 20 世纪 60 年代以来，交通事件检测算法的研究逐渐兴起，以加利福尼亚算法作为其发展的起点，历经了数十年的演变与创新，各种交通事件检测算法相继涌现。时至今日，人工智能算法以其卓越的性能和广泛的应用，已经成为该领域的主流技术。

交通流是一个随时空变化的复杂动态系统，其与交通流状态之间的映射呈现出复杂的非线性关系。因此，交通事件的检测面临着非线性特性和高维数据的双重挑战。而机器学习算法擅长处理这类复杂的数据结构和关系，具备实现交通事件检测的能力。神经网络算法是一种受人类大脑结构启发的计算模型，由众多节点（或称为神经元）构成，能够模拟人脑的思考过程，在交通事件检测中展现出卓越的性能。这些神经元能够自主学习，自动从实际的交通数据中提取关键的交通流特征。这种自学能力意味着它们无须依赖于预先设定的交通流模型，并且能够实时地更新模型以适应不断变化的交通状况。神经网络利用历史交通数据样本进行模型训练，然后用构建好的模型对未知数据进行检测来识别交通事件。

随着传感器技术的不断进步，将有更多种类的传感器被应用于交通数据采集，这些传感

机器学习及智慧交通应用

器将为机器学习算法提供丰富的数据源，使得算法能够更加高效地整合多元数据，从而显著提升交通事件检测的精确度和可靠性。得益于 5G 和物联网技术的飞速发展，机器学习模型能够实时接收和处理大量数据，实现交通事件的即时检测和快速响应，提高交通管理的效率。机器学习的应用将不仅限于对当前交通事件的检测，也许未来它还能预测潜在的交通事件，为交通管理和规划提供前瞻性的指导。

1.3.2 机器学习在交通状态预测中的应用

随着智能交通系统技术的发展，交通状态预测取得了显著进展。根据预测的时间长度，交通状态预测通常分为短期预测和长期预测。短期预测指的是对未来不久的一段时间内的预测，通常覆盖未来几个小时，这对于实时交通管理和导航系统至关重要。长期预测通常覆盖数周、数月甚至数年，需要更为复杂的模型来分析历史趋势、周期性行为，更侧重于处理交通状态预测的复杂性和不确定性。

在短时预测领域，起初，传统统计方法如自回归模型被用于预测相似交通模式下的短期流量变化。随后，传统机器学习方法如支持向量机等开始被应用于解决更复杂的预测问题。近年来，随着深度学习技术的发展，循环神经网络、长短时记忆网络以及图卷积网络等方法逐渐成为主流。这些深度学习模型不仅能够有效捕捉时间序列数据中的动态变化，还能处理交通网络中的空间依赖性，从而在短时预测任务中展现出卓越的表现。

尽管短期交通状态预测方法已经取得了显著进步，但仍面临中长期预测的挑战。未来的研究可能会更加专注于开发能够有效处理复杂交通网络和长序列数据的新方法。此外，考虑到交通网络的非欧几里得和方向性特性，图神经网络（GNN）等技术将继续成为研究热点。随着大数据和计算能力的提升，集成多种深度学习技术和利用外部因素（如天气条件和社会事件）进行更精准预测将成为未来的重要方向。

1.3.3 机器学习在交通管理与控制中的应用

在现代城市发展中，交通管理与控制扮演着至关重要的角色，它不仅关系到城市交通的流畅性、安全性和效率性，更是城市化进程中必须面对的挑战。随着交通流量的不断增加，如何有效管理和控制交通流量、减少拥堵、提高道路使用效率，已成为城市管理者和交通工程师面临的重要课题。

交通信号控制，作为交通管理中的一项关键技术，目的是协调各个交叉口的信号灯，以确保行人和车辆的安全，提高道路使用效率，并减少交通拥堵。

传统交叉口信号控制方法通过分析历史交通数据来确定交通流量的模式和趋势。这些方法主要包括定时控制、感应式控制和自适应控制。定时控制通过设定固定的信号周期和绿灯时间，简化了信号灯的管理，有利于与相邻交叉口信号的协调。感应式控制则利用车辆检测器感应车辆的存在，根据实时交通流量调整信号灯变换，特别适用于交通量变化大、不规则或在特定时段需要信号控制的交叉口。感应式控制减少了支路对主干道的不必要干扰。自适应控制则结合了固定时间和感应式控制的优点，能够根据实时交通状况动态调整信号周期，提高了对复杂交通环境的适应性。这些传统方法简单易行，但它们在面对日益增长和多样化的交通需求时，仍存在局限性。

强化学习作为一种先进的机器学习方法，在交通管理与控制领域展现出巨大潜力，为解决城市交通拥堵问题提供了新的途径。这种方法的核心在于智能体（Agent）通过与环境的交互学习最优行为，在信号控制中体现为智能体根据交通信号灯状态和流量的变化，调整信号灯的时间和顺序，以改善交通流量和减少拥堵。智能体通过观察环境反馈，比如交通流量的变化，利用这些信息来调整信号灯控制策略，以最大化减少交通延误或提高流量等预定义的奖励函数。通过与环境的持续交互，智能体逐步学习并优化信号控制策略。实际应用中，强化学习的优势在于能够结合实时数据，使信号控制更加智能化，智能体能够基于实时交通数据感知并适应交通状况。

车联网和自动驾驶车辆技术的发展为交通信号控制提供了新的数据源。在强化学习中，交通信号控制策略往往依赖于固定的传感器数据或模拟的交通流数据，这些数据可能存在延迟或更新频率不足的问题。然而，车联网技术通过车辆到车辆（V2V）和车辆到基础设施（V2I）的通信，提供了实时车辆运行数据，包括位置、速度、加速度等。这些数据允许交通控制系统更快速地响应交通状况的变化，实现更及时的信号调整。结合车联网数据的强化学习方法可以根据不同时间段、不同天气条件或特殊事件下的交通特点，动态调整信号控制策略，以适应不断变化的交通需求。

1.3.4 机器学习在自动驾驶技术中的应用

自动驾驶汽车的环境感知任务包括可行驶路面检测、车道线检测、路缘检测、护栏检测、行人检测、机动车检测、非机动车检测、路标检测、交通标志检测、交通信号灯检测等。机器学习在感知系统的应用主要体现在卷积神经网络、Transformer等深度学习模型上，这些模型在处理图像和视频上拥有很好的效果，可帮助车辆准确地感知和理解周围环境，从而为安全、高效的驾驶决策提供支撑。

机器学习在自动驾驶汽车路径规划中发挥着关键的作用。机器学习模型可以根据车辆的当前位置、目的地、环境条件和障碍物信息，规划最优的行驶路径以减少行驶时间和能源消耗。这有助于车辆避开拥堵路段和潜在碰撞风险，选择安全路线，并使驾驶更高效。同时，强化学习算法也能够通过模拟不同的驾驶场景，学习并优化路径规划策略，以应对各种复杂和突发的道路情况。

在自动驾驶决策规划中，机器学习起到了关键作用。通过对大量驾驶数据进行分析和训练，机器学习算法能够预测和理解道路状况、交通规则和行人行为，从而做出智能决策。例如，机器学习模型可以用于制定合适的跟车策略，包括与前车的距离维持、速度调节等，以确保安全且平滑的跟车行驶。

在自动驾驶汽车的控制和执行中，机器学习应用广泛，发挥着重要的作用。机器学习模型可以用于设计自动驾驶控制器，将环境感知数据和规划决策结果作为输入，输出具体的汽车控制指令。这些指令可以是加速、制动、转向等，以实现汽车的稳定、精准和安全的驾驶。机器学习可以通过行为克隆的方法，从人类驾驶员的行驶数据中学习驾驶行为，并在自动驾驶中模仿这些行为。近期，有一种被称为"端到端"自动驾驶的机器学习方法，它直接从原始传感器数据中学习驾驶策略，不需要显式地提取特征或规划路径，这种方法有望助力实现更高级别的自动驾驶。

机器学习也可用于自动驾驶场景生成。通过分析和学习大量真实驾驶数据，机器学习算法能够生成逼真的虚拟驾驶场景，用于自动驾驶系统的模拟和测试。这些场景包括各种复杂的道路情况、天气条件、交通规则和行人行为，帮助自动驾驶系统在虚拟环境中进行训练和验证。此外，生成对抗网络（Generative Adversarial Network，GAN）、变分自编码器（Variational Autoencoder，VAE）和概率扩散模型（Probabilistic Diffusion Model）等深度学习技术可以用于创建高保真的场景，进一步提升模拟环境的真实性和多样性。通过这些生成的场景，自动驾驶系统可以在安全、可控的环境中反复进行测试，识别和解决潜在问题，提高其在实际道路上的表现和安全性。

1.3.5　交通领域大模型的应用

大模型是一种基于深度学习的高阶机器学习模型，因其强大的泛化能力和对复杂数据集的高效处理而成为推动交通领域数字化、网络化和智能化变革的新一代关键力量。交通领域面临着多重挑战，包括但不限于交通流量的精准预测、突发事件的快速响应以及自动驾驶车辆的安全性与可解释性等问题。传统的统计模型和机器学习方法在应对这些挑战时往往显得力不从心，因为它们受限于数据规模、特征工程的局限性和模型的泛化能力。相比之下，大模型通过其庞大的参数量和复杂的架构设计，使其不仅能够处理大规模的多模态数据，还能够从中学习到深层次的特征表示，从而在解决交通领域的复杂问题时提供更为精准和可靠的解决方案。根据大模型的主要目的和技术特点，大模型的应用可以分为知识获取与表示、模型优化与效率和智能决策与交互三种类型。

知识获取与表示关注的是如何让模型在有限或没有特定领域数据的情况下，利用已有的知识和理解去解决新问题。它们主要聚焦于模型如何从不同角度和层次获取、理解和表示知识。大模型给智慧交通的应用提供了一种能够在有限数量的样本或者没有任何样本的情况下学习新数据的方法。

模型优化与效率侧重于如何改进模型的性能，包括如何针对特定任务调整预训练模型，如何压缩模型以提高效率，以及如何结合外部信息源来增强模型的生成能力。微调（Fine-tunning）、蒸馏（Distillation）和检索增强生成（Retrieval-Augmented Generation，RAG）是当前主要的技术方法。大模型微调利用特定领域的数据集对已预训练的大模型进行进一步训练的过程。它旨在优化模型在特定任务上的性能，使模型能够更好地适应和完成特定领域的任务。

智能决策与交互直接将大模型作为智能体参与实时决策与交互，避免高时间成本的训练过程。这种技术使模型能够更好地与现实世界互动，执行复杂的任务，如自动驾驶、交通规划控制中的策略制定等。智能决策与交互包括但不限于嵌入式推理、多模态融合和自我驱动进化等方法。嵌入式推理致力于让预训练大模型具备内在的推理能力，使其能够在处理问题时执行链式思考（Chain-of-Thought），从而解决复杂的特定问题，这通常涉及模型特定的提示词工程。智能决策与交互方法已经广泛用于交通监控和管理、交通规则形式化、交通场景生成、自动驾驶行为决策等方面，并表现出卓越的任务表现。多模态融合能够处理和理解多种不同类型的数据输入，提升知识密集度。

尽管大模型在交通领域的应用展示了其在解决复杂问题上的潜力和优势，但依然存在以下许多技术挑战有待解决，如大模型的角色扮演能力、人类价值对齐、提示鲁棒性、幻觉问题和推理效率等。未来，大模型在交通领域将朝着跨模态融合与理解、自适应和终身学习、高效计算和边缘计算等方向继续发展。

习题

1. 选择题

1) 智慧交通系统不包括（　　）技术。
A. 物联网　　　　B. 大数据　　　　C. 云计算　　　　D. 核能

2) 智慧交通的核心愿景是构建（　　）的交通生态系统。
A. 静态适应　　　B. 动态适应　　　C. 固定应变　　　D. 随机应变

3) 智慧交通的特征和内涵不包括（　　）。
A. 感知网络　　　B. 数据体系　　　C. 综合服务　　　D. 历史档案管理

2. 判断题

1) 智慧交通系统的发展与信息技术无关。（　　）

2) 智慧交通的综合服务不包括智能导航。（　　）

3) 交通指挥服务中心不负责紧急事件的快速响应。（　　）

4) 智慧交通的发展没有提高居民的出行满意度。（　　）

3. 简答题和论述题

1) 请简要描述智慧交通系统的定义，并列举智慧交通系统的三个主要目标。

2) 机器学习在智慧交通中有哪些应用场景？请详细说明其中两个场景，并举例说明机器学习技术如何在这些场景中发挥作用。

3) 机器学习主要分为哪几类？请简述这几类机器学习方法的基本原理和适用场景。

4) 结合实际情况，论述智慧交通系统在实施过程中可能面临的主要挑战和机遇。

部分习题
参考答案

第2章　回　归　分　析

　　回归分析通过建立自变量与连续型因变量之间的统计映射关系，实现了对目标变量的预测建模与因果机制解析。本章作为机器学习方法的入门篇章，将从线性回归的数学原理出发，逐步展开参数估计、模型评估与优化的完整方法论体系；进而延伸至多项式回归等非线性扩展技术，并深入探讨过拟合抑制与正则化策略；最终通过电动汽车续驶里程预测等交通领域典型案例，阐释回归分析从理论建模到工程实践的完整路径。

　　本章采用"算法原理+数学基础"双螺旋式叙事结构，将损失函数、梯度下降、正则化等机器学习核心概念有机融入回归分析的技术脉络。通过从一元线性回归到复杂非线性模型的渐进式讲解，配合交通场景的工程化实践案例，帮助读者构建"概念-原理-应用"的立体认知框架。这种设计既保证了数学推导的严谨性，又强化了对算法本质的理解，为后续更复杂机器学习方法的学习奠定了方法论基础。

2.1　回归分析的起源与基本概念

　　1855 年，英国著名生物学家、统计学家高尔顿（Francis Galton，图 2-1）在研究人类遗传问题时，发表了论文《遗传的身高向平均数方向的回归》。这篇论文标志着统计学上"回归"定义的首次出现。高尔顿通过分析 1078 对夫妇及其儿子的身高数据，发现了一个有趣的现象——回归效应。他观察到，当父亲高于平均身高时，儿子的身高比父亲更高的概率小于比父亲更矮的概率；反之亦然。这表明，儿子的身高有向他们父辈的平均身高回归的趋势，如图 2-2 所示。这一发现反映了大自然的一种约束力，即人类身高的分布相对稳定，不易产生两极分化，这就是所谓的回归效应。

　　值得注意的是，尽管"回归"的最初含义与线性关系拟合的一般规则并无直接关联，但"线性回归"这一术语却因此沿用下来，成为描述用一种变量或多个变量预测另一种变量的重要统计方法。

　　回归分析（Regression Analysis）是一种统计分析方法，旨在建立方程以模拟两个或多个变量之间的相互关系。在这种分析中，被预测的变量被称为因变量（Dependent Variable），即输出（Output），而用于预测的变量则被称为自变量（Independent Variable），即输入（Input）。回归分析的核心在于利用自变量的值，通过重复采样，来估计或预测因变量的总体均值。

图 2-1　高尔顿

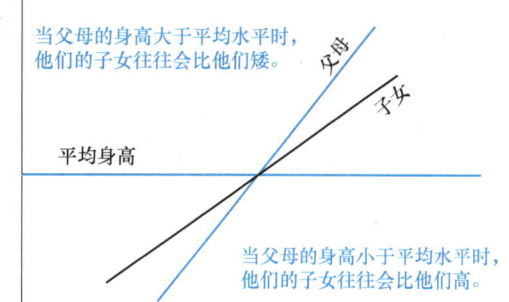

图 2-2　遗传的身高向平均数方向的回归

根据涉及变量的数量，回归分析可以分为一元回归和多元回归。一元回归专注于单一自变量与因变量之间的关系，而多元回归则涉及多个自变量。根据因变量和自变量之间的关系，回归分析又可分为线性回归和非线性回归。线性回归假设因变量与自变量之间存在线性关系，而非线性回归则用于描述更为复杂的关系。

2.2　一元线性回归

2.2.1　一元线性回归的基本概念

在建立回归模型时，自变量相当于是样本的特征值（可以是一个或多个），因变量是样本的标签值。在一元线性回归模型中，特征值仅有一个，而在二元线性回归模型中，特征值则有两个。

一元线性回归模型如下。

$$h_\theta(x) = \theta_0 + \theta_1 x \quad (2-1)$$

式中，x 为样本的特征值；两个参数值 θ_0、θ_1 分别为一元线性回归模型的截距和斜率；$h_\theta(x)$ 为预测值。

一元线性回归建模，实际上就是根据多个已知样本的特征值和标签值，求解最优的 θ_0、θ_1，使得样本预测值尽可能接近样本的标签值。

例如，利用电动汽车的电池 SOC 值（State of Charge，即荷电状态，表示电池剩余电量的比例）来预测电动汽车的续驶里程，就是一个典型的一元线性回归问题。如图 2-3 所示，图 2-3a 中的每一个样本代表在不同时间测量得到的电动汽车 SOC 值与其对应的续驶里程，图 2-3b 为样本点图形化显示效果，横坐标表示电动汽车 SOC 值（特征值），纵坐标则表示续驶里程（标签值）。通过这些样本点，可以拟合出一条直线，该直线用于描述数据点的分布趋势。利用这条直线，可以预测新的 SOC 值对应的续驶里程，如图 2-4 所示。

2.2.2　损失函数的定义

一元线性回归建模的实质是根据已知的样本信息，求解得到最优的截距和斜率值，也就是得到一条效果最好的回归线。如图 2-5 所示，假定叉点是已知的 6 个样本点，**三条直线对应三个不同的一元线性回归模型参数**。如何判断图 2-5 中哪条线是效果最好的回归线，如何

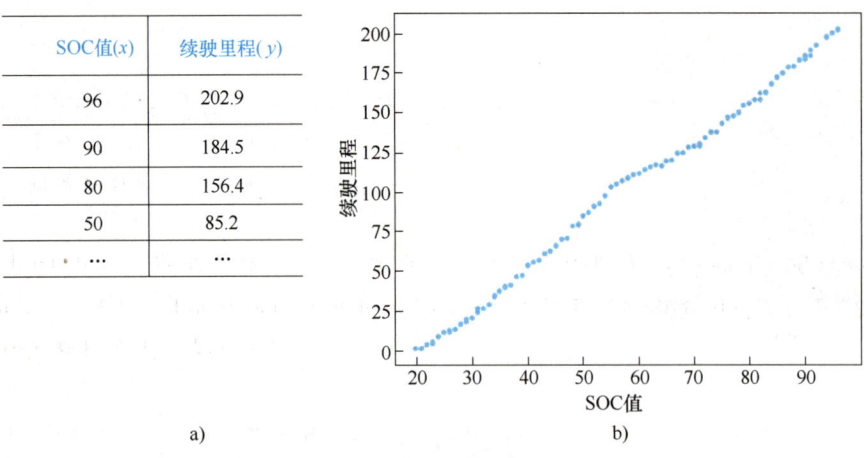

图 2-3 电动汽车 SOC 值与续驶里程样本点

科学判定最优拟合线,这需要构建可量化的评估标准,其核心在于量化预测值与真实值(标签值)间的偏差程度。在机器学习框架下,这一量化过程通过**损失函数**(Loss Function)实现——它以数学表达式刻画预测误差的分布特征,为参数优化提供明确的优化方向。通过最小化损失函数值,模型能够系统化地逼近数据真实分布,从而在候选曲线中筛选出泛化能力最强的回归线。

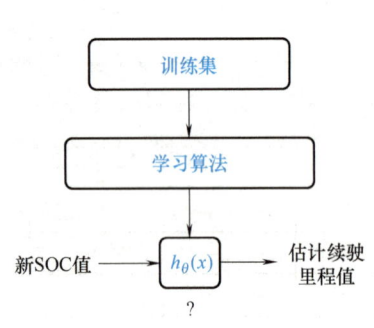

图 2-4 电动汽车续驶里程预测

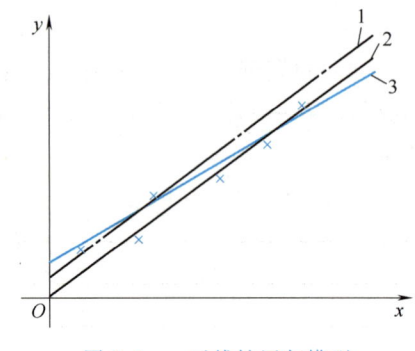

图 2-5 一元线性回归模型

把回归公式写成向量的表示形式,有

$$h_{\boldsymbol{\theta}}(\boldsymbol{x}) = \sum_{i=0}^{n} \theta_i x_i = \boldsymbol{\theta}^{\mathrm{T}} \boldsymbol{x} \tag{2-2}$$

式中,$\boldsymbol{\theta}^{\mathrm{T}} = [\theta_0, \theta_1, \cdots, \theta_n]$;$\boldsymbol{x} = [x_0, x_1, \cdots, x_n]^{\mathrm{T}}$。

使用一条线(或面)来拟合数据点时,对于每一个样本而言,其真实值和预测值之间肯定是存在误差的,用 ε 来表示预测值和真实值之间的误差。对于每个样本,真实值的表达式为

$$y^{(i)} = \boldsymbol{\theta}^{\mathrm{T}} \boldsymbol{x}^{(i)} + \varepsilon^{(i)} \tag{2-3}$$

式中,$y^{(i)}$ 表示第 i 个样本的真实值,$\boldsymbol{x}^{(i)}$ 表示第 i 个样本的特征向量,$\varepsilon^{(i)}$ 表示第 i 个样本的误差。

假定误差是独立同分布的。独立指样本之间是独立的,互不影响;同分布指样本数据来

源于同一分布。

假定误差 $\varepsilon^{(i)}$ 服从均值为 0、标准差为 σ 的高斯分布为

$$p(\varepsilon^{(i)}) = \frac{1}{\sqrt{2\pi}\sigma}\exp\left(-\frac{(\varepsilon^{(i)})^2}{2\sigma^2}\right) \tag{2-4}$$

把式（2-3）代入式（2-4），可得

$$p(y^{(i)}|x^{(i)};\boldsymbol{\theta}) = \frac{1}{\sqrt{2\pi}\sigma}\exp\left(-\frac{(y^{(i)}-\boldsymbol{\theta}^T x^{(i)})^2}{2\sigma^2}\right) \tag{2-5}$$

定义似然函数为 m 个样本的误差高斯分布累乘，得到

$$L(\boldsymbol{\theta}) = \prod_{i=1}^{m} p(y^{(i)}|x^{(i)};\boldsymbol{\theta}) = \prod_{i=1}^{m} \frac{1}{\sqrt{2\pi}\sigma}\exp\left(-\frac{(y^{(i)}-\boldsymbol{\theta}^T x^{(i)})^2}{2\sigma^2}\right) \tag{2-6}$$

将式（2-5）两边取对数，累乘转化为累加，有

$$\begin{aligned}\log L(\boldsymbol{\theta}) &= \log \prod_{i=1}^{m} \frac{1}{\sqrt{2\pi}\sigma}\exp\left(-\frac{(y^{(i)}-\boldsymbol{\theta}^T x^{(i)})^2}{2\sigma^2}\right) \\ &= \sum_{i=1}^{m} \log \frac{1}{\sqrt{2\pi}\sigma}\exp\left(-\frac{(y^{(i)}-\boldsymbol{\theta}^T x^{(i)})^2}{2\sigma^2}\right) \\ &= m\log \frac{1}{\sqrt{2\pi}\sigma} - \frac{1}{\sigma^2} \times \frac{1}{2}\sum_{i=1}^{m}(y^{(i)}-\boldsymbol{\theta}^T x^{(i)})^2\end{aligned} \tag{2-7}$$

式（2-6）等号右边减号前面的部分为常数项，减号后面为恒正项，因此求似然函数的最大值，可以转换为求恒正项的最小值问题，也就是求如下 $J(\boldsymbol{\theta})$ 的最小值。

$$J(\boldsymbol{\theta}) = \frac{1}{2}\sum_{i=1}^{m}(h_\theta(x^{(i)})-y^{(i)})^2 = \frac{1}{2}(\boldsymbol{X\theta}-\boldsymbol{y})^T(\boldsymbol{X\theta}-\boldsymbol{y}) \tag{2-8}$$

式中，$\boldsymbol{X}$ 是特征矩阵，$\boldsymbol{X}$ 的每一行对应一个数据样本，每一列对应一个特征。

$J(\boldsymbol{\theta})$ 定义了线性回归模型的**损失函数**，也称为最小二乘损失函数，**用于衡量模型预测值与真实值之间的平均平方误差。损失函数越小，表示模型的预测结果与真实结果越接近，模型性能越好。**

回归任务的预测值是连续值，例如房价、股票价格、电动汽车续驶里程等。常用的回归损失函数见表 2-1 所示，主要有如下几种。

表 2-1　常用回归损失函数

用途	函数名称	函数表达式
回归	MSE	$L = \frac{1}{n}\sum_{i=1}^{n}(y^{(i)}-f(x^{(i)}))^2$
	MAE	$L = \frac{1}{n}\sum_{i=1}^{n}|y^{(i)}-f(x^{(i)})|$
	Smooth L1 Loss	$L = \frac{1}{n}\sum_{i=1}^{n}\begin{cases}\frac{1}{2}(y^{(i)}-f(x^{(i)}))^2, & |y^{(i)}-f(x^{(i)})|<1 \\ |y^{(i)}-f(x^{(i)})|-\frac{1}{2}, & |y^{(i)}-f(x^{(i)})|\geq 1\end{cases}$

1）均方误差（Mean Squared Error，MSE）：计算预测值与真实值之间平方差的均值。MSE 对离群点敏感，可能导致模型对离群点的过拟合。

2）平均绝对误差（Mean Absolute Error，MAE）：计算预测值与真实值之间绝对值差的均值。相比 MSE，MAE 对离群点具有更好的鲁棒性。

3）平滑的 L1 损失（Smooth L1 Loss）：结合了 MSE 和 MAE 的优点，对离群点具有较好的鲁棒性，同时在误差较小时具有较快的收敛速度。

2.2.3 参数优化方法

损失函数定义好以后，需要找到一组使损失函数值最小的参数。通过枚举各种参数组合，找到最优的一组参数，在理论上是可行的，但实际上是不能实现的，因为参数的组合有无穷多种。因此需要使用参数优化方法来找到最优的参数组合。梯度下降法是一种典型的参数优化方法。

梯度下降法的核心思想是沿着目标函数（损失函数）梯度的负方向更新参数，从而使损失函数值逐步减小。在回归问题中，这意味着模型预测值与实际值之间的差距将逐渐缩小，从而提高模型的预测性能。

对于一元线性回归问题，可以通过不断更新 θ_0 和 θ_1，使得损失函数值最小。梯度下降法的基本步骤如下。

（1）初始化参数 首先，为模型参数（例如权重和偏置）选择一个初始值。这些初始值可以是随机的，也可以是根据某种启发式方法选择的。

（2）计算梯度 梯度是目标函数关于模型参数的偏导数。它表示了在参数空间中，目标函数变化的方向和速度。梯度下降法的核心思想是沿着梯度的负方向更新参数，从而使目标函数值减小。

（3）更新参数 基于计算得到的梯度信息，模型沿负梯度方向调整参数，调整幅度由预设的学习率控制。学习率作为核心超参数，其取值直接影响优化效果，较大的学习率可能引发参数震荡甚至无法收敛，而较小的学习率虽能保证收敛稳定性，但会显著增加训练时间。参数迭代更新规则为

$$新参数值 = 原参数值 - 学习率 \times 梯度值$$

这一过程通过逐步逼近损失函数极小值点，实现模型性能的持续优化。

（4）检查收敛 在每次迭代后，检查目标函数值是否达到预设的收敛条件（例如，梯度的模小于某个阈值，或者目标函数值的变化小于某个阈值）。如果满足收敛条件，算法停止；否则，返回第（2）步，继续迭代。

上述基于梯度下降法的参数优化更新过程的数学原理，可以通过公式推导来具体理解。根据式（2-8）定义的损失函数，对参数 θ 求梯度，可得到参数更新公式为

$$\theta_j = \theta_j - \alpha \frac{\partial}{\partial \theta_j} J(\theta_0, \theta_1), j = 0, 1 \tag{2-9}$$

式中，α 为学习率，用来控制梯度下降的步长。

损失函数对参数的偏导求解如下。

$$\frac{\partial}{\partial \theta_j} J(\theta_0, \theta_1) = \begin{cases} \frac{\partial}{\partial \theta_0} J(\theta_0, \theta_1) = \frac{1}{m} \sum_{i=1}^{m} (h_\theta(x^{(i)}) - y^{(i)}), j = 0 \\ \frac{\partial}{\partial \theta_1} J(\theta_0, \theta_1) = \frac{1}{m} \sum_{i=1}^{m} (h_\theta(x^{(i)}) - y^{(i)}) x^{(i)}, j = 1 \end{cases} \tag{2-10}$$

$$\theta_0 = \theta_0 - \alpha \frac{1}{m} \sum_{i=1}^{m} (h_\theta(x^{(i)}) - y^{(i)}) \tag{2-11}$$

$$\theta_1 = \theta_1 - \alpha \frac{1}{m} \sum_{i=1}^{m} (h_\theta(x^{(i)}) - y^{(i)}) x^{(i)} \tag{2-12}$$

2.2.4 回归模型评估指标

在机器学习中，评估模型性能是至关重要的一环。回归问题分析中，使用专门的评估指标来衡量预测值与实际值之间的差异。本小节将介绍回归中常用的评估指标及其数学原理。

1. 均方误差

均方误差（Mean Squared Error，MSE）是预测值与实际值之间差异平方的平均值，计算公式为

$$\text{MSE} = \frac{1}{n} \sum_{i=1}^{n} (y_i - \hat{y}_i)^2 \tag{2-13}$$

式中，n 为样本数量，y_i 是第 i 个样本的实际值（标签值），$\hat{y}_i$ 是模型对第 i 个样本的预测值，$y_i - \hat{y}_i$ 是样本 i 的残差。

MSE 值域为 [0, +∞)，其值越小越好。MSE 单位是目标变量的平方（如 miles^2），对较大误差给予更高惩罚（即平方效应）。

2. 均方根误差

均方根误差（Root Mean Squared Error，RMSE）是 MSE 的平方根，计算公式为

$$\text{RMSE} = \sqrt{\frac{1}{n} \sum_{i=1}^{n} (y_i - \hat{y}_i)^2} \tag{2-14}$$

RMSE 值域也为 [0, +∞)，其值越小越好。RMSE 保持与原始数据相同的单位（如 miles），直观反映预测值与实际值的平均偏离程度，因为单位一致，比 MSE 更易解释。

3. 平均绝对误差

平均绝对误差（Mean Absolute Error，MAE）是预测值与实际值之间绝对差异的平均值，计算公式为

$$\text{MAE} = \frac{1}{n} \sum_{i=1}^{n} |y_i - \hat{y}_i| \tag{2-15}$$

MAE 值域也为 [0, +∞)，其值越小越好。由于 MAE 不使用平方，所以对异常值不敏感，单位与目标变量一致，提供误差的直观理解。

4. 决定系数

决定系数（Coefficient of Determination，R^2）表示模型解释的目标变量方差比例，计算公式为

$$R^2 = 1 - \frac{\sum_{i=1}^{n} (y_i - \hat{y}_i)^2}{\sum_{i=1}^{n} (y_i - \bar{y}_i)^2} \tag{2-16}$$

式中，$\bar{y}_i$ 是目标变量的均值。

R^2 表示模型拟合优度，无量纲（不依赖具体单位），其值域也为 $(-\infty, 1]$，其值越接近 1 越好。R^2 常用于比较不同模型的解释能力。

5. 平均绝对百分比误差

平均绝对百分比误差（Mean Absolute Percentage Error，MAPE）表示预测误差占实际值的百分比平均值，计算公式为

$$\text{MAPE} = \frac{100\%}{n} \sum_{i=1}^{n} \left| \frac{y_i - \hat{y}_i}{y_i} \right| \qquad (2\text{-}17)$$

MAPE 提供相对误差度量，其值域也为 $[0, +\infty)$，其值越小越好。MAPE 对零值或接近零的实际值敏感，适用于比较不同尺度数据集的模型性能。

6. 误差百分位数

误差百分位数（Error Percentiles）表示误差分布的特定分位点值，误差百分位数提供误差分布的整体视图，优于单一平均值。其计算公式为

$$P_k = \text{percentile}(|y_i - \hat{y}_i|, k) \qquad (2\text{-}18)$$

式中，k 是目标百分位，例如：

$k=50$ 表示要计算中位数误差（即 50% 的误差小于或等于这个值，50% 的误差大于这个值）；

$k=90$ 表示要计算第 90 百分位数误差（即 90% 的误差小于或等于这个值，10% 的误差大于这个值）；

$k=95$ 表示要计算第 95 百分位数误差（即 95% 的误差小于或等于这个值，5% 的误差大于这个值）。

上述评估指标不仅适用于一元线性回归，也是所有回归模型的基本评估工具。掌握它们有助于科学评价模型性能，指导后续模型优化。

2.2.5 一元线性回归实践——电动汽车续驶里程预测

2.2.1 节中介绍了一元线性回归可以用来进行电动汽车续驶里程估计，本节是程序的具体实现。数据文件为 EVMiles-200.csv，共有 200 个样本，表 2-2 中显示了前 20 个样本，第一列续驶里程值 Driving range 为标签值，其他 4 列为 4 个特征，分别是总电压 voltage、SOC、单体电池电压最高值 one_cell_voltage_max、单体电池电压最低值 one_cell_voltage_min。本小节只选用 SOC 这一个特征值做一元线性回归来预测电动汽车续驶里程。

表 2-2 电动车样本数据

Driving range	voltage	SOC	one_cell_voltage_max	one_cell_voltage_min
202.9	373.7	96	4.163	4.116
202.9	373.9	96	4.164	4.117
202.4	373.9	96	4.167	4.119
200.7	371.4	95	4.138	4.091
200.5	373.4	95	4.16	4.113

（续）

Driving range	voltage	SOC	one_cell_voltage_max	one_cell_voltage_min
200.2	372.2	95	4.15	4.102
197.9	371.9	94	4.143	4.096
197.8	371.9	94	4.143	4.095
197.7	370.9	94	4.135	4.088
192.9	369.9	92	4.121	4.074
192.8	370.2	92	4.123	4.075
189.9	368.7	91	4.108	4.061
186.1	367.7	90	4.095	4.048
186	368.4	91	4.106	4.058
186	368.4	90	4.103	4.056
184.5	367.4	90	4.097	4.048
183.7	367.7	90	4.098	4.049
183.5	366.7	89	4.085	4.038
183.3	366.7	89	4.085	4.038

本小节主要调用 Scikit-learn 库，并应用该库中的 LinearRegression 类实现一元线性回归。Scikit-learn（简称 Sklearn）是一个用于机器学习和数据挖掘的 Python 库。它是一个开源项目，包含了大量的算法和工具，可以用于处理数据、特征提取、模型评估等任务。Sklearn 库基于其他 Python 库，如 NumPy、SciPy 和 matplotlib，提供了丰富的 API 和高效的数据处理功能。

Sklearn 库的主要特点如下。

1）丰富的算法：包括分类、回归、聚类、降维、模型选择等。

2）基于 Python 的 API：易于使用和扩展。

3）基础数据集：包括用于演示和测试的数据集。

4）模型评估：提供评估工具，用于比较和选择模型。

5）交叉验证：用于评估模型的性能。

6）管道（Pipeline）：用于将多个步骤组合成一个流程。

LinearRegression 是 Sklearn 库中实现线性回归模型的类，其主要方法如下。

1）fit(X，y)：拟合模型，其中 X 是特征值数组，y 是目标值数组。

2）predict(X)：预测新数据，其中 X 是特征值数组。

3）score(X，y)：评估模型性能，其中 X 是特征值数组，y 是目标值数组。

首先读取数据文件，通过数据切片得到样本特征值和标签值，绘制出电动汽车 SOC 和续驶里程的散点图，具体实现程序如下。

因篇幅所限，利用梯度下降法实现一元线性回归的项目代码，读者可以扫描内封上的二维码进行下载；可扫描右侧二维码观看讲解视频。

讲解视频

项目实践步骤如下：

1. 引入库与加载数据

```
import numpy as np
import matplotlib.pyplot as plt
from sklearn.linear_model import LinearRegression
from sklearn.metrics import mean_squared_error,mean_absolute_error,r2_score
print("加载数据…")
data = np.genfromtxt("EVMiles-200.csv",delimiter=",",skip_header=1)
print(f"原始数据形状：{data.shape}")
```

2. 提取特征和标签

```
print("\n 处理数据…")
# SOC 作为特征（第 3 列）
x_data = data[:,2].reshape(-1,1)         #转换为二维数组（n_samples,n_features）
#续驶里程作为标签（第 1 列）
y_data = data[:,0]                        #保持一维数组
print(f"特征数据（SOC）形状：{x_data.shape}")    #应为（200,1）
print(f"目标数据（续驶里程）形状：{y_data.shape}")  #应为（200,）
```

3. 数据可视化分析

```
print("\n 可视化原始数据…")
plt.figure(figsize=(10,6))
plt.scatter(x_data,y_data,color='blue',alpha=0.7)
plt.xlabel('SOC')
plt.ylabel('Driving Range (miles)')
plt.title('EV Driving Range vs SOC')
plt.grid(True)
plt.show()
```

运行结果如图 2-6 所示。

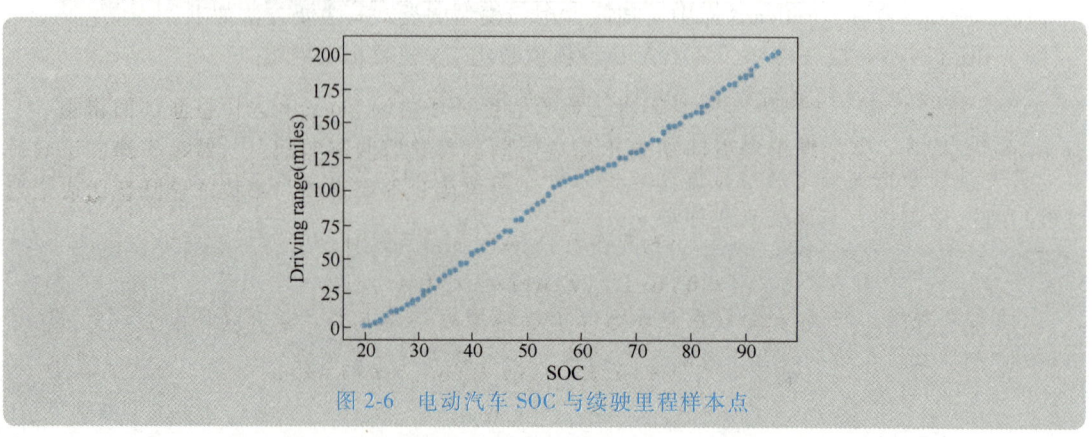

图 2-6　电动汽车 SOC 与续驶里程样本点

4. 创建并训练模型

```
print("\n 训练线性回归模型…")
model = LinearRegression()
model.fit(x_data, y_data)
```

5. 模型预测

```
print("\n 进行预测…")
y_pred = model.predict(x_data)
print(f"预测值形状:{y_pred.shape}")    # 应为(200,)
```

6. 模型评估

```
print("\n 评估模型性能…")
# 计算评估指标
mse = mean_squared_error(y_data, y_pred)
rmse = np.sqrt(mse)
mae = mean_absolute_error(y_data, y_pred)
r2 = r2_score(y_data, y_pred)
# 提取模型参数
slope = model.coef_[0] if isinstance(model.coef_, np.ndarray) else model.coef_
intercept = model.intercept_
# 打印评估结果
print("\nModel Evaluation Results:")
print(f"回归方程:Driving Range = {slope:.4f} * SOC + {intercept:.4f}")
print(f"均方误差(MSE):{mse:.4f}")
print(f"均方根误差(RMSE):{rmse:.4f}")
print(f"平均绝对误差(MAE):{mae:.4f}")
print(f"决定系数(R²):{r2:.4f}")
```

7. 可视化预测结果

```
print("\n 可视化预测结果…")
plt.figure(figsize=(10,6))
# 确保使用一维数组绘图
plt.scatter(x_data[:,0], y_data, color='blue', alpha=0.7, label='Actual Values')
plt.plot(x_data[:,0], y_pred, color='red', linewidth=2, label='Predicted Values')
plt.xlabel('SOC')
plt.ylabel('Driving Range (miles)')
plt.title('EV Driving Range Prediction')
plt.legend()
plt.grid(True)
plt.show()
```

运行结果如图 2-7 所示，黑色直线是通过训练得到的一元线性回归模型。

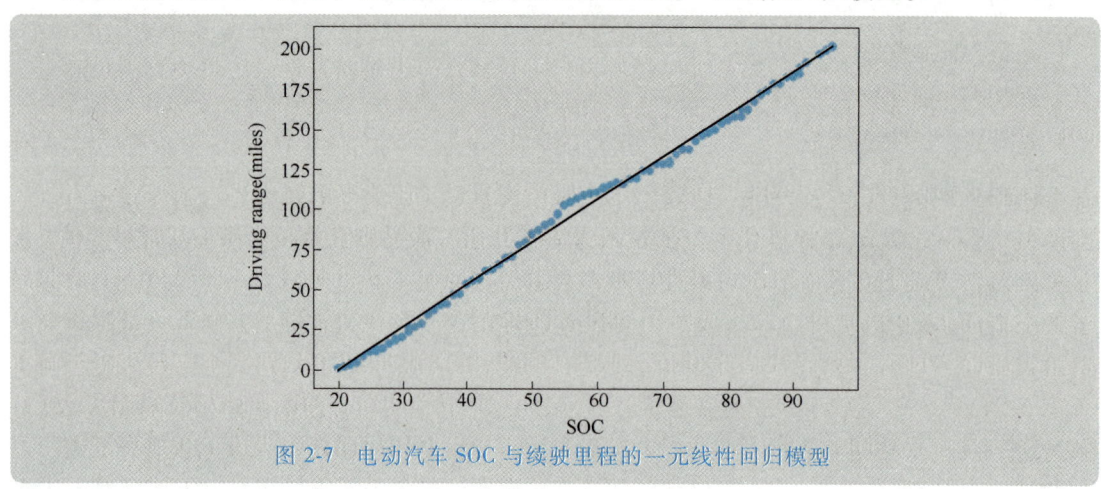

图 2-7 电动汽车 SOC 与续驶里程的一元线性回归模型

2.3 多元线性回归

2.3.1 多元线性回归的基本概念

实际应用中，一个因变量同时受多个自变量的影响的情况非常普遍，因此需要将一元线性回归拓展到多元的情形。包含多个自变量的回归模型，称为多元回归模型。多元线性回归分析是一元线性回归的推广。如图 2-8 所示，一元线性回归可以看作二维问题，二元线性回归可以看作三维问题。

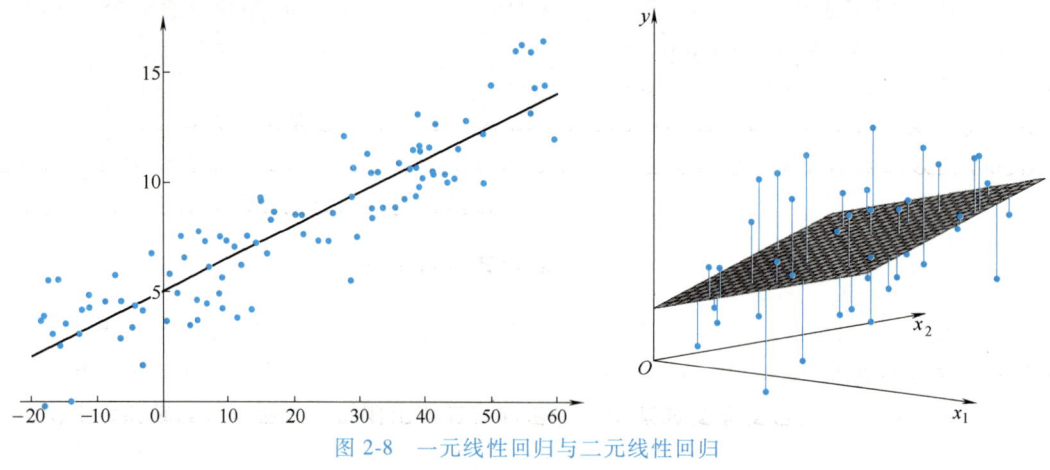

图 2-8 一元线性回归与二元线性回归

比如，电动汽车续驶里程不仅与 SOC 值有关，还可能受单体电池电压、电池温度值、总电压、总电流等多个自变量的影响。在解决此类问题时，需要使用多元线性回归。

2.3.2 多元线性回归的梯度下降法求解

多元线性回归中的损失函数和优化方法与一元线性回归基本一致，只是从一元推广到了多元。

多元线性回归方程为

$$h_\theta(x) = \theta_0 + \theta_1 x_1 + \theta_2 x_2 + \cdots + \theta_n x_n \tag{2-19}$$

多元线性回归的损失函数为

$$J(\theta_0, \theta_1, \cdots, \theta_n) = \frac{1}{2m} \sum_{i=1}^{m} (h_\theta(x^{(i)}) - y^{(i)})^2 \tag{2-20}$$

式中，m 是样本数量。

参数更新公式为

$$\theta_j := \theta_j - \alpha \frac{\partial}{\partial \theta_j} J(\theta_0, \cdots, \theta_n), \quad j = 0, \cdots, n \tag{2-21}$$

式中，α 为学习率，用来控制梯度下降的步长。

具体的参数更新公式如下。

$$\theta_0 := \theta_0 - \alpha \frac{1}{m} \sum_{i=1}^{m} (h_\theta(x^{(i)}) - y^{(i)}) \tag{2-22}$$

$$\theta_1 := \theta_1 - \alpha \frac{1}{m} \sum_{i=1}^{m} (h_\theta(x^{(i)}) - y^{(i)}) x_1^{(i)} \tag{2-23}$$

$$\theta_2 := \theta_2 - \alpha \frac{1}{m} \sum_{i=1}^{m} (h_\theta(x^{(i)}) - y^{(i)}) x_2^{(i)} \tag{2-24}$$

$$\vdots$$

多元线性回归同样可以使用 Sklearn 库的 LinearRegression 类来实现。

2.3.3　多元线性回归实践——电动汽车续驶里程预测

仍然选取电动汽车续驶里程预测问题来进行多元线性回归实践，数据文件仍然为 EVMiles-200.csv，把 4 个特征都考虑进来，通过多元线性回归进行电动汽车续驶里程预测。

具体程序如下：

```
import numpy as np
from numpy import genfromtxt
from sklearn import linear_model
data = np.genfromtxt("EVMiles-200.csv",delimiter=",")
x_data = data[1:,1:]                    #提取特征值
y_data = data[1:,0]                     #提取标签值
model = linear_model.LinearRegression() #创建模型
model.fit(x_data,y_data)                #训练模型
print("coefficients",model.coef_)
print("intercept",model.intercept_)
```

讲解视频

运行结果如下，coefficients 和 intercept 分别是多元线性方程的系数和截距：

```
coefficients [ -0.0524956    3.09641915   -41.78964128   -8.92526936]
intercept 132.24233468153085
```

用回归模型预测数据第二行的结果：

```
model.predict(x_data[2,np.newaxis])
```

运行结果如下：

```
array([199.45750799])
```

通过比较可以发现，预测结果与实际续驶里程标签值202.9（见表2-2中的第二行数据）还是比较接近。

也可以用模型来预测新特征对应的续驶里程值：

```
x_test=[[373,96,4.2,4.0]]
predict=model.predict(x_test)
print("predict:",predict)
```

运行结果为：

```
predict:[198.70014229]
```

2.4 多项式回归

2.4.1 多项式回归的基本概念

多项式回归是一种扩展的线性回归技术，用于拟合因变量与自变量之间的非线性关系。在多项式回归中，通过将自变量的高阶项（多项式项）引入模型，以捕捉数据中的非线性特征。

多项式回归可以看成多元线性回归的一个特例，所以本质是求解多元线性方程组。多元线性回归可以写成式（2-25），多项式回归可以写成式（2-26）。把式（2-26）中的 x^n 看作一个单独的特征，和 x_n 本质是一样的。

$$f(x)=\theta_n x_n+\theta_{n-1}x_{n-1}+\cdots+\theta_2 x_2+\theta_1 x+b \tag{2-25}$$

$$f(x)=\theta_n x^n+\theta_{n-1}x^{n-1}+\cdots+\theta_2 x^2+\theta_1 x+b \tag{2-26}$$

以矩阵的形式更容易理解：

$$\begin{pmatrix} 1 & x_0 & x_0^2 & \cdots & x_0^{n-1} & x_0^n \\ 1 & x_1 & x_1^2 & \cdots & x_1^{n-1} & x_1^n \\ \vdots & \vdots & \vdots & & \vdots & \vdots \\ 1 & x_n & x_n^2 & \cdots & x_n^{n-1} & x_n^n \end{pmatrix} \begin{pmatrix} \theta_0 \\ \theta_1 \\ \vdots \\ \theta_n \end{pmatrix} = \begin{pmatrix} y_0 \\ y_1 \\ \vdots \\ y_n \end{pmatrix} \tag{2-27}$$

Sklearn库中用PolynomialFeatures函数生成关于自变量的高次矩阵，再用LinearRegression类进行学习，获得相应的参数值。

2.4.2 多项式回归的实践——电动汽车续驶里程预测

仍然以 EVMiles-200.csv 为例，建立单体电池电压最高值 one_cell_voltage_max 与标签值的多项式回归模型，对比其与一元线性回归的区别，并选择不同阶次，观察拟合效果。程序代码如下：

讲解视频

```
import numpy as np
from numpy import genfromtxt
from sklearn import linear_model
import matplotlib.pyplot as plt
from sklearn.preprocessing import PolynomialFeatures    #高阶次特征生成
#读取数据并切片得到特征和标签向量
data = np.genfromtxt("EVMiles-200.csv",delimiter=",")
x_data = data[1:,3,np.newaxis]              #截取特征值,并增加维度
y_data = data[1:,0,np.newaxis]              #截取标签值,并增加维度
#生成3阶次特征,并训练模型
poly_reg = PolynomialFeatures(degree = 3)    #可以把 degree 参数值改成2、4、5,比较结果的不同
x_poly = poly_reg.fit_transform(x_data)
lin_reg = linear_model.LinearRegression()
lin_reg.fit(x_poly,y_data)
#画图
plt.plot(x_data,y_data,'b.')
plt.plot(x_data,lin_reg.predict(x_poly),'r')
plt.xlabel("one_cell_voltage_max(v)")
plt.ylabel("Driving range(miles)")
```

运行结果如图2-9所示。

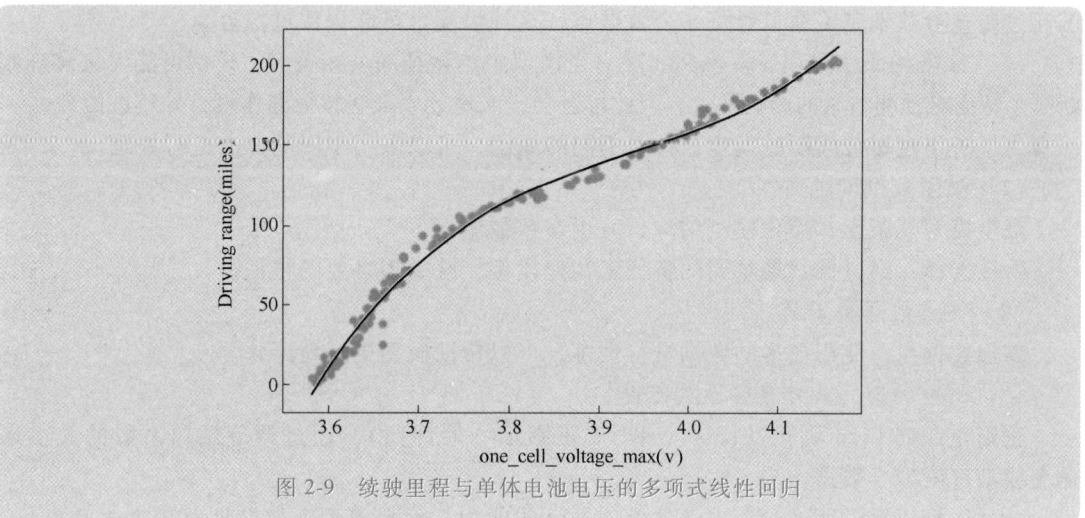

图2-9 续驶里程与单体电池电压的多项式线性回归

2.5 过拟合与正则化

2.5.1 过拟合

回归分析中的过拟合（Overfitting）问题，是指所建立的模型对于训练数据集的拟合程度过高，以至于模型能够捕捉到训练数据中的随机噪声和异常值，而在新的数据集上，模型

的泛化能力却很差，不能很好地预测因变量的值。图 2-10 所示为针对两类样本进行拟合得到的欠拟合、正确拟合和过拟合的情况。

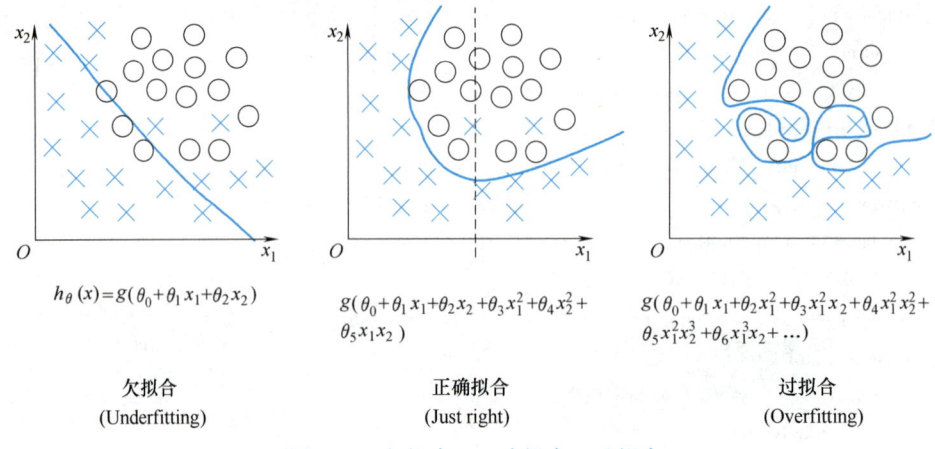

图 2-10 欠拟合、正确拟合、过拟合

具体来说，出现过拟合通常有以下几种原因。

（1）模型复杂度过高　如果模型中包含太多的参数或特征，它就有可能学习到训练数据中的偶然模式，而不是从中提取普适的规律。例如，使用高阶多项式进行回归时，模型可能仅仅是为了拟合训练集中的特定数据点，而没有捕捉数据背后的真实关系。

（2）训练数据量不足　当训练数据量较少时，模型可能过于关注这些有限的样本，试图通过调整参数来完美地拟合每一个数据点，这种情况也可能导致过拟合。

（3）数据特征之间存在多重共线性　当模型中的特征高度相关时，模型可能无法准确判断哪个特征对预测结果的影响更大，因此可能会错误地放大某些特征的作用，导致过拟合。

为了防止过拟合问题的发生，针对不同的原因，可以采用不同的方法进行处理。

（1）模型复杂度过高

减少模型复杂度：简化模型结构，减少参数数量。

特征选择：通过挑选最重要的特征来构建模型，减少不必要的特征。

（2）训练数据量不足

增加数据量：使用更多的数据进行训练，可以帮助模型更好地泛化。

（3）数据特征之间存在多重共线性

正则化：如 L1 正则化（Lasso）和 L2 正则化（岭回归），通过调节惩罚系数的大小来避免模型过度拟合数据。

此外还可以通过交叉验证来评估模型的泛化能力，确保模型不仅在训练集上表现良好，也能在验证集上表现稳定。

2.5.2 正则化

一个好的模型不仅要在训练数据上表现良好，还要在未知数据上有较好的预测能力。为了达到这个目标，正则化会通过惩罚模型参数的大小，使得模型在训练过程中不会过分关注训练数据中的噪声和异常值，从而提高其在未知数据上的泛化能力。

常用的正则化方法通常有三种，即 L1 正则化、L2 正则化和 ElasticNet 正则化，见表 2-3。

表 2-3 常用正则化方法

方法	内容	效果
L1 正则化	通过惩罚模型参数的绝对值来鼓励稀疏性,即模型倾向于使用较少的特征	可以用于特征选择,去掉不重要的特征
L2 正则化	通过惩罚模型参数的平方来防止过拟合,同时保持模型参数的大小	最常用的正则化方法,能够平衡模型的复杂度和泛化能力
ElasticNet 正则化	L1 和 L2 正则化的结合	在处理具有高度相关性的特征时效果较好

1. 岭回归

岭回归通过在式(2-8)定义的模型损失函数中加入一个"惩罚项(正则化项)",这个惩罚项会限制模型参数的大小,防止它们变得过大。参数越小,模型就越简单,就越不容易过拟合,使得模型关注重要的特征,忽略不重要的细节,从而训练出更稳健、更可靠的模型。

下面通过公式推导来进一步理解岭回归。

如果用标准方程法求解式(2-8),得到的系数矩阵为

$$\boldsymbol{\theta} = (\boldsymbol{X}^{\mathrm{T}}\boldsymbol{X})^{-1}\boldsymbol{X}^{\mathrm{T}}\boldsymbol{y} \qquad (2\text{-}28)$$

式中,$\boldsymbol{X}$ 表示特征矩阵;$\boldsymbol{y}$ 表示标签值向量。

岭回归在损失函数中增加的正则化项是 L2 范数的平方。岭回归的损失函数如下:

$$J(\boldsymbol{\theta}) = \frac{1}{2m}\left[\sum_{i=1}^{m}(h_\theta(x^{(i)}) - y^{(i)})^2 + \lambda \sum_{j=1}^{n}\theta_j^2\right] \qquad (2\text{-}29)$$

求解损失函数,得到的系数矩阵如下:

$$\boldsymbol{\theta} = (\boldsymbol{X}^{\mathrm{T}}\boldsymbol{X} + \lambda \boldsymbol{I}_n)^{-1}\boldsymbol{X}^{\mathrm{T}}\boldsymbol{y} \qquad (2\text{-}30)$$

式中,$\boldsymbol{I}_n$ 是单位矩阵,对角线全是 1,类似于山岭。

λ 是岭参数,改变其数值可以改变单位矩阵对角线的值。

岭回归最早用来处理特征数多于样本数的情况,现在也用于在估计中加入偏差,从而得到更好的估计,同时也可以解决多重共线性的问题。岭回归是一种有偏估计。

在岭回归中,可以通过岭迹图可视化展示不同岭参数值下回归系数的变化情况,岭迹图如图 2-11 所示,纵坐标是岭回归的系数 θ_i,横坐标是岭参数 λ,每一条线代表每一个系数 θ_i 随着岭参数 λ 的变化情况。

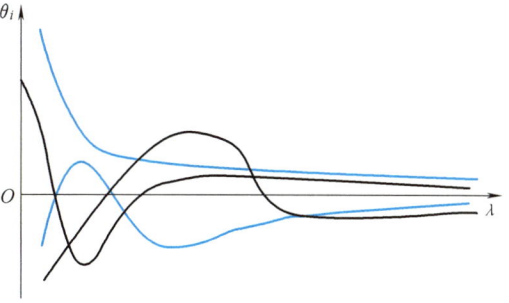

图 2-11 岭迹图

具体来说,岭迹图主要展示了以下内容。

(1) 回归系数的变化趋势 随着岭参数的增加,回归系数会发生变化。岭迹图显示了这些系数随岭参数变化的轨迹。

(2) 系数的稳定性 在不同的岭参数值下,系数的稳定性可以通过岭迹图直观地表现出来。理想情况下,希望看到系数 θ_i 随着岭参数 λ 的增加而逐渐稳定。

(3) 共线性问题的缓解 当自变量之间存在共线性时,岭回归可以通过引入岭参数来

缓解这一问题。岭迹图可以帮助识别在哪个岭参数值下共线性问题得到了有效的控制。

（4）残差平方和的变化　虽然岭回归会损失一些信息以换取系数的稳定性，但也希望残差平方和的增加幅度不大。岭迹图可以用来观察残差平方和随岭参数增加的变化情况。

（5）回归系数的实际意义　在选择岭参数时，岭迹图可以帮助识别在哪个岭参数值下系数 θ_i 的符号和大小更符合实际问题的背景。

2. Lasso 回归

Lasso（Least Absolute Shrinkage and Selection Operator）回归是一种同时进行特征选择和正则化的回归分析方法，旨在增强统计模型的预测准确性和可解释性，由斯坦福大学统计学教授 Robert Tibshirani 于 1996 年提出。

与岭回归的 L2 正则化不同，Lasso 回归通过在损失函数中引入 L1 正则化项（即参数向量绝对值的和）实现模型约束。这种设计使得 Lasso 回归在优化过程中能自动实现特征选择，通过使部分不重要的特征系数归零，获得稀疏化的参数解。这种特性使其在处理高维数据或存在冗余特征时具有优势，既保留了正则化防止过拟合的核心功能，又简化了模型结构。Lasso 回归的损失函数定义为

$$J(\boldsymbol{\theta}) = \frac{1}{2m}\Big(\sum_{i=1}^{m}(h_\theta(x^{(i)}) - y^{(i)})^2 + \lambda \sum_{j=1}^{n}|\theta_j|\Big) \tag{2-31}$$

Lasso 回归也擅长处理具有多重共线性的数据，与岭回归一样是有偏估计。不同的是，Lasso 回归能确定一些指标（变量）的系数为零，而岭回归估计系数等于 0 的机会微乎其微。岭回归与 Lasso 回归的约束如图 2-12 所示，椭圆线是最小二乘方等值线，有底纹区域是约束条件，岭回归约束条件形成的区域是圆形的，而 Lasso 回归由于是绝对值形式，约束条件形成的区域是菱形的，显得更为"尖锐"，回归的估计参数更容易为 0。

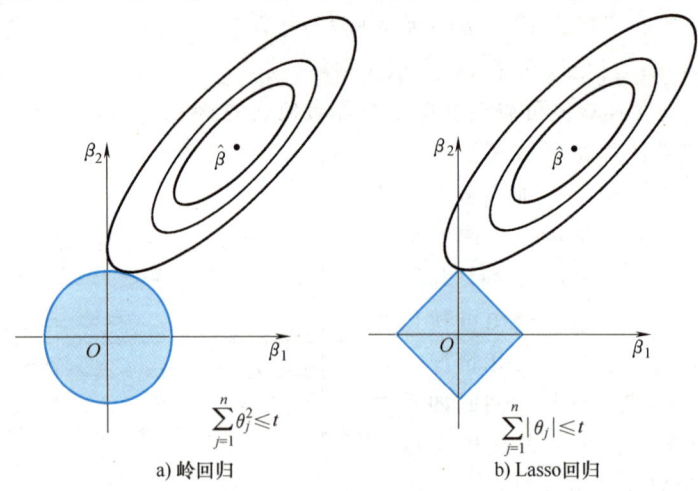

图 2-12　岭回归与 Lasso 回归的约束

在 Lasso 回归中，随着 λ 增大，一些系数会变为 0，而岭回归却很难使得某个系数恰好缩减为 0，如图 2-13 所示，图中纵坐标是回归系数 θ_i，横坐标是 $\log(\lambda)$。

3. ElasticNet 回归

ElasticNet 回归结合了 Lasso 回归和岭回归的特点。传统的线性回归模型中，目标是最小

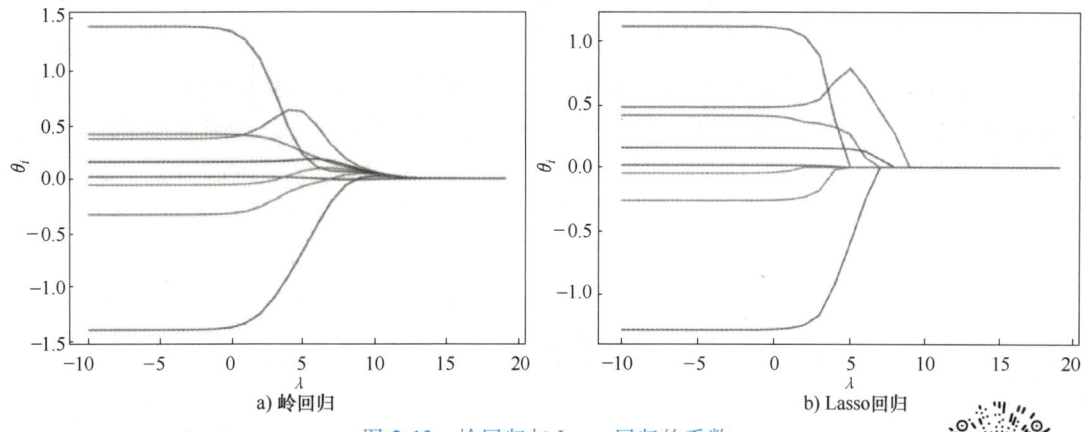

图 2-13　岭回归与 Lasso 回归的系数

化预测值与真实值之间的平方误差，而 ElasticNet 回归在此基础上添加了一个惩罚项，这个惩罚项是对回归系数的 L1 和 L2 范数进行惩罚。具体来说，该惩罚项由两部分组成：一部分是对系数的 L1 范数进行惩罚，类似于 Lasso 回归中的惩罚项，可以使得某些系数变为零，从而实现变量选择；另一部分是对系数的 L2 范数进行惩罚，类似于岭回归中的惩罚项，可以防止模型过拟合，并且有助于提高模型的泛化能力。

ElasticNet 回归的损失函数定义如下。

$$J(\boldsymbol{\theta}) = \frac{1}{2m}\Big(\sum_{i=1}^{m}(h_\theta(x^{(i)}) - y^{(i)})^2 + \lambda\sum_{j=1}^{n}(\alpha\theta_j^2 + (1-\alpha)|\theta_j|)\Big) \quad (2\text{-}32)$$

式中，α 是用来调节权重的。当 $\alpha = 0.2$ 时，ElasticNet 回归限制区域如图 2-14 所示；当 $\alpha = 1$ 时，为岭回归；当 $\alpha = 0$ 时，为 Lasso 回归。

更一般地，ElasticNet 回归的损失函数可以采用如下公式定义。

$$J(\boldsymbol{\theta}) = \frac{1}{2m}\Big[\sum_{i=1}^{m}(h_\theta(x^{(i)}) - y^{(i)})^2 + \lambda\sum_{j=1}^{n}|\theta_j|^q\Big] \quad (2\text{-}33)$$

图 2-14　ElasticNet 回归限制区域

不同 q 值对应的正则化限制区域如图 2-15 所示。当 $q = 1$ 时为 Lasso 回归，当 $q = 2$ 时为岭回归。

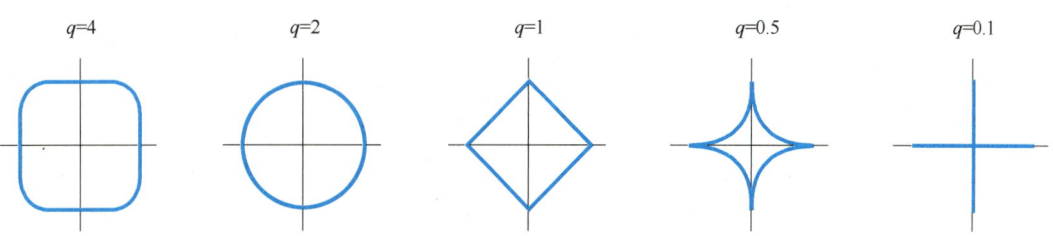

图 2-15　不同 q 值对应的正则化限制区域

2.5.3 增加正则项的实践案例

本节以 Longley 数据集为例来实践增加正则项的回归,Longley 数据集见表 2-4。Longley 数据集来自 J.W.Longley 发表在 JASA 上的一篇论文,是强共线性的宏观经济数据,在早期经常用来检验各种算法的计算精度。表 2-4 中,第一行是标题,第一列是年份,和 Year 特征重复,可以不考虑;GNP.deflator 是和经济相关的一个指数,是每个样本的标签;后面 6 项就是样本的特征,分别是国民生产总值(GNP)、失业率(Unemployed)、武装力量(ArmedForces)、人口(Population)、年份(Year)、就业率(Emlpoyed)。观察这 6 个特征,有些特征在不断地变大,某几个特征变大的趋势可能存在线性的关系,也就是这些特征之间可能存在多重非线性的问题。

表 2-4 Longley 数据集

	GNP.deflator	GNP	Unemployed	ArmedForces	Population	Year	Employed
1947	83	234.289	235.6	159	107.608	1947	60.323
1948	88.5	259.426	232.5	145.6	108.632	1948	61.122
1949	88.2	258.054	368.2	161.6	109.773	1949	60.171
1950	89.5	284.599	335.1	165	110.929	1950	61.187
1951	96.2	328.975	209.9	309.9	112.075	1951	63.221
1952	98.1	346.999	193.2	359.4	113.27	1952	63.639
1953	99	365.385	187	354.7	115.094	1953	64.989
1954	100	363.112	357.8	335	116.219	1954	63.761
1955	101.2	397.469	290.4	304.8	117.388	1955	66.019
1956	104.6	419.18	282.2	285.7	118.734	1956	67.857
1957	108.4	442.769	293.6	279.8	120.445	1957	68.169
1958	110.8	444.546	468.1	263.7	121.95	1958	66.513
1959	112.6	482.704	381.3	255.2	123.366	1959	68.655
1960	114.2	502.601	393.1	251.4	125.368	1960	69.564
1961	115.7	518.173	480.6	257.2	127.852	1961	69.331
1962	116.9	554.894	400.7	282.7	130.081	1962	70.551

1. Longley 数据集的岭回归程序

```
import numpy as np
from numpy import genfromtxt
from sklearn import linear_model
import matplotlib.pyplot as plt
#读入数据
data = genfromtxt(r"longley.csv",delimiter=',')
print(data)
#切分数据
x_data = data[1:,2:]
```

讲解视频

```
y_data = data[1:,1]
print(x_data)
print(y_data)
#生成50个值(岭系数λ的候选值)
alphas_to_test = np.linspace(0.001,1)         #等差数列函数
#创建模型,保存误差值
model = linear_model.RidgeCV(alphas = alphas_to_test,store_cv_values = True)
model.fit(x_data,y_data)
#岭系数
print(model.alpha_)                           #输出效果最好的λ值
#loss值
print(model.cv_values_.shape)
#画图
#岭系数跟loss值的关系
plt.plot(alphas_to_test,model.cv_values_.mean(axis = 0))
#画出最优岭系数值的位置
plt.plot(model.alpha_,min(model.cv_values_.mean(axis = 0)),'ro')
plt.show()
#岭系数
print(model.alpha_)
#参数
print(model.coef_)
```

程序中,np.linspace(0.001,1)用于生成0.001到1之间,包含50个数的等差数列。该方法的语句格式如下:

numpy.linspace(start, stop [, num = 50 [, endpoint = True [, retstep = False [, dtype = None]]]])

其功能为返回在指定范围内的均匀间隔的数字(组成的数组),即返回一个等差数列。其中start为起始点,stop为结束点,num为元素个数,默认为50。

linear_model.RidgeCV()为岭回归的交叉验证(Cross Validation)。print(model.cv_values_.shape)的结果为(16,50),表示总共有16个测试集,样本总共16行,也就是每一行都做了交叉验证法中的一次测试集,其余的15个样本作为训练集。50代表50个岭系数λ的值,也就是每一行作为测试集的时候,都去验证了50个λ的值。

plt.plot(alphas_to_test, model.cv_values_.mean(axis = 0))用于绘制岭回归目标函数值随着岭系数变化的图,如图2-16所示,横坐标是岭系数λ的值,对每个λ值做了16次交叉验证,求出16次的平均值,纵坐标就是16次岭回归目标函数的平均值。

plt.plot(model.alpha_, min(model.cv_

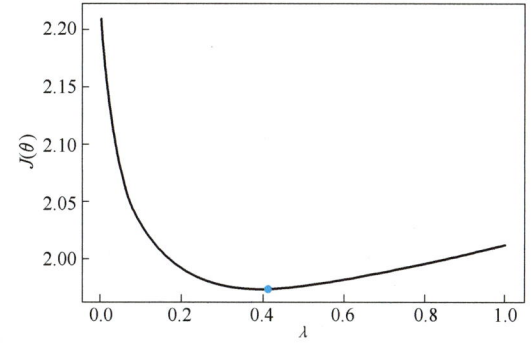

图2-16 岭回归目标函数值随岭系数变化图

values_.mean(axis=0)),'ro') 用于显示岭回归目标函数，"ro"表示用红色的点显示。

print(model.alpha_) 用于输出模型最优的岭系数值，print(model.coef_) 用于输出 6 个特征对应的参数值。输出结果为：

```
0.40875510204081633
[ 0.21595168  0.02539448  0.00769513  -1.51557268  -0.39023809  -0.04027195]
```

2. Longley 数据集的 Lasso 回归程序

讲解视频

```python
import numpy as np
from numpy import genfromtxt
from sklearn import linear_model
import matplotlib.pyplot as plt
#读入数据
data = genfromtxt(r"longley.csv",delimiter=',')
#切分数据
x_data = data[1:,2:]
y_data = data[1:,1]
#创建模型
model = linear_model.LassoCV(cv=10)
model.fit(x_data,y_data)
#Lasso 回归系数
print(model.alpha_)
#相关系数
print(model.coef_)
#用训练好的模型预测
model.predict(x_data[-2,np.newaxis])
```

程序中 linear_model.LassoCV() 为 Lasso 回归的交叉验证方法。

运行结果如下：

```
2.6484617782969
[ 0.09872373  0.00931751  0.01075516  -0.         0.         0.        ]
array([116.02750262])
```

从输出结果可以看出，后面三个系数为 0，表示不考虑后面三个特征值。

3. ElasticNet 回归

讲解视频

```python
import numpy as np
from numpy import genfromtxt
from sklearn import linear_model
#读入数据
data = genfromtxt(r"longley.csv",delimiter=',')
#切分数据
x_data = data[1:,2:]
y_data = data[1:,1]
```

```
#创建模型
model = linear_model.ElasticNetCV()
#model = linear_model.ElasticNetCV(l1_ratio = 0.2, cv = 10)
model.fit(x_data, y_data)
#ElasticNet 回归参数
print(model.alpha_)
print(model.l1_ratio_)
#系数
print(model.coef_)
#用训练好的模型进行预测
model.predict(x_data[-2, np.newaxis])
```

程序中 linear_model.ElasticNetCV() 为 ElasticNet 回归的交叉验证方法。

运行结果如下：

```
30.31094405430269
0.5
[0.1006612   0.00589596 0.00593021 0.          0.          0.        ]
array([115.74523947])
```

习题

1. 选择题

1) 一元线性回归模型是用于预测（　　）类型的数据。

   A. 连续变量　　　　B. 分类变量　　　　C. 序列数据　　　　D. 文本数据

2) 多元线性回归模型中，如果自变量间存在多重共线性，可能会出现（　　）的问题。

   A. 模型精度提高　　　　　　　　B. 参数估计不稳定

   C. 计算速度加快　　　　　　　　D. 模型解释性增强

3) 过拟合通常发生在（　　）。

   A. 模型过于简单　　　　　　　　B. 训练数据量太少

   C. 模型过于复杂　　　　　　　　D. 测试数据量太多

4) 正则化技术主要用于解决（　　）的问题。

   A. 提高模型计算速度　　　　　　B. 减少参数数量

   C. 避免过拟合　　　　　　　　　D. 增加模型复杂度

5) 岭回归是属于（　　）方法。

   A. L1 正则化　　　B. L2 正则化　　　C. L3 正则化　　　D. 无正则化

6) Lasso 回归使用的是（　　）。

   A. L1 正则化　　　B. L2 正则化　　　C. L3 正则化　　　D. 无正则化

7) ElasticNet 回归结合了以下（　　）两种方法。

   A. L1 和 L2 正则化　　　　　　　B. L2 和 L3 正则化

C. L1 和 L3 正则化　　　　　　D. 无正则化和 L2 正则化

2. 判断题

1）在多元线性回归中，所有的自变量都必须是连续变量。（　　）

2）多项式线性回归可以用来捕捉变量间非线性的关系。（　　）

3）正则化一定会降低模型的预测精度。（　　）

4）岭回归在处理多重共线性问题时，不会导致参数估计的偏误。（　　）

5）Lasso 回归可以用来进行特征选择。（　　）

3. 简答题和论述题

1）请简述一元线性回归模型的基本形式及其主要应用场景。

2）多项式回归是如何处理变量间的非线性关系的？

3）论述过拟合现象产生的原因及其对模型性能的影响，并说明如何识别和避免过拟合。

4）请详细解释正则化的概念，并讨论为什么正则化可以防止过拟合。

5）岭回归与 Lasso 回归都是正则化方法，请比较这两种方法的异同，并说明各自适用的场景。

6）请结合实际案例，讨论在机器学习项目中，如何通过特征选择和正则化技术来提高模型的泛化能力。

部分习题
参考答案

第3章 逻辑回归

回归分析通过构建自变量与连续型因变量之间的数学映射关系，实现了对目标变量的预测与解释。然而当面临分类决策场景时，如用户购买意向判断（买/不买）、邮件类型识别（垃圾邮件/正常邮件）等二分类问题，或交通红绿灯识别等多分类任务，传统回归模型因输出值域不受限的特性而难以直接应用。逻辑回归（Logistic Regression）通过逻辑函数，将回归分析的数值预测结果映射至 [0, 1] 概率区间，实现了回归分析框架向分类场景的范式扩展。

作为本书首个系统阐述的分类方法，本章将解析逻辑回归的数学原理与算法实现，重点阐释其如何通过概率建模解决分类问题；并将探讨分类任务评估体系，详细讲解准确率、精确率、召回率、F1值及混淆矩阵等关键评估指标，为后续章节其他分类算法的学习构建方法论基础。

3.1 二分类与伯努利分布

在机器学习分类任务中，二分类问题是最基础且应用广泛的场景。此类问题的核心特征在于样本标签仅包含两种可能取值，通常用 $y_i \in \{0, 1\}$ 进行编码表示。为准确刻画这种二元输出特性，引入伯努利分布（Bernoulli Distribution）作为概率建模工具。

伯努利分布是离散型概率分布的一种，专门用于描述单次随机试验中二元结果的概率规律。其参数 $\mu \in [0, 1]$ 表示事件发生（通常对应标签 $y=1$）的概率。该分布的概率质量函数（PMF）可表示为

$$p(y;\mu) = \mu^y (1-\mu)^{(1-y)} \tag{3-1}$$

式（3-1）具有清晰的概率解释：当 $y=1$ 时，概率为 μ；当 $y=0$ 时，概率为 $1-\mu$，覆盖了二分类问题的所有可能情况。

在监督学习框架下，当给定输入特征 $\boldsymbol{x}$ 时，假设条件概率 $p(y|\boldsymbol{x})$ 服从伯努利分布。此时概率质量函数可改写为

$$p(y|\boldsymbol{x};\mu) = \mu(\boldsymbol{x})^y (1-\mu(\boldsymbol{x}))^{1-y} \tag{3-2}$$

即

$$\begin{cases} p(y=1|\boldsymbol{x}) = \mu(\boldsymbol{x}) \\ p(y=0|\boldsymbol{x}) = 1-\mu(\boldsymbol{x}) \end{cases} \tag{3-3}$$

式中，$\mu(\boldsymbol{x})$ 表示在给定输入 $\boldsymbol{x}$ 的条件下，输出标签为 1 的条件概率。

为建立概率 $\mu(\boldsymbol{x})$ 与输入特征 $\boldsymbol{x}$ 的关联，最直接的建模方式是采用第 2 章讲解的线性回归模型，即

$$\mu(\boldsymbol{x}) = \boldsymbol{\theta}^\mathrm{T}\boldsymbol{x} \tag{3-4}$$

然而，该线性组合的输出范围为全体实数（$-\infty$，$+\infty$），与概率值域 [0，1] 存在冲突。为解决该问题，引入逻辑函数做非线性变换，构建了从特征空间到概率空间的映射。

3.2 逻辑函数

逻辑回归模型建立在逻辑函数（Logistic Function，又称为 Sigmoid 函数）的基础上，该函数可以将任何实数值映射到（0，1）区间，因此可以用来表示概率。

Sigmoid 函数的定义为

$$\sigma(z) = \frac{1}{1+\mathrm{e}^{-z}} \tag{3-5}$$

其导数为

$$\frac{\mathrm{d}\sigma(z)}{\mathrm{d}z} = \sigma(z)(1-\sigma(z)) \tag{3-6}$$

式中，$z \in (-\infty, +\infty)$ 为 Sigmoid 函数的自变量。

Sigmoid 函数及其导数如图 3-1 所示，当 z 趋于负无穷大时，$\sigma(z)$ 值趋近 0，$z=0$ 时，$\sigma(z)$ 值为 0.5，当 z 趋于无穷大时，$\sigma(z)$ 值趋近 1。

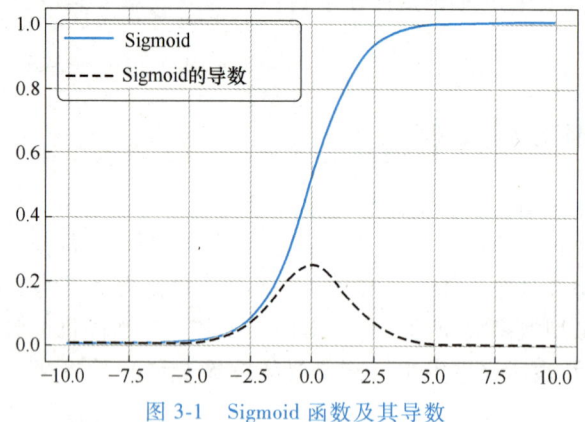

图 3-1 Sigmoid 函数及其导数

逻辑回归通过引入 Sigmoid 函数做非线性变换，将线性回归模型的预测结果转化为伯努利分布的概率参数，从而能够处理分类问题，并输出概率形式的预测结果。引入 Sigmoid 函数作为伯努利分布概率后的概率质量函数为

$$\begin{cases} p(y=1 \mid \boldsymbol{x}) = \mu(\boldsymbol{x}) = \sigma(\boldsymbol{\theta}^\mathrm{T}\boldsymbol{x}) \\ p(y=0 \mid \boldsymbol{x}) = 1-\mu(\boldsymbol{x}) = 1-\sigma(\boldsymbol{\theta}^\mathrm{T}\boldsymbol{x}) \end{cases} \tag{3-7}$$

定义一个事件的几率（Odds）为该事件发生的概率与不发生的概率的比值，有

$$\frac{p(y=1 \mid \boldsymbol{x})}{p(y=0 \mid \boldsymbol{x})} = \frac{\sigma(\boldsymbol{\theta}^\mathrm{T}\boldsymbol{x})}{1-\sigma(\boldsymbol{\theta}^\mathrm{T}\boldsymbol{x})} = \frac{1/(1+\mathrm{e}^{-\boldsymbol{\theta}^\mathrm{T}\boldsymbol{x}})}{\mathrm{e}^{-\boldsymbol{\theta}^\mathrm{T}\boldsymbol{x}}/(1+\mathrm{e}^{-\boldsymbol{\theta}^\mathrm{T}\boldsymbol{x}})} = \mathrm{e}^{\boldsymbol{\theta}^\mathrm{T}\boldsymbol{x}} \tag{3-8}$$

两边同取 ln 对数运算，得到对数几率：

$$\ln \frac{p(y=1 \mid \boldsymbol{x})}{p(y=0 \mid \boldsymbol{x})} = \ln(e^{\boldsymbol{\theta}^T \boldsymbol{x}}) = \boldsymbol{\theta}^T \boldsymbol{x} \qquad (3\text{-}9)$$

用逻辑回归处理二分类问题时，以逻辑函数值 0.5 为阈值：

当 $\boldsymbol{\theta}^T \boldsymbol{x} > 0$ 时，$\sigma(\boldsymbol{\theta}^T \boldsymbol{x}) > 0.5$，$\boldsymbol{x}$ 的类别 $y = 1$；

当 $\boldsymbol{\theta}^T \boldsymbol{x} < 0$ 时，$\sigma(\boldsymbol{\theta}^T \boldsymbol{x}) < 0.5$，$\boldsymbol{x}$ 的类别 $y = 0$；

当 $\boldsymbol{\theta}^T \boldsymbol{x} = 0$ 时，$\sigma(\boldsymbol{\theta}^T \boldsymbol{x}) = 0.5$，$y = 1$ 的概率和 $y = 0$ 的概率相等，此时 $\boldsymbol{x}$ 位于决策面上，可将 $\boldsymbol{x}$ 分类到任意一类，或拒绝做出判断。

如图 3-2 所示，决策函数 $f(\boldsymbol{x}) = \boldsymbol{\theta}^T \boldsymbol{x}$ 将输入空间分为两个区域。$\boldsymbol{\theta}^T \boldsymbol{x}$ 为输入 $\boldsymbol{x}$ 的线性函数，$\boldsymbol{\theta}^T \boldsymbol{x} = \boldsymbol{0}$ 为分类决策边界（Decision Boundaries）。

决策边界实例 1：

逻辑回归可以实现线性分类，如图 3-3 所示：

$$h_\theta(\boldsymbol{x}) = g(\theta_0 + \theta_1 x_1 + \theta_2 x_2) = g(-3 + x_1 + x_2)$$

当 $-3 + x_1 + x_2 \geq 0$，则 $y = 1$；当 $-3 + x_1 + x_2 < 0$，则 $y = 0$。决策边界为线性。

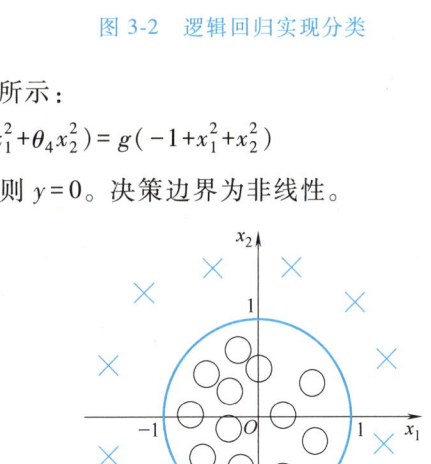

图 3-2 逻辑回归实现分类

决策边界实例 2：

逻辑回归也可以实现非线性分类，如图 3-4 所示：

$$h_\theta(\boldsymbol{x}) = g(\theta_0 + \theta_1 x_1 + \theta_2 x_2 + \theta_3 x_1^2 + \theta_4 x_2^2) = g(-1 + x_1^2 + x_2^2)$$

当 $-1 + x_1^2 + x_2^2 \geq 0$，则 $y = 1$；当 $-1 + x_1^2 + x_2^2 < 0$，则 $y = 0$。决策边界为非线性。

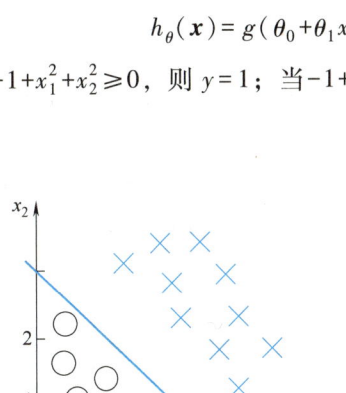

图 3-3 逻辑回归实现线性分类　　　　图 3-4 逻辑回归实现非线性分类

3.3 逻辑回归的损失函数

在机器学习模型中，损失函数是衡量模型预测值与真实值之间差异的关键指标，其核心作用是指导模型参数的学习和优化。对于逻辑回归模型，也需要选择合适的损失函数来有效训练模型并提升其分类性能。

3.3.1 从 0/1 损失到交叉熵损失

在分类任务中,最直观的损失函数是 0/1 损失函数,记为

$$L(y,\hat{y}) = \begin{cases} 0, y = \hat{y} \\ 1, y \neq \hat{y} \end{cases} \tag{3-10}$$

该函数表示,当模型预测类别 $\hat{y}$ 与真实类别 y 不一致时,损失为 1;当预测正确时,损失为 0。尽管 0/1 损失函数直观易懂,但 0/1 损失函数是一个分段常数函数,在分类决策边界处存在不可导的点,这使得基于梯度的优化算法难以直接应用。而且 0/1 损失函数仅关注预测类别是否正确,忽略了模型对分类结果的置信度。例如,一个模型以 0.51 的概率预测正确类别,另一个模型以 0.99 的概率预测正确类别,在 0/1 损失函数下,两者的损失值都是 0,无法区分模型预测的置信度差异。

为了克服 0/1 损失函数的局限性,引入交叉熵损失(Cross-Entropy Loss)函数。交叉熵损失函数起源于信息论,用于衡量两个概率分布之间的差异。

在逻辑回归中,交叉熵损失函数定义为

$$J(\theta) = -\frac{1}{m}\sum_{i=1}^{N}\left[y_i \ln(p_i) + (1-y_i)\ln(1-p_i)\right] \tag{3-11}$$

式中,m 表示样本数量;$y_i \in \{0, 1\}$ 表示第 i 个样本的真实类别标签;$p_i = p(y=1|\boldsymbol{x}_i)$ 表示模型预测第 i 个样本属于类别 1 的概率;$1-p_i = p(y=0|\boldsymbol{x}_i)$ 表示模型预测第 i 个样本属于类别 0 的概率。p_i 由 Sigmoid 函数计算得到:

$$p_i = p(y=1|\boldsymbol{x}_i) = \sigma(\boldsymbol{\theta}^\mathrm{T}\boldsymbol{x}_i) = \frac{1}{1+e^{-\boldsymbol{\theta}^\mathrm{T}\boldsymbol{x}_i}} \tag{3-12}$$

3.3.2 逻辑回归损失函数的正则化

为了防止逻辑回归模型过拟合,提升模型的泛化能力,通常也在其损失函数中加入正则化项,控制模型的复杂度,从而避免模型在训练数据上过度学习,降低在测试数据上的预测误差。加入正则化项后的逻辑回归损失函数为

$$J_{\mathrm{reg}}(\boldsymbol{\theta}) = \sum_{i=1}^{N} J(\boldsymbol{\theta}) + \lambda R(\boldsymbol{\theta}) \tag{3-13}$$

式中,$J(\boldsymbol{\theta})$ 表示式(3-11)所示的交叉熵损失函数;$R(\boldsymbol{\theta})$ 表示正则化项,通常定位为模型参数 $\boldsymbol{\theta}$ 的某种范数,例如 L1 正则化项或 L2 正则化项;$\lambda \geq 0$,表示正则化系数,用于控制正则化项的强度,λ 越大,正则化项的影响越强,模型的复杂度越低。

3.4 逻辑回归的参数优化方法

逻辑回归的参数优化方法可以采用牛顿法,也可以采用梯度下降法。

牛顿法是一种二阶优化方法,它利用目标函数的二阶导数(黑塞矩阵)来更准确地估计参数更新的方向,从而更快地收敛到目标函数的最小值。牛顿法具有收敛速度快和通常能找到全局最优解的优点,但其计算复杂度高、对初始值敏感,且黑塞矩阵可能不正定,这些

缺点限制了其应用。

梯度下降法是一种常用的一阶优化算法，它通过计算目标函数在当前参数点的梯度，即函数值上升最快的方向，并沿着其相反方向（负梯度方向）更新参数，以逐步逼近目标函数的最小值。梯度下降法实现简单，适用于大规模数据集，且可通过调整学习率控制收敛速度，但也存在收敛速度可能较慢，以及可能陷入局部最优解等问题。尽管如此，梯度下降法依然凭借优势和广泛的应用场景，成为机器学习领域参数优化的首选方法。接下来，将聚焦于梯度下降法，通过推导其公式来深入理解这一优化方法的具体实现。

将式（3-11）中的逻辑回归交叉熵损失函数对参数求偏导：

$$\frac{\partial J(\boldsymbol{\theta})}{\partial \theta_j} = -\frac{1}{m}\sum_{i=1}^{m}\left(\frac{y_i}{p_i} - \frac{1-y_i}{1-p_i}\right)\frac{\partial p_i}{\partial \theta_j} \tag{3-14}$$

式中，θ_j 为模型的第 j 个参数，假设逻辑回归模型有 n 个输入特征，加上一个偏置项，则模型总共有 $n+1$ 个参数，j 的取值范围为从 0 到 n 的整数；y_i 为第 i 个样本的真实值；p_i 为第 i 个样本的预测值，由式（3-12）定义。p_i 对参数 θ_j 求偏导，得到：

$$\begin{aligned}\frac{\partial p_i}{\partial \theta_j} &= \frac{\partial\left(\frac{1}{1+e^{-\boldsymbol{\theta}^T\boldsymbol{x}_i}}\right)}{\partial \theta_j} = \frac{e^{-\boldsymbol{\theta}^T\boldsymbol{x}_i}}{(1+e^{-\boldsymbol{\theta}^T\boldsymbol{x}_i})^2} = \frac{1+e^{-\boldsymbol{\theta}^T\boldsymbol{x}_i}-1}{(1+e^{-\boldsymbol{\theta}^T\boldsymbol{x}_i})^2}\\ &= \frac{1}{1+e^{-\boldsymbol{\theta}^T\boldsymbol{x}_i}} - \frac{1}{(1+e^{-\boldsymbol{\theta}^T\boldsymbol{x}_i})^2} = \frac{1}{1+e^{-\boldsymbol{\theta}^T\boldsymbol{x}_i}}\left(1-\frac{1}{1+e^{-\boldsymbol{\theta}^T\boldsymbol{x}_i}}\right)\\ &= p_i(1-p_i)\end{aligned} \tag{3-15}$$

将式（3-15）代入式（3-14），得到：

$$\frac{\partial J(\boldsymbol{\theta})}{\partial \theta_j} = -\frac{1}{m}\sum_{i=1}^{m}\boldsymbol{x}_i(p_i - y_i) \tag{3-16}$$

式中，$\boldsymbol{x}_i = [1, x_{i1}, x_{i2}, \cdots, x_{in}]$ 是第 i 个样本的特征向量。

进一步，可得到逻辑回归模型的参数更新公式为

$$\theta_j = \theta_j - \alpha\frac{\partial J(\boldsymbol{\theta})}{\partial \theta_j} = \theta_j - \alpha\sum_{i=1}^{m}\boldsymbol{x}_i(p_i - y_i) \tag{3-17}$$

式中，α 为学习率，用来控制梯度下降的步长。

逻辑回归的损失函数也可以加上正则化项，以下是加上 L2 正则化项的损失函数：

$$J_{\text{reg}}(\boldsymbol{\theta}) = J(\boldsymbol{\theta}) + \frac{\lambda}{2m}\sum_{j=1}^{n}\theta_j^2 \tag{3-18}$$

式（3-18）对参数 θ_j 求梯度，得到：

$$\frac{\partial J_{\text{reg}}(\boldsymbol{\theta})}{\partial \theta_j} = -\frac{1}{m}\sum_{i=1}^{m}\boldsymbol{x}_i(p_i - y_i) + \frac{\lambda}{m}\theta_j \tag{3-19}$$

进一步，可得到加入正则化项后的参数更新公式：

$$\theta_j = \theta_j - \alpha\left(\sum_{i=1}^{m}\boldsymbol{x}_i(p_i - y_i) + \frac{\lambda}{m}\theta_j\right) \tag{3-20}$$

3.5 分类的评估工具与指标

3.5.1 混淆矩阵

混淆矩阵（Confusion Matrix），又称为错误矩阵，是一种适用于评估分类模型性能的工具，特别是二分类和多分类问题。它展示了实际类别与模型预测类别的关系，并通过矩阵的形式对模型的预测结果进行总结展示。

对 C 分类问题，混淆矩阵大小为 $C×C$。以分类模型中最简单的二分类为例，样本的结果是 0 或 1，也可以说是正（Positive）或负（Negative）。二分类问题的混淆矩阵见表 3-1。

表 3-1 混淆矩阵

混淆矩阵		预测	
		真（正）	假（负）
实际	真（正）	TP	FN
	假（负）	FP	TN

表 3-1 中，TP、FP、FN、TN 具体含义如下。

TP，即 True Positive，表示将正样本预测为正样本的数量，为真正类。

FP，即 False Positive，表示将负样本预测为正样本的数量，为假正类。

FN，即 False Negative，表示将负样本预测为正样本的数量，为假负类。

TN，即 True Negative，表示将负样本预测为负样本的数量，为真负类。

3.5.2 精确率、召回率、综合评价指标

在逻辑回归模型中，精确率（Precision）和召回率（Recall）是评估模型性能的两个常见指标，通常用于二分类问题。

1. 精确率

精确率是指模型正确预测的样本数与总样本数之比。它是衡量模型整体性能的一个简单指标，但在处理不平衡数据集时可能具有误导性。例如，如果一个数据集中正样本的数量远远少于负样本，那么一个总是预测负类的模型也可能获得很高的精确率，但实际上它并不能很好地识别正类。

精确率的计算公式如下：

$$Precision = \frac{真正类(TP)}{真正类(TP) + 假正类(FP)}$$

2. 召回率

召回率，也称为真正类率（True Positive Rate）或灵敏度（Sensitivity），是指模型正确预测的正样本数与实际正样本总数之比。召回率关注的是模型识别所有正样本的能力。

召回率的计算公式如下：

$$\text{Recall} = \frac{\text{真正类(TP)}}{\text{真正类(TP)} + \text{假负类(FN)}}$$

在许多实际应用中，召回率是一个非常重要的指标。例如，在疾病筛查或欺诈检测中，通常希望尽可能多地识别出所有的正样本，即使这意味着会有一些误报（即假正类）。

3. 综合评价指标

精确率和召回率是互补的指标。在某些情况下，可能需要在这两个指标之间做出权衡。例如，提高召回率可能会降低精确率，因为增加预测为正类的样本数量可能会增加误报。为了同时考虑这两个指标，可以使用 F1 指标（F1_Score），它是精确率和召回率的调和平均值。F1 指标更倾向于在精确率和召回率之间取得平衡，计算公式如下：

$$\text{F1\_Score} = 2 \cdot \frac{\text{Precision} \cdot \text{Recall}}{\text{Precision} + \text{Recall}} \tag{3-21}$$

精确率与召回率指标有时候会出现矛盾的情况，这时就需要综合考虑两个指标的影响，所以提出了 F-Measure 指标（又称为 F-Score），定义如下：

$$F_\beta = (1+\beta^2) \cdot \frac{\text{Precision} \cdot \text{Recall}}{(\beta^2 \cdot \text{Precision}) + \text{Recall}} \tag{3-22}$$

当 $\beta=1$ 时，就是常见的 F1 指标，即式（3-21）。

3.5.3 微平均、宏平均、加权平均

在评估分类器性能时，还会使用微平均（Micro-average）、宏平均（Macro-average）和加权平均（Weighted-average）这三种不同的方法来计算分类性能指标。

微平均：把所有类别一次性都考虑进来，计算预测的精确率，是最常用的方法。

宏平均：对每个类别分开考虑，单独计算每个类别的精确率，最后再进行算术平均得到该数据集的精确率。

加权平均：对于各类别中的样本数不均衡的情况，对每个类别的准确率进行加权平均，权重为各类别数在真实值 y_true 中所占的比例。

下面以三分类问题来说明微平均和宏平均分类性能指标计算方法，假设真实值 y_true = [1，2，3]，预测值 y_pred = [1，1，3]。可以将三分类问题转换为如下三个二分类问题。

第一个二分类问题：将第一个类别设置为 True (1)，非第一个类别设置为 False(0)，则真实值 y_true = [1，0，0]，预测值 y_pred = [1，1，0]。此时混淆矩阵如图 3-5 所示。

第二个二分类问题：将第二个类别设置为 True (1)，非第二个类别设置为 False (0)，则真实值 y_true = [0，1，0]，预测值 y_pred = [0，0，0]。此时混淆矩阵如图 3-6 所示。

第一类		预测	
		真(正)	假(负)
实际	真(正)	1(TP)	0(FN)
	假(负)	1(FP)	1(TN)

图 3-5 第一个二分类问题的混淆矩阵

第三个二分类问题：将第三个类别设置为 True (1)，非第三个类别设置为 False (0)，则真实值 y_true = [0，0，1]，和预测值 y_pred = [0，0，1]。此时混淆矩阵如图 3-7 所示。

第二类		预测	
		真(正)	假(负)
实际	真(正)	0(TP)	1(FN)
	假(负)	0(FP)	2(TN)

图 3-6 第二个二分类问题的混淆矩阵

第三类		预测	
		真(正)	假(负)
实际	真(正)	1(TP)	0(FN)
	假(负)	0(FP)	2(TN)

图 3-7 第三个二分类问题的混淆矩阵

微平均是先将多个混淆矩阵的 TP、FP、TN、FN 分别求平均，得到微平均混淆矩阵，如图 3-8 所示，然后按照 Precision、Recall 和 F1_Score 的公式计算指标值，见式（3-23）~ 式（3-25）。

$$\text{micro-P} = \frac{TP}{TP+FP} = \frac{2/3}{2/3+1/3} = \frac{2}{3} \quad (3\text{-}23)$$

$$\text{micro-R} = \frac{TP}{TP+FN} = \frac{2/3}{2/3+1/3} = \frac{2}{3} \quad (3\text{-}24)$$

最终		预测	
		真(正)	假(负)
实际	真(正)	2/3(TP)	1/3(FN)
	假(负)	1/3(FP)	5/3(TN)

图 3-8 微平均混淆矩阵

$$\text{micro-F1} = \frac{2 \times \text{micro-P} \times \text{micro-R}}{\text{micro-P} + \text{micro-R}} = \frac{2}{3} \quad (3\text{-}25)$$

宏平均是分别计算每个类别的 Precision、Recall 和 F1_Score，然后求平均。即对多个混淆矩阵分别求 Precision、Recall 和 F1_Score，然后求算术平均。

针对图 3-5 计算第一个二分类问题的 Precision、Recall 和 F1_Score，结果见式（3-26）~ 式（3-28）。

$$P1 = \frac{TP}{TP+FP} = \frac{1}{1+1} = \frac{1}{2} \quad (3\text{-}26)$$

$$R1 = \frac{TP}{TP+FN} = \frac{1}{1} = 1 \quad (3\text{-}27)$$

$$F1\_1 = \frac{2 \times P1 \times R1}{P1+R1} = \frac{2}{3} \quad (3\text{-}28)$$

针对图 3-6 计算第二个二分类问题的 Precision、Recall 和 F1_Score，结果见式（3-29）~ 式（3-31）。

$$P2 = \frac{TP}{TP+FP} = 0 \quad (3\text{-}29)$$

$$R2 = \frac{TP}{TP+FN} = 0 \quad (3\text{-}30)$$

$$F1\_2 = \frac{2 \times P2 \times R2}{P2+R2} = 0 \quad (3\text{-}31)$$

针对图 3-7 计算第三个二分类问题的 Precision、Recall 和 F1_Score，结果见式（3-32）~ 式（3-34）。

$$P3 = \frac{TP}{TP+FP} = \frac{1}{1} = 1 \tag{3-32}$$

$$R3 = \frac{TP}{TP+FN} = \frac{1}{1} = 1 \tag{3-33}$$

$$F1\_3 = \frac{2 \times P3 \times R3}{P3+R3} = 1 \tag{3-34}$$

然后对三个二分类的问题求平均得到宏平均的指标值，见式（3-35）~式（3-37）。

$$P = \frac{P1+P2+P3}{3} = \frac{\frac{1}{2}+0+1}{3} = \frac{1}{2} \tag{3-35}$$

$$R = \frac{R1+R2+R3}{3} = \frac{1+0+1}{3} = \frac{2}{3} \tag{3-36}$$

$$F1 = \frac{2 \times P \times R}{P+R} = \frac{4}{7} \tag{3-37}$$

加权平均是对每一类别的准确率给予不同的权重，权重为各类别样本数在 y_true 中所占比例，适合用于类别分配比率差别较大的分类问题。限于篇幅，本书不再举例说明。

3.6 Scikit-learn 中的逻辑回归方法

3.6.1 Scikit-learn 中的逻辑回归分类器

Scikit-learn 中的逻辑回归分类器主要有三种。

（1）**LogisticRegression** LogisticRegression 是给定正则参数的逻辑回归，可以和 GridSearchCV 结合进行正则超参数调优。

（2）**LogisticRegressionCV** LogisticRegressionCV 是在一组正则参数中寻找最优参数的逻辑回归。

（3）**SGDClassifier** SGDClassifier 可实现采用随机梯度下降优化的逻辑回归。

3.6.2 LogisticRegression

Scikit-learn 中的 LogisticRegression 类提供了实现逻辑回归的方法。这个类允许用户方便地训练逻辑回归模型，完成分类任务，还提供了多个参数来调整模型。

LogisticRegression 的语法格式如下：

class sklearn. linear_model. LogisticRegression (penalty = ' l2 ', dual = False, tol = 0. 0001, C = 1. 0, fit_intercept = True, intercept_scaling = 1, class_weight = None, random_state = None, solver = ' liblinear ', max_iter = 100, multi_class = ' ovr ', verbose = 0, warm_start = False, n_jobs = 1)

LogisticRegression 的参数说明见表 3-2。

表 3-2 LogisticRegression 的参数说明

参数	说明	备注
penalty	惩罚函数/正则函数，支持 L2 正则和 L1 正则，缺省值为 L2	L1 正则的优化器可选' liblinear '和' saga '

(续)

参数	说明	备注
dual	是否转化为对偶问题求解。对偶只支持L2正则和'iblinear'优化器。缺省值为False	当样本数大于特征数时，原问题求解更简单
tol	迭代终止判据的误差范围。缺省值为1e-4	
C	交叉熵损失函数系数，缺省值为1	
fit_intercept	是否在决策函数中加入截距项。缺省值为True	如果数据已经中心化，可以不用加截距
intercept_scaling	截距缩放因子，当fit_intercept为True且liblinear优化器有效时，输入为[x, self.intercept_scaling]，即对输入特征加入一维常数项	增加的常数项系数也受到L1/L2正则的惩罚，所以要适当增大常数项
class_weight	不同类别样本的权重，用户可以指定每类样本的权重或（每类样本的权重与该类样本出现比例成'balanced'反比）。缺省值为None	
random_state	模型训练时的伪随机数。缺省值为None	如果希望每次运行结果相同，将random_state设置为一个整数即可
solver	优化求解算法，可为'lbfgs','newton-cg','liblinear','sag','saga'。缺省值为'liblinear'	L1正则的优化器可选'liblinear'和'saga'
max_iter	最大迭代次数，当solver为'newton-cg','sag','lbfgs'时有效。缺省值为100	
multi_class	多分类问题处理策略，可为'ovr'或'multinomial'。'ovr'表示1对多，将多分类问题转化为多个二分类问题，'multinomial'为softmax分类。缺省值为'ovr'	multinomial的优化器只支持'newton.cq','lbfqs'和'sag'。'ovr'相对简单，但分类效果相对略差。'multinomial'分类相对精确，但是分类速度没有'ovr'快。
verbose	输出日志消息的详细程度： 当verbose=0时（默认值），不会在训练过程中打印任何日志信息 当verbose=1时，会在训练过程中打印一些基本信息，比如迭代次数和每次迭代的目标函数值 当verbose>1时，会打印更多的详细信息，具体取决于实现的细节。verbose的值越大，输出信息越多	
warm_start	是否热启动（用之前的结果作为初始化），该参数对'liblinear'优化器无效。缺省值为False	
n_jobs	多线程控制，缺省值为1。取-1时表示算法自动检测可用CPU核，并使用全部核	

LogisticRegression的属性见表3-3。

表 3-3 LogisticRegression 的属性

属性	说明	备注
coef_	回归系数/权重,与特征维数相同	如果是多任务回归,标签 y 为二维数组,则回归系数也是二维数组
intercept_	截距项	
n_iter_	每个类的迭代次数	

LogisticRegression 的方法见表 3-4。

表 3-4 LogisticRegression 的方法

方法	说明
fit(X,y[,sample_weight])	模型训练。X,y 为训练数据,可以通过 sample_weight 设置每个样本的权重
predict(X)	返回 X 对应的预测值(类别标签)
predict_log_proba(X)	返回 X 对应的预测值(每个类别对应的概率的 log 值)
predict_proba(X)	返回 X 对应的预测值(每个类别对应的概率)
decision_function(X)	返回 X 对应的预测值(置信值,样本到决策超平面的带符号距离)
score(X,y[,sample_weight])	评估模型预测性能,返回模型预测的正确率
decision_function(X)	预测的置信度(样本到分类超平面的带符号距离)
densify()	如果之前将系数矩阵变成了稀疏模式,再将其变回稠密模式(fit 函数的格式)
sparsify()	将系数矩阵变成了稀疏模式

3.6.3 LogisticRegressionCV

LogisticRegressionCV 是一个用于解决分类问题的机器学习模型,它是逻辑回归的一个变体,通过交叉验证来自动选择正则化系数 C 的最佳值。下面是对 LogisticRegressionCV 的简要概述。

(1) **模型类型** LogisticRegressionCV 是一个线性模型,用于二分类或多分类问题。

(2) **正则化** LogisticRegressionCV 使用 L2 正则化,有助于避免过拟合,并且可以处理多重共线性问题。

(3) **交叉验证** LogisticRegressionCV 通过交叉验证来评估不同 C 值下的模型性能,并选择最优的 C 值,有助于提高模型的泛化能力。

(4) **参数选择** LogisticRegressionCV 可以自动选择最优的 C 值,减少了人工调参工作量。

(5) **稀疏性** 虽然 LogisticRegressionCV 默认使用 L2 正则化,但可以通过设置 solver='saga'和 penalty='l1'来实现 L1 正则化,从而产生更稀疏的模型。

(6) **性能** LogisticRegressionCV 的性能通常很好,尤其在特征数量远大于样本数量时。

(7) **适用场景** LogisticRegressionCV 适用于各种分类问题,包括但不限于医疗诊断、金融信用评分、生物信息学等。

(8) **限制** LogisticRegressionCV 假设特征与标签是线性关系,并且对于异常值比较敏感。

LogisticRegressionCV 的语法格式如下:

```
class sklearn.linear_model.LogisticRegressionCV(Cs=10,fit_intercept=True,cv=None,dual=False,penalty=
'l2',scoring=None,solver='lbfgs',tol=0.0001,max_iter=100,class_weight=None,n_jobs=1,verbose=0,refit=
True,intercept_scaling=1.0,multi_class='ovr',random_state=None)
```

3.6.4 SGDClassifier

SGDClassifier是一种基于随机梯度下降算法的机器学习模型,主要用于分类问题。它通过每次更新一个样本的梯度来优化模型参数,适用于大规模数据集的处理。

SGDClassifier的语法格式如下:

```
class sklearn.linear_model.SGDClassifier(loss='hinge',penalty='l2',alpha=0.0001,l1_ratio=0.15,fit_inter-
cept=True,max_iter=None,tol=None,shuffle=True,verbose=0,epsilon=0.1,n_jobs=1,random_state=None,
learning_rate='optimal',eta0=0.0,power_t=0.5,class_weight=None,warm_start=False,average=False,n_iter=
None))
```

SGDClassifier可以处理二分类、多分类以及线性回归问题,适用于大规模数据集,并且可以用于线性分类任务。SGDClassifier支持多种分类方法,如支持向量机、逻辑回归等。将loss设置为'log'表示损失函数为逻辑回归损失函数,也就是将分类方法指定为逻辑回归。loss缺省值为'hinge',表示采用的是软间隔线性支持向量机损失函数。

3.7 逻辑回归实践案例

3.7.1 汽车追尾事故预测

一般地,车辆追尾事故与本车车速和前车距离有关,当然,实际情况需要考虑更多因素,如本车和前车加速度、路面纵、横向附着系数等。为了使读者更容易理解逻辑回归的应用,采用只有两个特征的简化样本。数据文件VehicleCollsion.csv中有200个样本,部分样本数据见表3-5,每个样本包含两个特征值,分别是"车速"和"前车距离",标签值为"是否追尾",其中"1"表示追尾,"0"表示没有追尾。

表3-5 汽车追尾事故部分样本数据

车速/(km/h)	前车距离/m	是否追尾
133	97	0
100	61	1
101	62	1
106	41	1
94	142	0
94	142	0
…	…	…

因篇幅所限,利用梯度下降法实现逻辑回归的项目代码,读者可以扫描内封上的二维码进行下载;可扫描右侧二维码观看讲解视频。

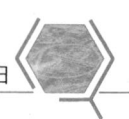

讲解视频

下面直接调用 Sklearn 中的 LogisticRegression 实现逻辑回归。

讲解视频

```python
import matplotlib.pyplot as plt
import numpy as np
from sklearn.metrics import classification_report
from sklearn import preprocessing
from sklearn import linear_model
#数据是否需要标准化
scale = False
#载入数据
data = np.genfromtxt("VehicleCollsion.csv",delimiter = ",",skip_header = 1)
np.random.shuffle(data)
#print(data)
x_data = data[:,:-1]
y_data = data[:,-1]
def plot():
    x0 = []
    x1 = []
    y0 = []
    y1 = []
    #切分不同类别的数据
    for i in range(len(x_data)):
        if y_data[i] == 0:
            x0.append(x_data[i,0])
            y0.append(x_data[i,1])
        else:
            x1.append(x_data[i,0])
            y1.append(x_data[i,1])
    #画图
    scatter0 = plt.scatter(x0,y0,c = 'b',marker = 'o')
    scatter1 = plt.scatter(x1,y1,c = 'r',marker = 'x')
    plt.title('Vehicle Collison Predit')
    plt.xlabel('Speed')
    plt.ylabel('Front_vehilce_Distance')
    #画图例
    plt.legend(handles = [scatter0,scatter1],labels = ['label0','label1'],loc = 'best')
plot()
plt.show()
```

运行结果如图 3-9 所示。

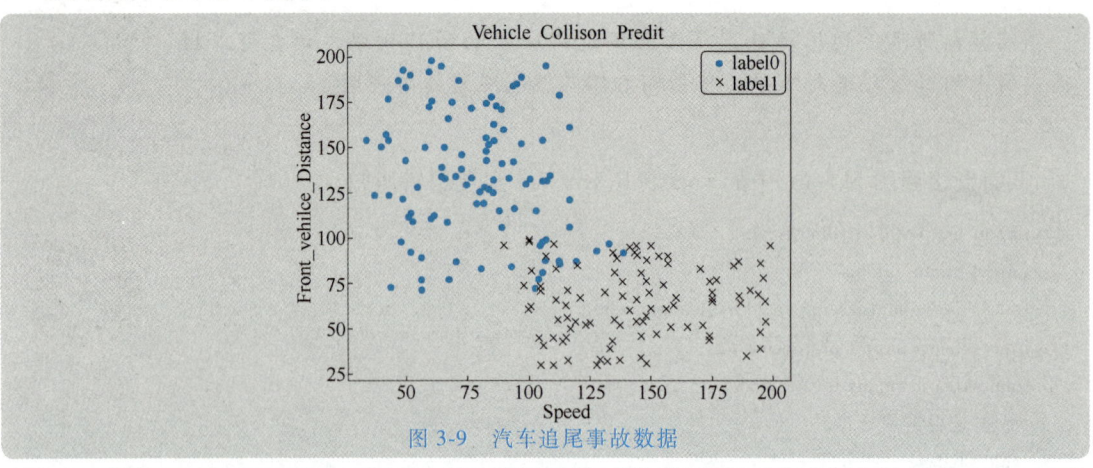

图 3-9　汽车追尾事故数据

```
#调用线性回归模型中的逻辑回归函数生成对象
logistic = linear_model.LogisticRegression(solver='liblinear')
logistic.fit(x_data,y_data)
print(logistic.intercept_)
print(logistic.coef_)
```

运行结果如下：

```
[0.03661878]
[[ 0.07498927 -0.09496262]]
```

```
if scale == False:
    #画决策边界
    plot()
    x_test = np.array([[0],[200]])
    y_test = (-logistic.intercept_- x_test * logistic.coef_[0][0])/logistic.coef_[0][1]
    plt.plot(x_test,y_test,'k')
    plt.show()
```

运行结果如图 3-10 所示。

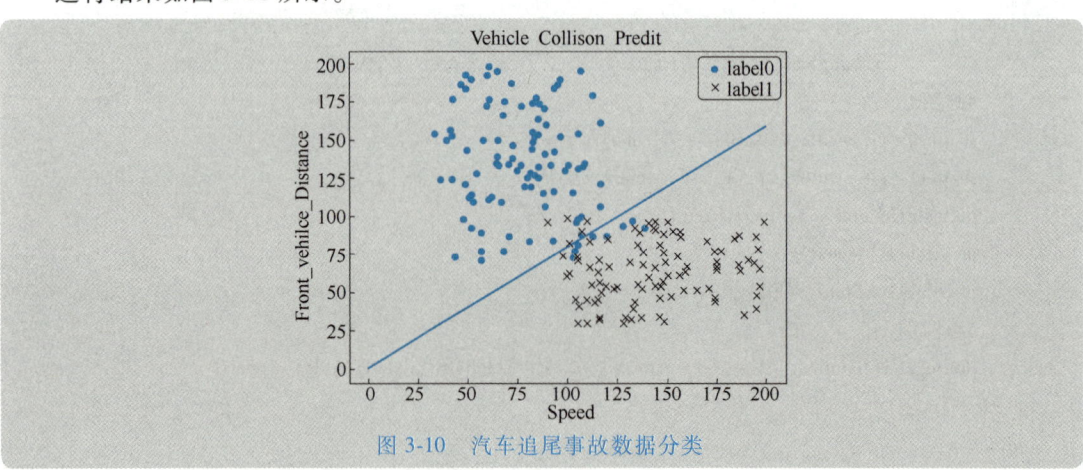

图 3-10　汽车追尾事故数据分类

```
#预测结果,并完成分类评估报告
predictions = logistic.predict(x_data)
print(classification_report(y_data,predictions))
```

分类评估报告如下:

	precision	recall	f1-score	support
0.0	0.94	0.91	0.93	103
1.0	0.91	0.94	0.92	97
accuracy			0.93	200
macro avg	0.93	0.93	0.92	200
weighted avg	0.93	0.93	0.93	200

```
#预测车速120,前车距离60的情况下是否会发生追尾
logistic.predict([[120,60]])
```

运行结果如下,表示会发生追尾。

```
array([1.])
```

3.7.2 交通事故严重程度判断

本项目通过交通事故数据中的特征,预测交通事故的严重程度(其中,1表示未受伤,2表示死亡,3表示住院受伤,4表示轻伤),这是一个分类任务。采用的数据集是法国 BAAC 数据集,是由法国国家道路安全观测站采集并发布的交通事故数据集,涵盖了在法国本土及海外省份(包括瓜德罗普、圭亚那、马提尼克、留尼汪和马约特等地)以及海外领土(如圣皮埃尔和密克隆、圣巴泰勒米、圣马丁、瓦利斯与富图纳群岛、法属波利尼西亚、新喀里多尼亚等)发生的所有造成人身伤害的交通事故。

BACC 数据集和数据集处理代码可以扫描内封上的二维码进行下载,讲解视频请扫描右侧二维码进行观看。

讲解视频

该数据集由如下 4 个 csv 文件组成。
1) 特征部分(caracteristiques-2019.csv):描述事故的一般情况。
2) 地点部分(lieux-2019.csv):描述事故的主要发生地点,包括交叉路口。
3) 车辆部分(vehicules-2019.csv):涉及的车辆信息。
4) 用户部分(usagers-2019.csv):涉及的用户信息。

每个 csv 文件中的变量可以与其他 csv 文件中的变量关联起来。事故的唯一标识号"Num_Acc"存在于这 4 个 csv 文件中,用于将描述同一事故的所有变量关联在一起。如果一个事故涉及多辆车辆,还可以将每辆车辆与其乘员关联起来,这种关联通过变量"id_vehicle"完成。除了数据集自带的特征之外,基于存在事故高发时间段的考虑,构造了一个特征,即通过 caracteristiques-2019.csv 的"hrmn"(时间字段)来选取事故最高发的 3 个小时作为新特征。读者也可自行尝试其他的方法来构造新的特征。

为了使读者更容易理解逻辑回归方法，本节先忽略了数据处理部分，直接选取处理好的数据集文件 merged_data.csv 做分析，该文件综合了上述 4 个 csv 文件。

采用逻辑回归针对 merged_data.csv 进行事故严重程度判断的代码如下。

```
import pandas as pd
from sklearn.model_selection import train_test_split
from sklearn.preprocessing import LabelEncoder,StandardScaler
from sklearn.metrics import classification_report,confusion_matrix
from sklearn.linear_model import LogisticRegression

#读取合并后的 csv 文件
data = pd.read_csv('merged_data.csv')

#提取时间字段的小时信息
data['hour'] = (data['hrmn'] * 24).astype(int)   #将 24 小时百分比转换为小时

#确定高发时间段(以事故数量最多的时间段为准)
hour_counts = data['hour'].value_counts()
high_freq_hours = hour_counts.nlargest(3).index.tolist()   #选取事故高发的 3 个小时

#创建是否是高发时间段的二元特征
data['is_peak_hour'] = data['hour'].apply(lambda x:1 if x in high_freq_hours else 0)

#删除特定列中值为 -1 的行
data = data[(data['col'] != -1) &
            (data['circ'] != -1) &
            (data['prof'] != -1) &
            (data['plan'] != -1) &
            (data['infra'] != -1) &
            (data['obsm'] != -1) &
            (data['manv'] != -1) &
            (data['motor'] != -1) &
            (data['secu1'] != -1) &
            (data['secu2'] != -1)]

#选择特征和目标变量
selected_features = [
    'lum','atm','catr','surf','catv','agg','int','col','circ','nbv','prof',
    'infra','manv','motor','catu','sexe','is_peak_hour','secu1','secu2'
    ]
#保留相关列并删除缺失值
data = data[selected_features + ['grav']].dropna()

#对分类特征进行编码
```

讲解视频

```python
encoder = LabelEncoder()
for col in selected_features:
    if data[col].dtype == 'object':
        data[col] = encoder.fit_transform(data[col])

#分离特征和目标变量
X = data[selected_features]
y = data['grav']

#对特征进行标准化
scaler = StandardScaler()
X = scaler.fit_transform(X)

#数据集划分
X_train, X_test, y_train, y_test = train_test_split(X, y, test_size=0.2, random_state=42)

#模型训练和评估
models = {
    'Logistic Regression': LogisticRegression(random_state=42),
}

for name, model in models.items():
    print(f"\n{name} Results:")
    model.fit(X_train, y_train)
    y_pred = model.predict(X_test)
    print("Classification Report:")
    print(classification_report(y_test, y_pred))
    print("Confusion Matrix:")
    print(confusion_matrix(y_test, y_pred))
```

分类评估报告如下。从评估结果可以看到，对于样本量较多的类别1和类别4，预测效果尚可。类别2的样本量过少，只有425个，这是由于对于前述所构造的特征，只要其中有无效值，就删除该样本，导致样本数量不足，所以可以认为机器学习模型没有学到特征，有兴趣的读者可以自行调整样本并重新训练模型。

```
Classification Report:
              precision  recall  f1-score  support

           1       0.57    0.70      0.63    15400
           2       0.00    0.00      0.00      425
           3       0.30    0.02      0.03     3150
           4       0.54    0.54      0.54    14655

    accuracy                          0.56    33630
   macro avg       0.35    0.31      0.30    33630
weighted avg       0.53    0.56      0.53    33630
```

习题

1. 选择题

1) 逻辑回归是一种用于解决（　　）的模型。
   A. 回归问题　　B. 分类问题　　C. 聚类问题　　D. 时间序列预测

2) 逻辑回归的输出值范围是（　　）。
   A. $(-\infty, +\infty)$　　B. $[0, 1]$　　C. $(-1, 1)$　　D. $[0, +\infty)$

3) 逻辑回归的损失函数通常是（　　）。
   A. 均方误差　　B. 绝对误差　　C. 交叉熵　　D. Huber 损失

4) 逻辑回归中，（　　）不是用于评估分类性能的。
   A. 准确率　　B. 精确率　　C. 召回率　　D. 均方误差

5) 混淆矩阵中的 True Positive（TP）表示（　　）。
   A. 预测为正，实际为负　　　　B. 预测为负，实际为正
   C. 预测为正，实际为正　　　　D. 预测为负，实际为负

6) 在逻辑回归中，如果增加正则化项，可能会（　　）。
   A. 减少模型复杂度　　　　　　B. 增加模型复杂度
   C. 提高模型训练速度　　　　　D. 降低模型训练速度

2. 判断题

1) 逻辑回归的损失函数是连续可导的。（　　）
2) 准确率是评估分类模型性能的最佳指标。（　　）
3) 混淆矩阵可以用来计算精确率和召回率。（　　）
4) 在逻辑回归中，正则化项可以防止模型过拟合。（　　）
5) 在逻辑回归中，模型参数的优化和损失函数的选择是独立的。（　　）

3. 简答题和论述题

1) 请简要说明逻辑回归模型的基本原理。
2) 逻辑回归中的 Sigmoid 函数有什么作用？请写出其数学表达式。
3) 论述逻辑回归中损失函数的作用，并解释为什么使用交叉熵作为损失函数。
4) 请详细解释梯度下降法在逻辑回归参数优化中的应用，并讨论不同梯度下降变种的特点。
5) 在分类问题中，为什么准确率不是唯一的评估指标？请列举其他常用的评估指标，并说明它们的重要性。
6) 请解释混淆矩阵中各个元素（TP、FP、TN、FN）的含义，并说明如何通过混淆矩阵计算精确率和召回率。
7) 如何判断逻辑回归模型是否过拟合？如果有，请提出至少两种解决过拟合的方法。
8) 请结合实际案例，讨论在逻辑回归模型中如何进行特征选择和特征工程以提高模型性能。
9) 在逻辑回归中，如何平衡模型的复杂度和拟合度？请提出你的策略和理由。

第4章　K近邻算法

在机器学习领域，K 近邻（K-Nearest Neighbors，KNN）算法是一种基础且直观的监督学习方法，通过测量不同特征值之间的距离，寻找与目标样本最近的 K 个训练样本，并基于这 K 个"邻居"的标签或数值进行预测。这种基于实例的学习方式，赋予了 KNN 算法简单性和有效性，使其在处理复杂模式时展现出独特的优势。另外，KNN 算法不需要显式训练过程，可直接利用训练数据集进行预测，显示出其在实际应用中的便捷性。

本章将剖析 KNN 算法的核心思想、距离度量方式、计算流程，并通过交通方面实践案例展示其具体应用。

4.1　KNN 的核心思想

KNN 算法的核心思想是"物以类聚，人以群分"，它通过计算样本间的距离来寻找与目标样本最相似的 K 个邻居，并依据这些邻居的标签或数值进行预测。通过选择合适的距离度量方式（如欧氏距离、曼哈顿距离）和邻居数量 K，KNN 算法能够适应不同场景，实现准确的预测。

KNN 示意图如图 4-1，正方形是要预测的点，假设 $K=3$。KNN 算法就会找到与它距离最近的三个点（如图中圆圈内所示），看看哪种类别更多一些。图 4-1 中，三角形更多一些，因此将正方形归类到三角形类别。

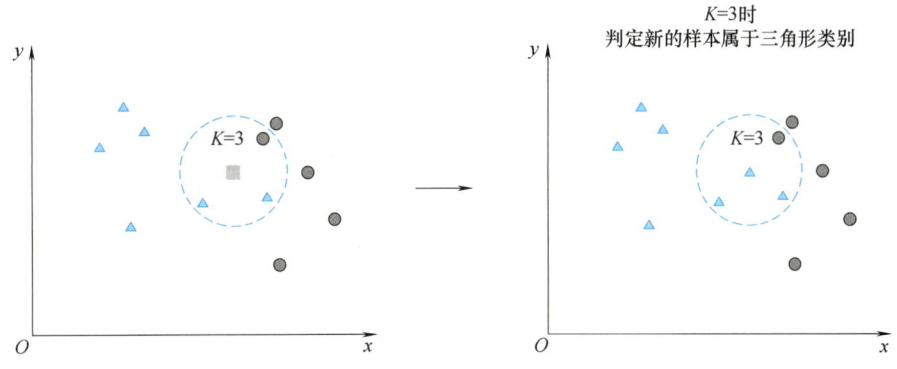

图 4-1　KNN 示意图（$K=3$）

K 的取值会影响分类结果,如图 4-2 所示,当 $K=5$ 的时候,判定结果与 $K=3$ 时的结果不一致。$K=5$ 时,正方形附近的圆形更多一些,所以需要预测的正方形被归类到圆形类别中。

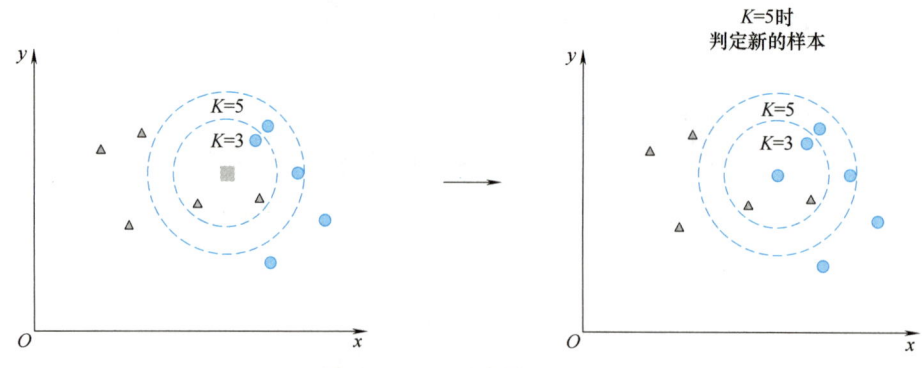

图 4-2　KNN 示意图（$K=5$）

为了判断未知实例的类别,以所有已知类别的实例作为参照选择参数 K。KNN 的计算流程如下。

1）计算未知实例与所有已知实例的距离。

2）选择最近的 K 个已知实例。

3）根据少数服从多数的投票原则,让未知实例归类为 K 个最邻近样本中最多数的类别。

KNN 算法原理直观明了,即便不具备深厚的数学背景也能迅速理解并掌握。KNN 在预测时通过考虑最近的 K 个邻居来做出决策,往往能获得较好的预测效果,尤其是在数据集较为均匀且类别清晰的情况下。此外,KNN 对异常值具有较强的鲁棒性,少量的异常数据不会对分类结果产生显著影响。

然而,KNN 算法的计算复杂度较高,尤其是在处理大规模数据集时,需要逐一比较待分类样本与所有已知实例之间的距离,这会导致计算成本和时间消耗急剧增加。当样本分布不平衡时,KNN 算法容易受到大类样本的影响,导致新样本被错误地归类为数量上占优势的类别,即使新样本在特征空间上并不接近该类别。这种倾向性可能会降低分类的准确性和可靠性。因此,在使用 KNN 算法时,需要充分考虑数据集的特性和规模,以及算法本身的适用条件,以充分发挥其优势并规避潜在的风险。

4.2　距离度量方式

为了衡量特征空间中两个实例之间的相似度,可以用距离来描述。常用的距离度量方式包括欧几里得距离、曼哈顿距离、闵可夫斯基距离、切比雪夫距离、余弦距离等。

1. 欧几里得距离

欧几里得距离（Euclidean Distance）是欧几里得空间中两点之间或多点之间的距离,又称为欧几里得度量或欧氏距离。

二维空间中,点 a 和点 b 的欧几里得距离计算公式为

$$d=\sqrt{(x_a-x_b)^2+(y_a-y_b)^2} \tag{4-1}$$

三维空间中，点 a 和点 b 的欧几里得距离计算公式为

$$d=\sqrt{(x_a-x_b)^2+(y_a-y_b)^2+(z_a-z_b)^2} \tag{4-2}$$

推广到 n 维空间中，点 a 和点 b 的欧几里得距离计算公式为

$$\begin{aligned}d(a,b)&=\sqrt{(x_{1a}-x_{1b})^2+(x_{2a}-x_{2b})^2+\cdots+(x_{3a}-x_{3b})^2}\\&=\sqrt{\sum_{i=1}^{n}(x_{ia}-x_{ib})^2}\end{aligned} \tag{4-3}$$

式中，x_{1a}，x_{2a}，$\cdots$，x_{na} 是样本数据点 a 的 n 个特征；x_{1b}，x_{2b}，$\cdots$，x_{nb} 是样本数据点 b 的 n 个特征。

2. 曼哈顿距离

曼哈顿距离（Manhattan Distance）的意义为城市区块距离，也被称作街道距离，指在欧几里得空间的固定直角坐标所形成的线段产生的投影距离总和。其计算方法相当于欧氏距离的 1 次方表示形式，基本计算公式如下：

$$d(a,b)=\sum_{i=1}^{n}(|x_{ia}-x_{ib}|) \tag{4-4}$$

3. 闵可夫斯基距离

闵可夫斯基距离（Minkowski Distance）是一组距离的定义，是对多个距离度量公式的概括性表述。无论是欧氏距离还是曼哈顿距离，都可视为闵可夫斯基距离的一种特例。其计算公式如下：

$$d(a,b)=\sqrt[p]{\sum_{i=1}^{n}(|x_{ia}-x_{ib}|)^p} \tag{4-5}$$

式中，p 是一个变参数，当 $p=1$ 时，就是曼哈顿距离，当 $p=2$ 时，就是欧氏距离，当 $p\to\infty$ 时，就是切比雪夫距离。因此，根据变参数的不同，闵可夫斯基距离可以表示某一类（或一种）距离。

4. 切比雪夫距离

切比雪夫距离（Chebyshev Distance）是向量空间中的一种度量，将两个点之间的距离定义为其各自坐标数值差的绝对值的最大值。

二维空间中，切比雪夫距离定义为

$$d(a,b)=\max(|x_a-x_b|,|y_a-y_b|) \tag{4-6}$$

n 维空间中，切比雪夫距离定义为

$$d(a,b)=\max_{i}(|x_{ia}-x_{ib}|) \tag{4-7}$$

5. 余弦距离

余弦距离（Cosine Distance）是一种衡量两个向量之间相似度的方法，它基于余弦相似度计算得出。余弦相似度用向量空间中两个向量夹角的余弦值来衡量两个样本差异的大小。余弦值越接近 1，说明两个向量夹角越接近 0°，表明两个向量越相似。夹角余弦可用来衡量两个向量方向的差异。余弦距离的计算公式为

$$\cos(a,b) = \frac{\sum_{i=1}^{n} x_{ia} x_{ib}}{\sqrt{\sum_{i=1}^{n} x_{ia}^2} \sqrt{\sum_{i=1}^{n} x_{ib}^2}} \tag{4-8}$$

4.3 KNN 实践案例

4.3.1 KNN 实践案例——汽车追尾事故预测

为了使读者更容易理解，本节选用汽车追尾事故中的 6 个样本作为数据集来进行实践，已知的 6 个样本数据和新样本见表 4-1，要求建立 KNN 模型，并预测新样本是否发生碰撞。

表 4-1 汽车追尾事故预测

序号	车速/(km/h)	前车距离/m	是否追尾
1	130	61	1
2	121	50	1
3	106	31	1
4	94	142	0
5	80	90	0
6	100	110	0
新样本	110	70	未知

因篇幅所限，实现 6 个样本的 KNN 分类的项目代码，读者可以扫描内封上的二维码进行下载；可扫描右侧二维码观看讲解视频。

讲解视频

下面直接调用 Sklearn 中的 neighbors 实现 KNN 分类。

sklearn.neighbors 是 Sklearn 库中的一个模块，它提供了用于实现 KNN 算法的工具，包括 KNN 分类方法和回归方法等，各种方法的简单介绍如下。

KNeighborsClassifier：用于分类任务的 KNN 实现。

KNeighborsRegressor：用于回归任务的 KNN 实现。

NearestNeighbors：用于实现最近邻搜索的无监督学习算法。它可以用于寻找数据集中点的最近邻，或者用于计算数据点之间的距离。

RadiusNeighborsClassifier 和 RadiusNeighborsRegressor：基于指定半径内的邻居来进行分类或回归。

NearestCentroid：一种简单的最近质心分类器，它根据每个类别的质心（即平均值）来分配标签。

LocalOutlierFactor：用于异常检测的一种方法，它基于邻居的局部密度偏差来识别异常值。

下面应用 KNeighborsClassifier 建立 KNN 模型并判断是否追尾，程序如下：

```
#导入库
import numpy as np
from sklearn import neighbors
from sklearn.model_selection import train_test_split
from sklearn.metrics import classification_report
import random
#读入数据并切分特征和标签
data = np.genfromtxt("VehicleCollsion.csv",delimiter = ",",skip_header = 1)
np.random.shuffle(data)
#print(data)
x_data = data[:,:-1]
y_data = data[:,-1]
#切分数据集,20%为测试数据,80%为训练数据
x_train,x_test,y_train,y_test = train_test_split(x_data,y_data,test_size = 0.2)

#建立 KNN 模型并训练模型
model = neighbors.KNeighborsClassifier(n_neighbors = 3)
model.fit(x_train,y_train)
#用模型进行预测
prediction = model.predict(x_test)
#打印测试集分类评估报告
print(classification_report(y_test,prediction))
```

运行结果如下。需要注意的是，由于 train_test_split 方法会把数据随机打乱，然后切分训练集和测试集，所以每次运行结果可能都不太一样。

	precision	recall	f1-score	support
0.0	0.84	0.84	0.84	19
1.0	0.86	0.86	0.86	21
accuracy			0.85	40
macro avg	0.85	0.85	0.85	40
weighted avg	0.85	0.85	0.85	40

4.3.2 KNN 实践案例——交通事故严重程度判断

针对 3.6.2 节中的 merged_data.csv 文件，采用 KNN 方法进行分析，代码如下：

```
import pandas as pd
from sklearn.model_selection import train_test_split
from sklearn.preprocessing import LabelEncoder,StandardScaler
from sklearn.metrics import classification_report,confusion_matrix
from sklearn.neighbors import KNeighborsClassifier
```

讲解视频

```python
#读取合并后的csv文件
data = pd.read_csv('merged_data.csv')

#提取时间字段的小时信息
data['hour'] = (data['hrmn'] * 24).astype(int)   #将24小时百分比转换为小时

#确定高发时间段(以事故数量最多的时间段为准)
hour_counts = data['hour'].value_counts()
high_freq_hours = hour_counts.nlargest(3).index.tolist()    #选取事故高发的3个小时

#创建是否为高发时间段的二元特征
data['is_peak_hour'] = data['hour'].apply(lambda x: 1 if x in high_freq_hours else 0)

#删除特定列中值为-1的行
data = data[(data['col'] != -1) &
            (data['circ'] != -1) &
            (data['prof'] != -1) &
            (data['plan'] != -1) &
            (data['infra'] != -1) &
            (data['obsm'] != -1) &
            (data['manv'] != -1) &
            (data['motor'] != -1) &
            (data['secu1'] != -1) &
            (data['secu2'] != -1)]

#选择特征和目标变量
selected_features = [
    'lum','atm','catr','surf','catv','agg','int','col','circ','nbv','prof',
    'infra','manv','motor','catu','sexe','is_peak_hour','secu1','secu2'
]

#保留相关列并删除缺失值
data = data[selected_features + ['grav']].dropna()

#对分类特征进行编码
encoder = LabelEncoder()
for col in selected_features:
    if data[col].dtype == 'object':
        data[col] = encoder.fit_transform(data[col])

#分离特征和目标变量
X = data[selected_features]
```

```
y = data['grav']

#对特征进行标准化
scaler = StandardScaler()
X = scaler.fit_transform(X)

#数据集划分
X_train, X_test, y_train, y_test = train_test_split(X, y, test_size = 0.2, random_state = 42)

#模型训练和评估
models = {
    'K-Nearest Neighbors': KNeighborsClassifier(),
}

for name, model in models.items():
    print(f"\n{name} Results:")
    model.fit(X_train, y_train)
    y_pred = model.predict(X_test)
    print("Classification Report:")
    print(classification_report(y_test, y_pred))
    print("Confusion Matrix:")
    print(confusion_matrix(y_test, y_pred))
```

分类评估报告如下：

```
              precision    recall  f1-score   support

           1       0.62      0.73      0.67     15400
           2       0.23      0.08      0.12       425
           3       0.35      0.22      0.27      3150
           4       0.61      0.56      0.58     14655

    accuracy                           0.60     33630
   macro avg       0.45      0.40      0.41     33630
weighted avg       0.59      0.60      0.59     33630
```

习题

1. 选择题

1) KNN算法属于（　　）。

A. 监督学习　　　B. 无监督学习　　　C. 半监督学习　　　D. 强化学习

2) 在KNN算法中，K代表（　　）。
A. 数据点的数量　　　　　　　　B. 类别标签的数量
C. 最邻近的邻居数量　　　　　　D. 特征的数量

3) KNN算法在预测新实例类别时，主要依据（　　）。
A. 最大似然原则　　　　　　　　B. 最小化损失函数
C. 最大间隔原则　　　　　　　　D. 投票原则

4) 常用的距离度量方法中，（　　）不是度量空间中两点距离的方法。
A. 欧几里得距离　　　　　　　　B. 曼哈顿距离
C. 切比雪夫距离　　　　　　　　D. 杰卡德距离

5) 在KNN算法中，如果K值选择过大，可能会出现（　　）的问题。
A. 模型过拟合　　　　　　　　　B. 模型欠拟合
C. 计算成本增加　　　　　　　　D. 分类精度提高

2. 判断题

1) KNN算法在训练阶段不需要进行模型训练。（　　）
2) 在KNN算法中，所有特征在计算距离时的重要性是相同的。（　　）
3) KNN算法对于噪声和异常值非常敏感。（　　）

3. 简答题和论述题

1) 请简要描述KNN算法的基本原理。
2) 请列举三种常用的距离度量方法，并简要说明它们的区别。
3) 论述KNN算法中K值的选择对模型性能的影响，并说明如何确定最佳的K值。
4) 请讨论在KNN算法中，特征标准化的重要性，以及如何进行特征标准化。
5) 结合实际应用，论述KNN算法的优缺点，并说明在哪些场景下KNN算法表现较好。

部分习题
参考答案

第5章 决 策 树

决策树（Decision Tree）是一种基于树形结构的监督学习方法，通过递归划分特征空间构建决策规则，实现对数据的分类或回归预测。这种基于规则的学习方式以直观的树状结构呈现决策逻辑，每个内部节点代表特征属性的判断阈值，每个分支对应决策路径，而叶节点则显示最终的预测结果。

本章将深入解析决策树的原理，包括树形结构的构建逻辑、分裂准则（如信息增益、基尼系数）、剪枝策略，并通过案例展示其在交通事故预测领域的实践应用。

5.1 决策树概述

决策树模型，它的算法结构类似于一棵倒置的树，其中根节点代表一个决策，分支表示决策的可能性，而叶子节点表示最终的决策结果。这种树状结构可以很自然地映射出人们在面临决策时的思维过程，因此得名"决策树"。

举一个简单的例子，当判断道路上车辆是否安全行驶时，需要考虑诸多因素，例如道路状况、车辆行驶速度、车辆类型、能见度等。其中的一个因素，可以作为根节点，例如道路状况可以是一个根节点，道路状况可简单分为平坦、山区，平坦和山区表示分支，根据平坦和山区特征，将数据所划分出来的结果便是叶子节点。对于每个分支，可以继续添加节点，选择新的特征进行划分，直到达到某个停止条件，例如树的深度达到一定限制或节点包含的样本数不再增加。在实际应用中，决策树可以根据训练数据自动学习最佳的特征和划分方式，从而生成一个可以进行决策的模型。图5-1所示为一个简单决策树结构示意图。

在上述生成判断车辆是否安全行驶的决策树时，如果过于关注每个车辆行驶时的细微差异，比如驾驶人穿的衣服、驾驶人用的手机品牌等，可能会在决策树上创建很多分支，以适应每一个

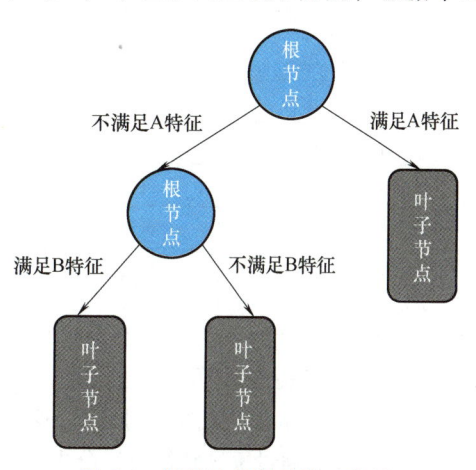

图5-1 简单决策树结构示意图

样本数据,根据特征划分得出的结果,如驾驶人穿红色衣服可以进行安全行驶,这明显是不符合日常生活逻辑的。

上述出现的问题是**过拟合**的问题,造成过拟合的原因是过于关注了某个样本的特殊情况,而没有抓住一般规律。在决策树中,如果考虑太多细节特征,会让树变得过于复杂,只适用于训练数据的具体情况,而无法泛化到新的数据。

5.2 决策树特征选择策略与典型算法

在构建决策树的过程中,需要系统确定特征作为分裂节点的选择顺序。首先通过衡量准则确定最优特征作为根节点;然后根据剩余特征的重要性排序选择后续分裂节点;最终递归执行该过程直至满足终止条件。针对连续型特征,决策树算法通常采用二分法进行离散化处理,通过寻找最佳分割阈值将连续特征转化为离散决策节点。

5.2.1 特征选择衡量准则

以表 5-1 中的汽车安全行驶数据集为例来阐述决策树节点特征的选择,该数据集共有 14 个样本,每个样本有 4 个特征,分别为:路况(特征值为平坦或山区)、车速(特征值为低速、中速或高速)、车辆类型(特征值为小轿车、中型车或大货车)、能见度(特征值为高能见度或低能见度),标签值有两种,其中正例代表安全行驶,反例代表危险行驶。

表 5-1 汽车安全行驶数据集

序号	路况	车速	车辆类型	能见度	标签值
1	平坦	低速	小轿车	高能见度	正例
2	山区	低速	小轿车	低能见度	正例
3	平坦	中速	小轿车	低能见度	正例
4	山区	高速	小轿车	低能见度	反例
5	山区	高速	小轿车	高能见度	反例
6	山区	低速	中型车	高能见度	正例
7	平坦	中速	中型车	低能见度	正例
8	山区	高速	中型车	高能见度	反例
9	山区	高速	大货车	高能见度	反例
10	山区	中速	中型车	低能见度	反例
11	平坦	高速	中型车	低能见度	反例
12	山区	低速	大货车	低能见度	正例
13	山区	中速	大货车	低能见度	反例
14	平坦	高速	大货车	低能见度	反例

如果分别以表 5-1 中的 4 个特征作为根节点,可以得到四棵决策树,每棵树划分得出的左右叶子节点是不一样的,如图 5-2 所示。这四棵树中,判断哪一棵是最优的决策树,需要有一种衡量标准,来计算通过不同特征进行分支选择后的分类情况,找出最优的那个特征当成根节点。对于分类决策树,常用的衡量标准有信息熵(Information Entropy)和基尼系数(Gini Index)。

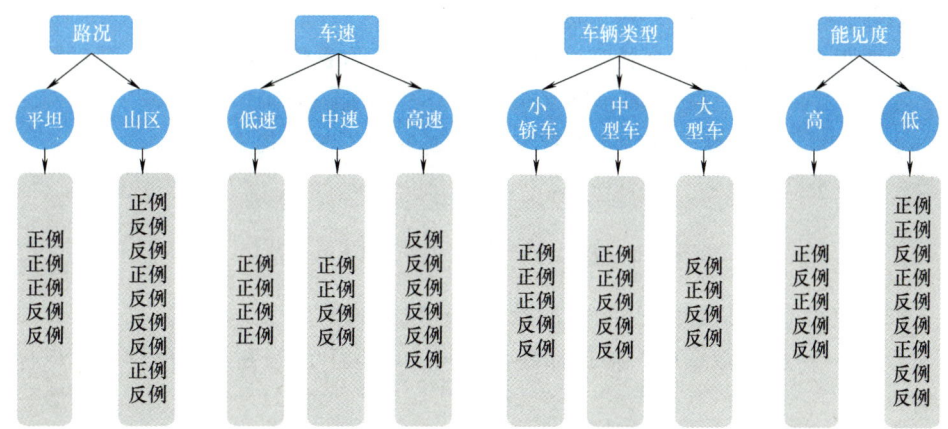

图 5-2　汽车安全行驶根节点划分图

1. 信息熵

在信息论中，随机离散事件出现的概率存在着不确定性。为了衡量这种信息的不确定性，美国数学家、信息论之父，克劳德·艾尔伍德·香农提出了信息熵（也称为香农熵）的概念。信息熵的公式为

$$\text{Entropy}(D) = -\sum_{i=1}^{n} p_i \log_2 p_i \tag{5-1}$$

式中，D 为标签集；p_i 是某个类别发生的概率，取值在 0~1 之间。

直观地理解，当事件发生的概率越大时，它的信息熵越小，对于这个事件的出现状况更加有把握，信息量更低。相反，当事件发生的概率较小时，对于它的出现状况将更加不确定，信息量更高，因此信息熵越大。

2. 基尼系数

基尼系数是用于度量一个节点的不纯度或混乱程度的指标。在决策树算法中，基尼系数也经常被用来评估特征的优劣，帮助选择最优的特征进行数据划分，基尼系数的公式如下：

$$\text{Gini}(D) = 1 - \sum_{i=1}^{n} p_i^2 \tag{5-2}$$

式中，D 为标签集；p_i 是某个类别发生的概率。

无论是信息熵还是基尼系数，衡量的都是信息的不确定性，或者说信息的纯度。根据这两个指标来构建决策树，产生了三种不同的决策树构建算法，分别是 ID3、C4.5 和 CART 算法。

5.2.2　ID3 算法

ID3（Iterative Dichotomiser 3）算法由 Ross Quinlan 于 1986 年提出。ID3 的核心思想是基于信息论的概念，通过选择具有最大信息增益的特征，在每次划分中都尽可能减小样本集的不确定性，从而构建出具有良好泛化性能的决策树模型。ID3 算法通过递归地选择最优特征

进行数据划分，构建树形结构，用于进行分类预测。

信息增益用来衡量选择某个特征进行数据划分后，信息熵的减少程度，其计算公式为

$$\text{Gain}(D,a) = \text{Entropy}(D) - \text{Entropy}(D|a) \tag{5-3}$$

式中，$\text{Entropy}(D|a)$为根据特征a将数据集D划分为不同子集$D_1,D_2,\cdots,D_v$计算得到的条件熵，计算公式如下：

$$\text{Entropy}(D|a) = \sum_{i=1}^{v} \frac{|D_i|}{D} \text{Entropy}(D_i) \tag{5-4}$$

接下来，使用ID3算法对表5-1中的数据构建决策树。

首先，在14个样本数据中，根据标签值可得，有6个正例和8个反例，所以标签集D的信息熵为

$$\text{Entropy}(D) = -\frac{8}{14} \times \log_2 \frac{8}{14} - \frac{6}{14} \times \log_2 \frac{6}{14} = 0.9852 \tag{5-5}$$

接下来，分别以路况、车速、车辆类型、能见度这4个特征作为根节点，逐一计算信息增益。

当选择路况作为根节点时，根据特征值为平坦或山区，可分成2个子集，其中平坦子集有5个样本，分别是3个正例、2个反例；山区子集有9个样本，分别是3个正例、6个反例。分别计算2个子集的信息熵，计算如下：

$$\text{Entropy}(平坦) = -\frac{3}{5} \times \log_2 \frac{3}{5} - \frac{2}{5} \times \log_2 \frac{2}{5} = 0.9710 \tag{5-6}$$

$$\text{Entropy}(山区) = -\frac{3}{9} \times \log_2 \frac{3}{9} - \frac{6}{9} \times \log_2 \frac{6}{9} = 0.9183 \tag{5-7}$$

根据式（5-4），求得以路况作为根节点的条件熵为

$$\text{Entropy}(D|路况) = \frac{5}{14} \times 0.9710 + \frac{9}{14} \times 0.9183 = 0.9371 \tag{5-8}$$

根据式（5-3），得到以路况作为根节点的信息增益为

$$\text{Gain}(D,路况) = 0.9852 - 0.9371 = 0.0481 \tag{5-9}$$

当选择车速作为根节点时，可分为高速、中速和低速3个子集，其中高速子集；6个样本都是反例；低速子集的4个样本全是正例；中速子集中有4个样本，包括2个正例和2个反例。使用同样的方法，可以得到选择车速作为根节点的信息增益。

$$\text{Entropy}(高速) = 0 \tag{5-10}$$

$$\text{Entropy}(中速) = -\frac{2}{4} \times \log_2 \frac{2}{4} - \frac{2}{4} \times \log_2 \frac{2}{4} = 1 \tag{5-11}$$

$$\text{Entropy}(低速) = 0 \tag{5-12}$$

$$\text{Entropy}(D|车速) = \frac{4}{14} \times 0 + \frac{4}{14} \times 1 + \frac{6}{14} \times 0 = 0.2857 \tag{5-13}$$

$$\text{Gain}(D,车速) = 0.9852 - 0.2857 = 0.6995 \tag{5-14}$$

当选择车辆类型作为根节点时，可分为小轿车、中型车和大型车3个子集。小轿车子集有5个样本，其中有3个正例和2个反例；中型车子集中有2个正例和3个反例；大型车子

集有 1 个正例和 3 个反例。使用同样的方法，可以得到选择车辆类型作为根节点的信息增益。

$$\text{Entropy}(小轿车) = -\frac{3}{5} \times \log_2 \frac{3}{5} - \frac{2}{5} \times \log_2 \frac{2}{5} = 0.9710 \tag{5-15}$$

$$\text{Entropy}(中型车) = -\frac{2}{5} \times \log_2 \frac{2}{5} - \frac{3}{5} \times \log_2 \frac{3}{5} = 0.9710 \tag{5-16}$$

$$\text{Entropy}(大型车) = -\frac{1}{4} \times \log_2 \frac{1}{4} - \frac{3}{4} \times \log_2 \frac{3}{4} = 0.8113 \tag{5-17}$$

$$\text{Entropy}(D \mid 车辆类型) = \frac{5}{14} \times 0.9710 + \frac{5}{14} \times 0.9710 + \frac{4}{14} \times 0.8113 = 0.9254 \tag{5-18}$$

$$\text{Gain}(D, 车辆类型) = 0.9852 - 0.9254 = 0.0598 \tag{5-19}$$

当选择能见度作为根节点时，可分为高能见度和低能见度两个子集。高能见度子集有 5 个样本，其中有 2 个正例和 3 个反例；低能见度子集有 9 个样本，其中有 4 个正例和 5 个反例。使用同样的方法，可以得到选择能见度作为根节点的信息增益。

$$\text{Entropy}(高能见度) = -\frac{2}{5} \times \log_2 \frac{2}{5} - \frac{3}{5} \times \log_2 \frac{3}{5} = 0.9710 \tag{5-20}$$

$$\text{Entropy}(低能见度) = -\frac{4}{9} \times \log_2 \frac{4}{9} - \frac{5}{9} \times \log_2 \frac{5}{9} = 0.9911 \tag{5-21}$$

$$\text{Entropy}(D \mid 能见度) = \frac{5}{14} \times 0.9710 + \frac{9}{14} \times 0.9911 = 0.9839 \tag{5-22}$$

$$\text{Gain}(D, 能见度) = 0.9852 - 0.9839 = 0.0013 \tag{5-23}$$

比较 4 个特征作为根节点的信息增益，选择最大的信息增益对应的特征来对节点进行划分。从上面的计算可得，当选择车速特征作为根节点时，信息增益最大，所以选择车速特征为根节点进行划分，得到 3 个子集。接下来看是否需要对 3 个子集进行继续划分。使用同样的方法对余下的特征计算信息增益，选择信息增益最大的节点作为第二节点。

根据图 5-2，可知低速子集的 4 个样本都为正例，高速子集的 6 个样本都为反例，这 2 个子集的信息熵都为 0，就不用继续划分了。中速子集中的样本标签值不唯一，需要继续往下划分。

接下来针对中速子集的 4 个样本，分别选择车辆类型和能见度计算信息增益，找出使得信息增益最大的特征。中速子集中有 2 个正例和 2 个反例，因此中速子集的信息熵为

$$\text{Entropy}(D_{中速}) = -\frac{2}{4} \times \log_2 \frac{2}{4} - \frac{2}{4} \times \log_2 \frac{2}{4} = 1 \tag{5-24}$$

当以路况特征作为第二节点时，可分为山区和平坦两个子集，这 2 个子集中均有 2 个样本，且标签值相同，因此平坦和山区特征的条件熵都为 0，信息增益为 1。

当以车辆类型作为第二节点时，可分为小轿车、中型车和大型车，小轿车子集有 1 个样本数据，中型车子集有 1 个正例和 1 个反例，大型车子集有 1 个样本数据。因此小轿车和大型车特征的条件熵为 0，计算信息增益如下：

$$\text{Entropy}(D_{中速} \mid 车辆类型) = \frac{1}{4} \times 0 + \frac{2}{4} \times 1 + \frac{1}{4} \times 0 = 0.5 \tag{5-25}$$

$$\text{Gain}(D_{中速}, 车辆类型) = 1 - 0.5 = 0.5 \tag{5-26}$$

当以能见度作为第二节点时，可分为高能见度和低能见度 2 个子集，高能见度子集有 0 个样本，低能见度子集有 4 个数据，包括 2 个正例和 2 个反例，计算信息增益如下：

$$\text{Entropy}(低能见度) = -\frac{2}{4} \times \log_2 \frac{2}{4} - \frac{2}{4} \times \log_2 \frac{2}{4} = 1 \tag{5-27}$$

$$\text{Entropy}(D_{中速} | 能见度) = 1 \tag{5-28}$$

$$\text{Gain}(D_{中速}, 能见度) = 1 - 1 = 0 \tag{5-29}$$

比较 3 个特征作为第二节点的信息增益，选择信息增益最大的路况特征来进行第二次划分，划分完的结果如图 5-3 所示。

根据上述计算流程，可以发现 **ID3 算法更倾向于选择种类多的特征值为节点**，因为节点属性的特征越多，越容易划分出更多子集，叶子节点的信息熵更低的可能性越大，信息增益就会越大。

如果在表 5-1 的数据集中，增加第一列样本序号也作为一个特征值，根据上述衡量标准，选择以样本序号为特征划分时，能划分成 14 个子集，每个子集都只有 1 个样本，信息熵为 0，信息增益是最大的。这样就形成了一个分支很多、很浅的树。如果有一个新的样本，用这棵树来决策，决策得到正确结果的概率很低，那产生了过拟合问题。这时可以通过 C4.5 算法来解决上述问题。

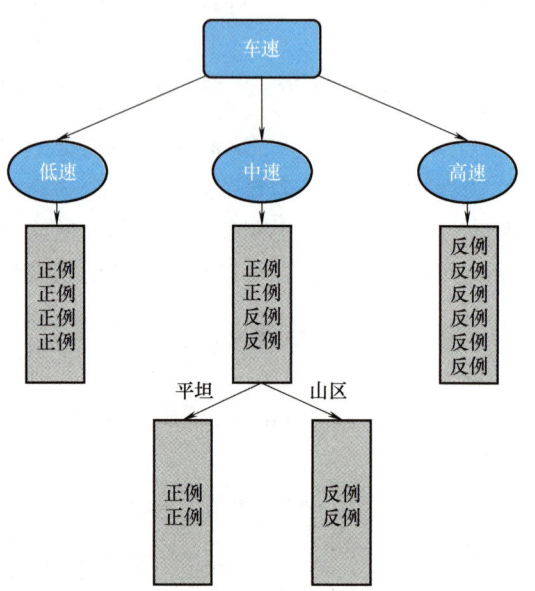

图 5-3　ID3 算法数据划分图

5.2.3　C4.5 算法

C4.5 算法是由 Ross Quinlan 于 1993 年提出的一种决策树算法，它是 ID3 算法的改进版本。C4.5 算法的提出主要是为了改进 ID3 算法偏向选择类型较多的特征作为划分节点容易造成过拟合的问题。C4.5 算法在信息增益的基础上，提出依据信息增益率（Gain Ratio）来选择最优特征划分，以提高模型泛化能力。

信息增益率旨在解决信息增益偏向选择类型较多的特征的问题。信息增益率计算式为

$$\text{Gain\_ratio}(D, a) = \frac{\text{Gain}(D, a)}{\text{IV}(a)} \tag{5-30}$$

式中，$\text{IV}(a)$ 为特征 a 的固有值或者自身熵，计算公式如下：

$$\text{IV}(a) = -\sum_{i=1}^{v} \frac{|D_i|}{|D|} \log_2 \frac{|D_i|}{|D|} \tag{5-31}$$

信息增益率增加了对特征固有值的考虑，对可取值数目较少的属性有所偏好。属性 a 的划分越多，v 越大，$\text{IV}(a)$ 的值通常会越大。

对表 5-1 中的数据集，将序号作为根节点，计算其固有熵和信息增益率。固有熵计算公

式为

$$\text{IV}(序号) = -14 \times \frac{1}{14} \times \log_2 \frac{1}{14} = 3.8074 \tag{5-32}$$

如果选择第一列序号作为根节点特征，各叶子节点熵值都为 0，信息增益达到最大值，根据式（5-5）得到信息增益 $\text{Gain}(D, 序号) = 0.9852 - 0 = 0.9852$，代入式（5-30），得到信息增益率为

$$\text{Gain\_ratio}(D, 序号) = \frac{0.9852}{3.8074} = 0.2586 \tag{5-33}$$

从式（5-33）看出，由于考虑了特征自身熵，信息增益率的值大幅降低了，一定程度改善了模型的泛化能力。采用 C4.5 算法对表 5-1 中的数据构建决策树的代码和结果将在 5.6.1 节中介绍。

5.2.4 CART 算法

CART（Classification and Regression Trees，分类回归树）算法由 Leo Breiman 于 1984 年提出。CART 使用式（5-2）定义的基尼系数来选择最优的特征进行二叉树分裂。

对于样本 D，如果根据特征 A 把标签集 D 分成 D_1 和 D_2 两个子集，则在特征 A 的条件下，条件基尼系数见式（5-34），基尼系数增益见式（5-35）。

$$\text{Gini}(D, A) = \frac{|D_1|}{|D|}\text{Gini}(D_1) + \frac{|D_2|}{|D|}\text{Gini}(D_2) \tag{5-34}$$

$$\Delta\text{Gini}(A) = \text{Gini}(D) - \text{Gini}(D, A) \tag{5-35}$$

下面以表 5-2 中的汽车防追尾数据集为例来说明使用 CART 算法构建决策树的过程。该数据集总共有 10 个样本，其中 4 个样本标签值为预警，6 个样本标签值为正常。

表 5-2 汽车防追尾数据集

序号	能见度	车型	车速	前车距离/m	防追尾预警
1	低能见度	小轿车	高速	60	预警
2	高能见度	SUV	中速	60	正常
3	低能见度	SUV	低速	40	正常
4	高能见度	小轿车	中速	10	预警
5	高能见度	SUV	高速	50	预警
6	低能见度	小轿车	低速	50	正常
7	高能见度	SUV	低速	30	正常
8	高能见度	小轿车	中速	70	正常
9	高能见度	小轿车	低速	20	正常
10	低能见度	SUV	高速	20	预警

首先，计算标签集 D 的基尼系数，有

$$\text{Gini}(D) = 1 - \left(\frac{4}{10}\right)^2 - \left(\frac{6}{10}\right)^2 = 0.4800 \tag{5-36}$$

当选择能见度作为根节点划分时，高能见度有 6 个样本，其中 2 个样本为预警，4 个样

本为正常；低能见度有 4 个样本，其中 2 个样本为预警，2 个样本为正常。计算如下：

$$\text{Gini}(D_{\text{高能见度}}) = 1 - \left(\frac{2}{6}\right)^2 - \left(\frac{4}{6}\right)^2 = \frac{4}{9} \tag{5-37}$$

$$\text{Gini}(D_{\text{低能见度}}) = 1 - \left(\frac{2}{4}\right)^2 - \left(\frac{2}{4}\right)^2 = \frac{1}{2} \tag{5-38}$$

$$\Delta \text{Gini}(\text{能见度}) = 0.4800 - \frac{6}{10} \times \frac{4}{9} - \frac{4}{10} \times \frac{1}{2} = 0.0133 \tag{5-39}$$

当选择车型作为根节点划分时，小轿车有 5 个样本，其中 2 个样本为预警，3 个样本为正常；SUV 有 5 个样本，其中 2 个样本为预警，3 个样本为正常。计算如下：

$$\text{Gini}(D_{\text{小轿车}}) = 1 - \left(\frac{2}{5}\right)^2 - \left(\frac{3}{5}\right)^2 = 0.4800 \tag{5-40}$$

$$\text{Gini}(D_{\text{SUV}}) = 1 - \left(\frac{2}{5}\right)^2 - \left(\frac{3}{5}\right)^2 = 0.4800 \tag{5-41}$$

$$\Delta \text{Gini}(\text{车辆类型}) = 0.4800 - \frac{5}{10} \times \frac{12}{25} - \frac{5}{10} \times \frac{12}{25} = 0 \tag{5-42}$$

由于 CART 是二叉树，故当特征值属性种类多于两个时，要转换成多个二分类问题，分别选择其中一个属性为一类，其他属性为一类。以车速特征为例，当分类属性为高速时，高速属性有 3 个样本，3 个样本均为预警；非高速属性有 7 个样本，其中 1 个样本为预警，6 个样本为正常。计算如下：

$$\Delta \text{Gini}(\text{高速}) = 0.4800 - \frac{3}{10} \times 0 - \frac{7}{10} \times \left[1 - \left(\frac{6}{7}\right)^2 - \left(\frac{1}{7}\right)^2\right] = 0.3086 \tag{5-43}$$

同理，可计算中速和低速属性如下：

$$\Delta \text{Gini}(\text{中速}) = 0.4800 - \frac{3}{10} \times \left[1 - \left(\frac{1}{3}\right)^2 - \left(\frac{2}{3}\right)^2\right] - \frac{7}{10} \times \left[1 - \left(\frac{3}{7}\right)^2 - \left(\frac{4}{7}\right)^2\right] = 0.0038 \tag{5-44}$$

$$\Delta \text{Gini}(\text{低速}) = 0.48 - \frac{6}{10} \times \left[1 - \left(\frac{4}{6}\right)^2 - \left(\frac{2}{6}\right)^2\right] = 0.2133 \tag{5-45}$$

当选择前车距离作为根节点划分时，由于前车距离是连续值，需要将连续值进行离散化处理。如图 5-4 所示，取前车距离相邻值的中点作为分割点。如以前车距离 10 和 20 这两个值的中间值 15 作为分割点；基尼系数增益计算为

$$\Delta \text{Gini}(\text{前车距离 15}) = 0.4800 - \frac{1}{10} \times 0 - \frac{9}{10} \times \left[1 - \left(\frac{6}{9}\right)^2 - \left(\frac{3}{9}\right)^2\right] = 0.08 \tag{5-46}$$

防追尾预警	预警	正常	预警	正常	正常	预警	正常	预警	正常	正常
前车距离	10	20	20	30	40	50	50	60	60	70
相邻值中点	15	20	25	35	45	50	55	60	65	
基尼系数增益	0.08	0.005	0.061	0.0133	0	0.03	0.0038	0.08	0.0356	

图 5-4 前车距离的基尼系数增益计算 1

其他前车距离中点和基尼系数增益计算方法相同，可得到所有前车距离相邻值中点的基尼系数增益，如图 5-4 所示。

根据上述计算得知，划分根节点的基尼系数增益最大的属性为高速，它的基尼系数增益为 0.3086。所以选择车速为高速作为根结点。

接下来，使用同样的方法，分别计算剩下的属性，其中非高速状态作为第二节点的基尼系数为

$$\text{Gini}(D_{\text{非高速}}) = 1 - \left(\frac{6}{7}\right)^2 - \left(\frac{1}{7}\right)^2 = 0.2449 \tag{5-47}$$

与前面计算过程相似，选择能见度属性、车辆类型属性以及前车距离属性分别计算基尼系数增益如下：

$$\Delta\text{Gini}(\text{能见度}2) = 0.2449 - \frac{4}{7} \times \left[1 - \left(\frac{1}{5}\right)^2 - \left(\frac{4}{5}\right)^2\right] = 0.062 \tag{5-48}$$

$$\Delta\text{Gini}(\text{车辆类型}2) = 0.2449 - \frac{4}{7} \times \left[1 - \left(\frac{1}{4}\right)^2 - \left(\frac{3}{4}\right)^2\right] = 0.0306 \tag{5-49}$$

前车距离的基尼系数增益计算 2 如图 5-5 所示。

防追尾预警	预警	正常	正常	正常	正常	正常	正常
前车距离	10	20	30	40	50	60	70
相邻值中点		15	25	35	45	55	65
基尼系数增益		0.2449	0.102	0.0544	0.0306	0.0163	0.0068

图 5-5 前车距离的基尼系数增益计算 2

在 5.6.2 节中将给出采用 CART 算法对表 5-2 中的数据构建决策树的代码和结果。

5.3 决策树剪枝

决策树剪枝是为了防止过拟合而对生成的树进行修剪，以提高在未知数据上的泛化能力。 剪枝的目标是去除一些过于复杂的分支，使得树的结构更简单，更能适应新的数据。决策树剪枝有预剪枝和后剪枝两种主要的剪枝方式。

5.3.1 预剪枝

预剪枝是自上而下进行的算法。在构建决策树时，将每个节点按照信息增益、信息增益率或者基尼系数增益等指标来排列，并进行预剪枝操作。预剪枝操作时，应对每个节点是否需要剪枝进行判断。预剪枝的方法有多种，例如达到树的最大深度、达到节点的样本数阈值、达到信息增益的最小阈值等。预剪枝的优点是节省了计算量，并且可以防止过拟合，但缺点是可能在某些情况下提前停止分裂，导致模型过于简单。

可以通过 Sklearn 库中的 sklearn.tree 模块实现预剪枝，该模块包含决策树分类器 tree.DecisionTreeClassifier 和决策树回归器 tree.DecisionTreeRegressor，这两个模块的参数信息大致相同，将在 5.5 节进行详细介绍。可以选择模块中的 max_depth、max_features、max_ features 等参数，结合数据特征信息，进行预剪枝参数设计。

读者可以在 5.6.1 节和 5.6.2 节的案例代码中修改上述参数来观察剪枝后的树结构，并对比分析剪枝前后树结构的不同。

5.3.2 后剪枝

后剪枝是在决策树构建完成后，通过一些判断方法剪去一些分支，直到达到一定条件停止。后剪枝可以更灵活地调整树的复杂度，提高模型的泛化能力。后剪枝的主要方法有降低错误剪枝（Reduced Error Pruning）、悲观错误剪枝（Pesimistic Error Pruning）、最小误差剪枝（Minimum Error Pruning）、代价复杂度剪枝（Cost Complexity Pruning）等，C4.5 算法采用悲观错误剪枝。

本书主要介绍代价复杂度剪枝。代价复杂度剪枝旨在平衡树模型的拟合性能和泛化性能，将代价复杂度引入损失函数中，也就是对损失函数进行了优化，通过极小化决策树优化损失函数来实现。设树 T 的叶子节点个数为 $|T|$，t 是树 T 的某个叶子节点，该节点有 N_t 个样本点，其中 k 类的样本点有 N_{tk} 个，$k=1,2,\cdots,K$，K 为类别数；$H_t(T)$ 为叶子节点 t 上的经验熵（指其中的概率由数据估计得到）；参数 $\alpha \geq 0$。决策树学习的损失函数可以定义为式（5-50）。

$$C_\alpha(T) = \sum_{t=1}^{|T|} N_t H_t(T) + \alpha|T| \tag{5-50}$$

式中，经验熵 $H_t(T)$ 为

$$H_t(T) = -\sum_{k=1}^{K} \frac{N_{tk}}{N_t} \log \frac{N_{tk}}{N_t} \tag{5-51}$$

将式（5-50）右边的第 1 项记作：

$$C(T) = \sum_{t=1}^{|T|} N_t H_t(T) = -\sum_{t=1}^{|T|} \sum_{k=1}^{K} N_{tk} \log \frac{N_{tk}}{N_t} \tag{5-52}$$

则有如下公式成立：

$$C_\alpha(T) = C(T) + \alpha|T| \tag{5-53}$$

式中，$C(T)$ 是模型对训练集数据的预测误差，即模型与训练数据的拟合程度；$|T|$ 表示模型复杂度；参数 α 协调控制 $C(T)$ 和 $|T|$ 对损失函数的影响，较大的 α 促使选择较简单的模型树，较小的 α 促使选择较复杂的模型树，$\alpha=0$ 意味着只考虑模型与训练数据的拟合程度，不考虑模型的复杂度。

后剪枝就是当 α 确定时，选择损失函数最小的模型，即损失函数最小的子树。当 α 确定时，子树越大，与训练数据的拟合越好，但是模型的复杂度越高；子树越小，模型的复杂度越低，但往往与训练数据的拟合不好。

可以看出，无剪枝的决策树生成只考虑通过提高信息增益（或信息增益率）或基尼系数增益对训练数据进行更好的拟合，而决策树后剪枝通过优化损失函数考虑了减小模型复杂度。

图 5-6 所示为后剪枝示意，图 5-6a 为算法生成的未剪枝树，图 5-6b 是经过剪枝后的树。

假定采用某种算法（如 C4.5 或 CART）生成的决策树为 T，并预先给定参数 α 的值，则后剪枝流程如下：

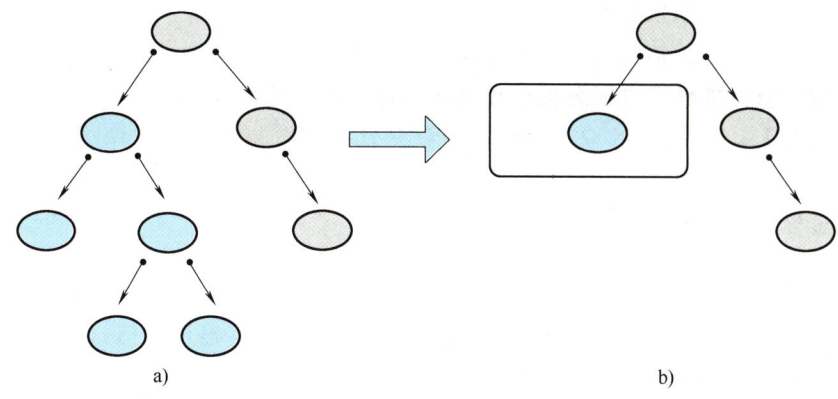

图 5-6 后剪枝示意
a）未剪枝树 b）剪枝树

1）计算每个节点的经验熵。

2）递归地从树的叶子节点向上回缩。

设一组叶子节点回缩到其父节点之前与之后的整体树分别为 T_B 与 T_A，其对应的损失函数分别为 $C_\alpha(T_B)$ 与 $C_\alpha(T_A)$，如果满足

$$C_\alpha(T_A) \leqslant C_\alpha(T_B) \tag{5-54}$$

则进行剪枝，将父节点变成新的叶子节点。

3）返回步骤 2），直到不能继续为止，得到损失函数最小的子树 T_α。

由于剪枝条件式（5-54）只需考虑两个树的损失函数差，所以可以在树的局部进行计算，而不用对整个树进行计算。

5.4 回归决策树

决策树算法最初提出时主要用于分类任务，如早期决策树（ID3/C4.5）的核心目标与应用场景均围绕分类展开。后续算法（如 CART）扩展了回归功能，使得决策树也能用于回归任务。用于分类任务的决策树称为分类决策树，用于回归任务的决策树可称为回归决策树。回归决策树与分类决策树在目标变量类型、划分准则和输出值处理等方面存在区别，具体区别如下。

(1) 目标变量类型　回归决策树用于解决回归问题，其中目标变量是连续数值型的，预测的是输入特征对应的数值输出。分类决策树用于解决分类问题，其中目标变量是离散的类别标签，预测的是输入特征对应的类别。

(2) 划分准则　回归决策树在划分过程中使用回归相关的准则，如均方误差（Mean Squared Error，MSE）或平均绝对误差（Mean Absolute Error，MAE），以最小化预测值与实际值之间的误差。分类决策树在划分过程中使用分类相关的准则，如基尼系数或信息增益，以最大化类别的纯度或最小化不确定性。

(3) 输出值处理　回归决策树在每个叶子节点上有一个预测值，表示该区域中样本的输出预测，可以选择样本在该区域中的平均值作为叶子节点的预测值。分类决策树在每个叶子节点上有一个主要的类别标签，表示该区域中样本的预测类别，可以选择区域中出现最频繁的类别作为叶子节点的预测类别。

在回归决策树中，对特征空间的划分采用启发式方法，每次划分逐一考察当前集合中所有特征的所有取值，根据均方误差最小化准则选择其中最优的一个作为切分点。如将训练集中第 j 个特征变量 $x(j)$ 和它的取值 s 作为切分变量和切分点，并定义两个区域 $R_1(j, s) = \{x \mid x(j) \leq s\}$ 和 $R_2(j, s) = \{x \mid x(j) > s\}$，找出最优的 j 和 s，使得两个区域的损失函数值最小。描述该过程的公式如下：

$$\min_{j, s} \left(\min_{c_1} \text{Loss}(y_i, c_1) + \min_{c_2} \text{Loss}(y_i, c_2) \right) \tag{5-55}$$

式中，c_1 为 R_1 数据集的样本输出均值；c_2 为 R_2 数据集的样本输出均值；Loss 为损失函数，可以是均方误差或其他衡量准则。

接下来，通过一个简单的实例进一步说明回归决策树的构建过程。回归决策树数据集见表 5-3，x 为特征，y 为样本输出，建立回归决策树，损失函数选用平方误差。

表 5-3 回归决策树数据集

x	1	2	3	4	5	6	7	8	9	10
y	5.56	5.7	5.91	6.4	6.8	7.05	8.9	8.7	9	9.05

首先，特征值为 10 个连续值，考虑 9 个切分点：1.5，2.5，3.5，4.5，5.5，6.5，7.5，8.5，9.5。接下来计算各切分点子区域的样本输出均值，以切分点 s 取 1.5 为例来计算，此时 $R_1 = \{1\}$，$R_2 = \{2, 3, 4, 5, 6, 7, 8, 9, 10\}$。

这两个区域的样本输出均值分别为

$$c_1 = 5.56 \tag{5-56}$$

$$c_2 = (5.7 + 5.91 + 6.4 + 6.8 + 7.05 + 8.9 + 8.7 + 9 + 9.05)/9 = 7.50 \tag{5-57}$$

使用同样的方法，可求出其他 8 个切分点的子区域样本输出均值，见表 5-4。

表 5-4 不同切分点的子区域样本输出均值

s	1.5	2.5	3.5	4.5	5.5	6.5	7.5	8.5	9.5
c_1	5.56	5.63	5.72	5.89	6.07	6.24	6.62	6.88	7.11
c_2	7.5	7.73	7.99	8.25	8.54	8.91	8.92	9.03	9.05

接下来，计算各切分点的损失函数值，以找到最优切分点。以 $s = 1.5$ 为例，计算其损失函数值为

$$L(1.5) = (5.56 - 5.56)^2 + [(5.7 - 7.5)^2 + (5.91 - 7.5)^2 + \cdots + (9.05 - 7.5)^2] \tag{5-58}$$
$$= 0 + 15.72 = 15.72$$

使用同样的方法可求出其他切分点的损失函数值，见表 5-5。

表 5-5 不同切分点的损失函数值

s	1.5	2.5	3.5	4.5	5.5	6.5	7.5	8.5	9.5
c_1	5.56	5.63	5.72	5.89	6.07	6.24	6.62	6.88	7.11
c_2	7.5	7.73	7.99	8.25	8.54	8.91	8.92	9.03	9.05
$L(s)$	15.72	12.07	8.36	5.78	3.91	1.93	8.01	11.73	15.74

由表 5-5 可知,$s=6.5$ 时,损失函数值最小。因此,第一个划分点为($j=6$,$s=6.5$),划分区域为 $R_1=\{1,2,3,4,5,6\}$,$R_2=\{7,8,9,10\}$,对应输出值为 $c_1=6.24$,$c_2=8.91$。至此,完成了决策树的第一次切分。

继续对 R_1 和 R_2 进行切分,以 R_1 为例,和上述方法类似,针对子区域 R_1 计算得到各切分点的样本输出均值和损失函数值见表 5-6。

表 5-6 子区域 R_1 不同切分点的样本输出均值和损失函数值

s	1.5	2.5	3.5	4.5	5.5
c_1	5.56	5.63	5.72	5.89	6.07
c_2	6.37	6.54	6.75	6.93	7.05
$L(s)$	1.3087	0.754	0.2771	0.4368	1.0644

由表 5-6 可知,$L(3.5)$ 最小,所以取 $s=3.5$ 为划分点。使用同样的方法,可对 $R2$ 进行切分。继续切分下去,直至满足要求(如损失函数小于一定值)。

在 5.6.3 节中将给出使用表 5-3 中的数据集构建回归决策树的代码和结果。

5.5 Sklearn 库中的决策树方法

在 Sklearn 中,有 sklearn.tree 决策树模块,该模块包括分类和回归决策树的模型,主要有六个方法:决策树分类器 tree.DecisionTreeClassifier、决策树回归器 tree.DecisionTreeRegressor、极随机的分类决策树 tree.ExtraTreeClassifier、极随机的回归决策树 tree.ExtraTreeRegressor、以 DOT 格式导出决策树 tree.export_graphviz、建立一个文本报告显示决策树的规则 tree.export_text。下面主要介绍决策树分类器和决策树回归器。

决策树回归器和决策树分类器是两个不同的模型,都被封装成模块,可以通过如下方式进行导入:

```
from sklearn.tree import DecisionTreeClassifier,DecisionTreeRegressor
```

Decision TreeClassifier 的语法格式如下:

```
DecisionTreeClassifier(
        *,
    criterion='gini',

        splitter='best',
        max_depth=None,
        min_samples_split=2,
        min_samples_leaf=1,
        min_weight_fraction_leaf=0.0,
        max_features=None,
        random_state=None,
        max_leaf_nodes=None,
        min_impurity_decrease=0.0,
```

```
    class_weight = None,
　ccp_alpha = 0.0,
)
```

Decision Tree Classifier 的主要参数见表 5-7。

表 5-7　Decision Tree Classifier 的主要参数

参数名称	介绍
criterion	损失函数，默认"gini"，可选"gini""entropy"和"log_loss"
splitter	节点分裂方式，默认"best"，可选"random"
max_depth	树的最大深度，即树最多能够生长几层，仅支持整数，默认"None"。如果模型样本量多并且特征数量也多，推荐设置该参数，用来缓解过拟合
min_samples_split	拆分内部节点所需的最少样本数，默认 2，支持整数或者浮点数
min_samples_leaf	在叶子节点处所需的最小样本数，默认"1"，支持整数和浮点数。如果某叶子节点数目小于样本数，会被剪枝
min_weight_fraction_leaf	在所有叶子节点处(所有输入样本)的权重总和中的最小加权分数
max_features	寻找最佳分割时要考虑的特征数量，默认"None"，可选"auto""sqrt"和"log2"，支持整数和浮点数。该参数可以设置最多带入几个特征进行计算，具有一定的随机性，该参数可以加快计算，缓解过拟合
random_state	随机数种子
max_leaf_nodes	叶子节点最大个数，默认"None"
min_impurity_decrease	数据集再划分至少需要降低的损失值
class_weight	各类样本权重
ccp_alpha	CART 树中剪枝流程时结构复杂度系数，默认不执行修剪

尽管 DecisionTreeRegressor 和 DecisionTreeClassifier 是由不同模型实现的，但是两种模型理论基本相同，因此参数也基本相同。DecisionTreeRegressor 的语法格式如下：

```
DecisionTreeRegressor(
    *,
    criterion = 'mse',
    splitter = 'best',
    max_depth = None,
    min_samples_split = 2,
    min_samples_leaf = 1,
    min_weight_fraction_leaf = 0.0,
    max_features = None,
    random_state = None,
    max_leaf_nodes = None,
    min_impurity_split = None,
    ccp_alpha = 0.0,
)
```

大部分参数在表 5-7 中已经介绍，仅 criterion 有较大不同。DecisionTreeRegressor 中的 criterion 参数默认为"mse"，可选"mse""friedman_mse"和"mae"。

Sklearn 中关于决策树模型还有一些常用方法，具体见表 5-8。

表 5-8 Sklearn 中关于决策树模型的常用方法

函数名称	介绍
apply(X[,check_input])	预测每个样本在决策树中的路径，并返回每个样本最终到达的叶子节点的索引
cost_complexity_pruning_path(X,y[,…])	用于计算决策树的成本复杂度剪枝路径，帮助在不同的成本复杂度参数下评估决策树的大小和性能
decision_path(X[,check_input])	返回树中的决策路径
fit(X,y[,sample_weight,check_input,…])	根据训练集(X,y)构建决策树回归器
get_depth()	返回决策树的深度
get_n_leaves()	返回决策树的叶子数
get_params([deep])	获取此估计量的参数
predict(X[,check_input])	预测 X 的类或回归值
score(X,y[,sample_weight])	返回预测的确定系数 R^2
set_params(**params)	设置模型的参数

5.6 决策树实践案例

根据表 5-1 中的汽车安全行驶数据集和表 5-2 中的汽车防追尾数据集，完成三个程序实例。

5.6.1 汽车安全行驶决策树分类预测

以下是针对表 5-1 中的汽车安全行驶数据集，采用决策树进行分类的建模过程。

讲解视频

```
#导入库
from sklearn.feature_extraction import DictVectorizer
from sklearn import tree
from sklearn import preprocessing
from sklearn.metrics import classification_report
import csv
#读入数据
Dtree = open(r'data/SafeDrivingData.csv','r',encoding="GBK")
reader = csv.reader(Dtree)

#获取第一行数据
headers = reader.__next__()
```

```python
#定义两个列表
featureList = []
labelList = []

for row in reader:
    #把最后一个数据加到标签集 labelList 中
    labelList.append(row[-1])
    rowDict = {}
    for i in range(1,len(row)-1):
        #建立一个数据字典
        rowDict[headers[i]] = row[i]
    #把数据字典存入 featureList
    featureList.append(rowDict)

#特征值数字化处理:把数据转换成 0、1 表示
vec = DictVectorizer()
x_data = vec.fit_transform(featureList).toarray()

#标签值数字化处理:把标签转换成 0、1 表示
lb = preprocessing.LabelBinarizer()
y_data = lb.fit_transform(labelList)

#创建决策树模型
model = tree.DecisionTreeClassifier(criterion='entropy')

#输入数据建立模型
model.fit(x_data,y_data)

#导出决策树
#需要先安装 graphviz 库
import graphviz

dot_data = tree.export_graphviz(model,
                                out_file = None,
                                feature_names = vec.get_feature_names(),
                                class_names = lb.classes_,
                                filled = True,
                                rounded = True,
                                special_characters = True)
graph = graphviz.Source(dot_data)
graph.render('SafeDrvingtree')
```

graph

#预测结果
predictions = model. predict(x_data)
print(classification_report(predictions ,y_data))

上述程序输出结果决策树如图 5-7 所示。

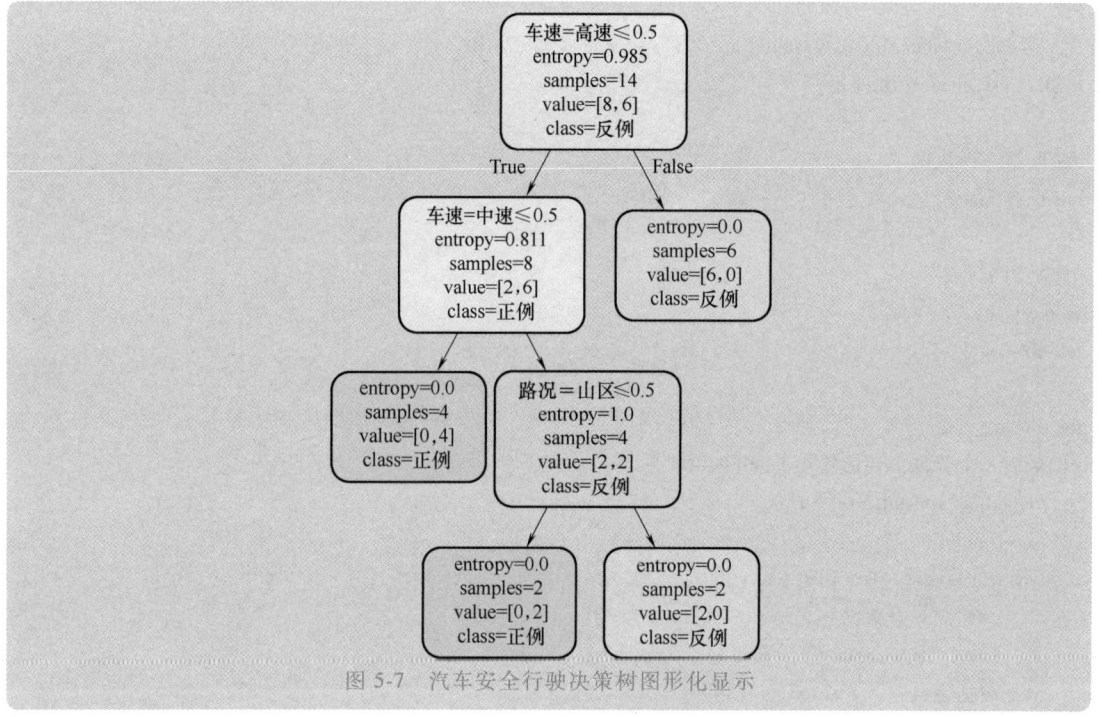

图 5-7　汽车安全行驶决策树图形化显示

分类评估报告如下。由于本实例样本数量和特征数量都相对较少，14 个样本全部参与训练，用训练好的模型直接预测训练样本的预测值，在决策树不剪枝的情况下，预测值和实际的标签值是完全一样的，所以该评估报告中各项指标值都为 1。

	precision	recall	f1-score	support
0	1.00	1.00	1.00	8
1	1.00	1.00	1.00	6
accuracy			1.00	14
macro avg	1.00	1.00	1.00	14
weighted avg	1.00	1.00	1.00	14

5.6.2　汽车防追尾决策树分类预测

以下是针对表 5-2 中的汽车防追尾数据集，采用分类决策树进行分类的建模过程。

```python
#导入该案例所需要的库
from sklearn.feature_extraction import DictVectorizer
from sklearn import tree
from sklearn import preprocessing
from sklearn.metrics import classification_report
import csv

#读入数据
Dtree = open(r'data/RearCWarningData.csv','r',encoding="GBK")
reader = csv.reader(Dtree)

#获取第一行数据
headers = reader.__next__()

#定义两个列表
featureList = []
labelList = []

for row in reader:
#把最后一个数据加到标签集 labelList 中
    labelList.append(row[-1])
    rowDict = {}
    for i in range(1,len(row)-1):
        #建立一个数据字典
        rowDict[headers[i]] = row[i]
    #把数据字典存入 featureList
    featureList.append(rowDict)

#特征值数字化处理:把数据转换成 0、1 表示
vec = DictVectorizer()
x_data = vec.fit_transform(featureList).toarray()
#标签值数字化处理:把标签转换成 0、1 表示
lb = preprocessing.LabelBinarizer()
y_data = lb.fit_transform(labelList)

#创建决策树模型
model = tree.DecisionTreeClassifier(criterion='entropy')

#输入数据建立模型
model.fit(x_data,y_data)

#导出决策树,生成决策树图形
```

```
import graphviz
dot_data = tree. export_graphviz( model,
                                  out_file = None,
                                  feature_names = vec. get_feature_names( ),
                                  class_names = lb. classes_,
                                  filled = True,
                                  rounded = True,
                                  special_characters = True)
graph = graphviz. Source( dot_data)
graph. render(' RearCWarningtree ')

graph

#预测结果
predictions = model. predict( x_data)
print( classification_report( predictions, y_data) )
```

上述程序输出结果决策树如图 5-8 所示。

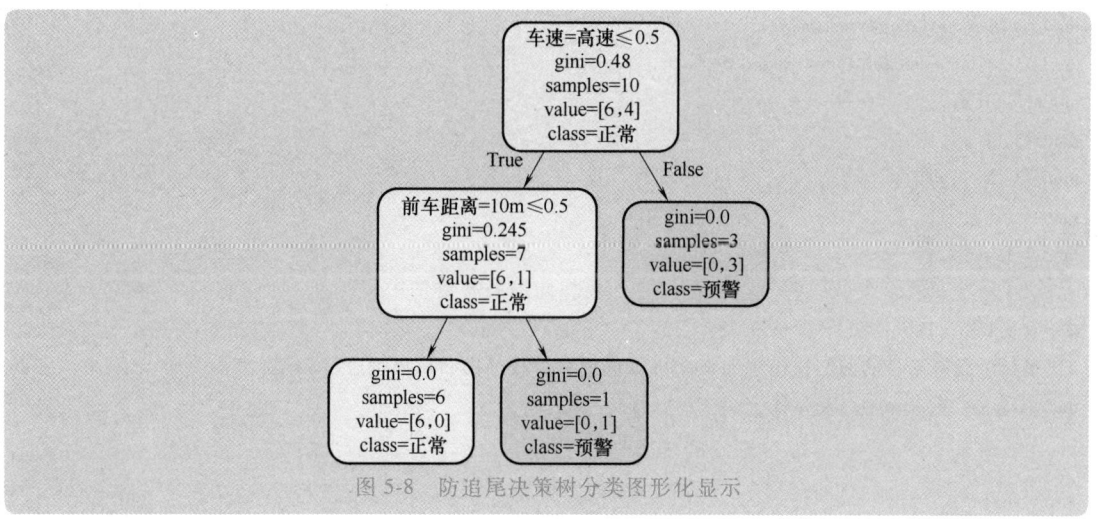

图 5-8　防追尾决策树分类图形化显示

分类评估报告如下。

	precision	recall	f1-score	support
0	1.00	1.00	1.00	6
1	1.00	1.00	1.00	4
accuracy			1.00	10
macro avg	1.00	1.00	1.00	10
weighted avg	1.00	1.00	1.00	10

5.6.3 回归决策树实例

以下是针对表 5-3 中的回归决策树数据集,采用回归决策树进行建模的过程。

```python
import numpy as np
import matplotlib.pyplot as plt
from sklearn import tree
from sklearn.tree import DecisionTreeRegressor
from sklearn import linear_model
import graphviz
#生成数据,x 为特征值,y 为标签值
x = np.array(list(range(1,11))).reshape(-1,1)
y = np.array([5.56,5.70,5.91,6.40,6.80,7.05,8.90,8.70,9.00,9.05]).ravel()
print(x)
print(y)
#生成回归树实例,并调用 fit 方法训练模型
model1 = DecisionTreeRegressor(max_depth = 1)
model2 = DecisionTreeRegressor(max_depth = 2)
model3 = DecisionTreeRegressor(max_depth = 3)
model = DecisionTreeRegressor()
model_L = linear_model.LinearRegression()
model1.fit(x,y)
model2.fit(x,y)
model3.fit(x,y)
model.fit(x,y)
model_L.fit(x,y)


#导入 graphviz 库
#这里显示没有剪枝的回归树模型 model,可以选用有剪枝的回归树模型进行测试
data_graph = tree.export_graphviz(model.fit(x,y)
                                  ,filled = True
                                  ,rounded = True)
graph = graphviz.Source(data_graph)
graph.view()
graph
```

习题

1. 选择题

1) 决策树是(   )。
A. 监督学习   B. 无监督学习   C. 半监督学习   D. 强化学习

2) ID3 算法使用(   )准则来选择特征。

A. 信息增益　　　B. 信息增益率　　　C. 基尼系数　　　D. 均方误差

3) C4.5算法相对于ID3算法的主要改进是（　　）。

A. 使用信息增益率来选择特征　　　B. 使用基尼系数来选择特征

C. 不进行剪枝　　　D. 只能处理分类问题

4) CART算法（　　）。

A. 只能用于分类决策树

B. 只能用于回归决策树

C. 既可用于分类决策树，也可用于回归决策树

D. 不能用于决策树

5) 在决策树剪枝中，预剪枝是指（　　）。

A. 在决策树生成过程中进行剪枝　　　B. 在决策树生成之后进行剪枝

C. 在决策树生成之前进行剪枝　　　D. 在决策树生成过程中不进行剪枝

2. 判断题

1) 分类决策树和回归决策树在选择特征时的衡量标准是相同的。（　　）

2) ID3算法可以处理缺失值。（　　）

3) C4.5算法可以处理连续值特征。（　　）

4) CART算法在选择特征时使用的是信息增益。（　　）

5) 决策树剪枝是为了防止过拟合。（　　）

6) 预剪枝和后剪枝都是为了减少决策树的复杂度。（　　）

3. 简答题和论述题

1) 请简要描述决策树的基本原理。

2) 请列举两种常用的特征选择衡量准则，并说明它们各自的特点。

3) 请解释ID3算法和C4.5算法在选择特征时的主要区别。

4) 请说明CART算法是如何处理分类问题的。

5) 论述决策树剪枝的目的和主要方法。

6) 请讨论决策树算法的优缺点，并说明在哪些场景下决策树表现较好。

7) 结合实际案例，说明如何使用决策树进行特征选择和模型优化。

8) 论述在决策树构建过程中，如何处理连续值特征和缺失值。

部分习题
参考答案

第6章 支持向量机

　　支持向量机（Support Vector Machine，SVM）是一种基于统计学习理论的监督学习模型，通过构建最优超平面实现数据分类与回归分析。其核心思想是在特征空间中寻找具有最大间隔的决策边界，将不同类别的样本以几何间隔最大化的方式分隔，同时借助核函数将低维空间线性不可分问题映射到高维空间实现线性分割。这种以结构风险最小化为原则的学习范式，通过凸二次规划求解全局最优解，在处理小样本、高维数据及非线性模式识别任务中展现出卓越的性能优势。

　　本章将系统阐述 SVM 的理论框架，涵盖最大间隔分类器的几何解释、核函数的作用机理、松弛变量与软间隔优化方法，以及求解算法。最后通过具体案例展示 SVM 在交通事故严重程度判断中的实践应用过程。

6.1 支持向量机概述

　　SVM 最初是用于线性分类和非线性分类的二分类算法，经过演变，现在也支持多分类问题，并且能应用于回归问题。

　　SVM 最早由 Vladimir N. Vapnik 和 Alexander Y. Lerner 在 1963 年提出，后来 Corinna Cortes 和 Vapnik 在 1995 年提出软边距的非线性 SVM，并应用于手写字符识别问题。深度学习出现之前，SVM 被认为机器学习领域最成功、表现最好的算法。

　　对于给定训练数据 $\{(x_1, y_1)，(x_2, y_2)，\cdots，(x_N, y_N)\}$，其中 $x_i \in \mathbf{R}^n$，$y_i \in y = \{+1, -1\}$，$i = 1, 2, \cdots, N$，x_i 为第 i 个特征向量，y_i 为 x_i 的类标记。当 $y_i = +1$ 时，称 x_i 为正例，当 $y_i = -1$ 时，称 x_i 为负例。(x_i, y_i) 为样本点。

　　SVM 的学习目标是寻找一个线性分隔超平面，将训练实例分到不同类别。假设线性分隔超平面用方程 $w \cdot x + b = 0$ 来表示，它由法向量 w 和截距 b 决定。分隔超平面将特征空间分成两部分，一部分是正例，一部分是负例。法向量指向的一侧为正例，另一侧为负例。一般地，当训练数据线性可分时，存在无穷多个分隔超平面可将两类数据正确分开。线性可分 SVM 利用间隔最大化可以求得最优分隔超平面。

　　考虑图 6-1 中的二维特征空间内的二分类问题，分为叉点和圆点两类，这时许多直线都能将两类数据集正确划分。线性可分 SVM 对应着将两类数据正确划分且间隔最大的直线。

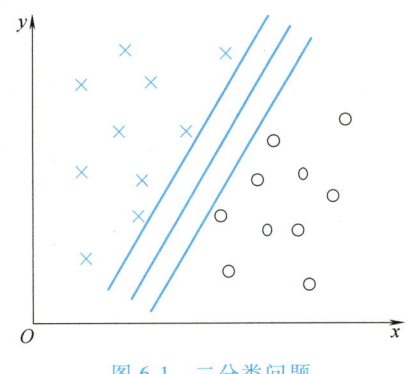

图 6-1　二分类问题

当训练数据线性不可分时，线性可分 SVM 无法对这种数据进行分类，因此直接求间隔最大化的分隔超平面是不可行的。线性不可分 SVM 的做法是，使用核函数和软间隔最大化，将线性不可分问题转化为线性可分问题，从而实现分类。

6.2　线性可分支持向量机

6.2.1　基本原理

当训练数据线性可分时，能够通过硬间隔（Hard Margin）最大化求解对应的凸二次规划问题得到最优线性分隔超平面 $w^* \cdot x + b^* = 0$。线性可分 SVM 的分类决策函数如下。

$$f(x) = \text{sign}(w^* \cdot x + b^*) \tag{6-1}$$

要求间隔最大化，需要先对间隔进行表示。对于 SVM 而言，一个实例点到线性分隔超平面的距离可以表示为分类预测的可靠度。当分类的线性分隔超平面确定时，可以用 $|w \cdot x + b|$ 表示点 x 与该超平面的距离，同时也可以用 $w \cdot x + b$ 的符号与分类标记 y 的符号的一致性来判定分类是否正确。所以，对于给定训练样本和线性分隔超平面 $w \cdot x + b = 0$，线性分隔超平面关于任意样本点 (x_i, y_i) 的间隔可以表示为

$$\hat{d}_i = y_i(w \cdot x_i + b) \tag{6-2}$$

训练样本与线性分隔超平面的间隔可以由该超平面与所有样本点的最小函数间隔决定，即：

$$\hat{d} = \min_{i=1,\cdots,N} \hat{d}_i \tag{6-3}$$

为了使间隔不受线性分隔超平面的参数 w 和 b 的变化影响，对 w 加一个规范化约束 $\|w\|$ 以固定间隔，通过这种方式将函数间隔转化为几何间隔。这时候线性分隔超平面关于任意样本点 (x_i, y_i) 的几何间隔可以表示为

$$d_i = y_i\left(\frac{w}{\|w\|} \cdot x_i + \frac{b}{\|w\|}\right) \tag{6-4}$$

基于线性可分 SVM 求得的最大间隔也叫硬间隔最大化。硬间隔最大化可以直观地理解为以足够高的可靠度对训练数据进行分类，据此求得的线性分隔超平面不仅能将正负实例点分开，而且对于最难分的实例点也能够以足够高的可靠度将其分类。

下面将硬间隔最大化形式化为一个条件约束最优化问题：

$$\left.\begin{aligned}&\max_{\boldsymbol{w},b} d\\&\text{s.t.} \quad y_i\left(\frac{\boldsymbol{w}}{\|\boldsymbol{w}\|}\cdot\boldsymbol{x}_i+\frac{b}{\|\boldsymbol{w}\|}\right)\geqslant d, \quad i=1,2,\cdots,N\end{aligned}\right\} \quad (6\text{-}5)$$

根据函数间隔与几何间隔之间的关系，式（6-5）可以改写为

$$\left.\begin{aligned}&\max_{\boldsymbol{w},b} \frac{\hat{d}}{\|\boldsymbol{w}\|}\\&\text{s.t.} \quad y_i(\boldsymbol{w}\cdot\boldsymbol{x}_i+b)\geqslant \hat{d}, \quad i=1,2,\cdots,N\end{aligned}\right\} \quad (6\text{-}6)$$

函数间隔 $\hat{d}$ 的取值实际上并不影响最优化问题的求解。假设 $\hat{d}=1$，则式（6-6）可以表示为

$$\left.\begin{aligned}&\min_{\boldsymbol{w},b} \frac{1}{2}\|\boldsymbol{w}\|^2\\&\text{s.t.} \quad y_i(\boldsymbol{w}\cdot\boldsymbol{x}_i+b)-1\geqslant 0, \quad i=1,2,\cdots,N\end{aligned}\right\} \quad (6\text{-}7)$$

至此，硬间隔最大化问题就转化为了一个典型的凸二次规划问题（Convex Quadratic Programming Problem）。构建式（6-7）的拉格朗日函数，如下：

$$L(\boldsymbol{w},b,\boldsymbol{\alpha})=\frac{1}{2}\|\boldsymbol{w}\|^2-\sum_{i=1}^N \alpha_i y_i(\boldsymbol{w}\cdot\boldsymbol{x}_i+b)+\sum_{i=1}^N \alpha_i \quad (6\text{-}8)$$

可以直接对式（6-8）进行优化求解，但求解效率偏低。根据凸优化理论中的拉格朗日对偶性，将式（6-7）作为原始问题（Primal Problem），然后求解该原始问题的对偶问题（Dual Problem）。

这里补充一下拉格朗日对偶性相关知识。假设 $f(\boldsymbol{x})$、$c_i(\boldsymbol{x})$ 和 $h_j(\boldsymbol{x})$ 是定义在 $\mathbf{R}^n$ 上的连续可微函数，有如下约束优化问题：

$$\left.\begin{aligned}&\min_{\boldsymbol{x}\in\mathbf{R}^n} f(\boldsymbol{x})\\&\text{s.t.} \begin{cases}c_i(\boldsymbol{x})\leqslant 0, & i=1,2,\cdots,p\\ h_j(\boldsymbol{x})=0, & j=1,2,\cdots,q\end{cases}\end{aligned}\right\} \quad (6\text{-}9)$$

式（6-9）为约束优化问题的原始问题。引入拉格朗日函数，如下：

$$L(\boldsymbol{x},\boldsymbol{\alpha},\boldsymbol{\beta})=f(\boldsymbol{x})+\sum_{i=1}^p \alpha_i c_i(\boldsymbol{x})+\sum_{j=1}^q \beta_j h_j(\boldsymbol{x}) \quad (6\text{-}10)$$

式中，$\boldsymbol{x}=(x^{(1)},x^{(2)},\cdots,x^{(n)})^T\in\mathbf{R}^n$；$\alpha_i$ 和 β_j 为拉格朗日乘子，且 $\alpha_i\geqslant 0$。将式（6-10）的最大化函数 $\max_{\boldsymbol{\alpha},\boldsymbol{\beta}} L(\boldsymbol{x},\boldsymbol{\alpha},\boldsymbol{\beta})$ 设为关于 $\boldsymbol{x}$ 的函数：

$$\theta_P(\boldsymbol{x})=\max_{\boldsymbol{\alpha},\boldsymbol{\beta}} L(\boldsymbol{x},\boldsymbol{\alpha},\boldsymbol{\beta}) \quad (6\text{-}11)$$

考虑式（6-11）的极小化问题：

$$\min_{\boldsymbol{x}} \theta_P(\boldsymbol{x})=\min_{\boldsymbol{x}}\max_{\boldsymbol{\alpha},\boldsymbol{\beta}} L(\boldsymbol{x},\boldsymbol{\alpha},\boldsymbol{\beta}) \quad (6\text{-}12)$$

式（6-12）的解也是原始问题式（6-9）的解，问题 $\min_{\boldsymbol{x}}\max_{\boldsymbol{\alpha},\boldsymbol{\beta}} L(\boldsymbol{x},\boldsymbol{\alpha},\boldsymbol{\beta})$ 也称广义拉格朗日函数的极小极大化问题。定义该极小极大化问题同时也是原始问题的解为

$$p^*=\min_{\boldsymbol{x}} \theta_P(\boldsymbol{x}) \quad (6\text{-}13)$$

下面再来看对偶问题。对式（6-11）重新定义为关于 $\boldsymbol{\alpha},\boldsymbol{\beta}$ 的函数，如下：

$$\theta_D(\boldsymbol{\alpha},\boldsymbol{\beta})=\min_{\boldsymbol{x}} L(\boldsymbol{x},\boldsymbol{\alpha},\boldsymbol{\beta}) \quad (6\text{-}14)$$

考虑式（6-14）的极大化问题：

$$\max_{\boldsymbol{\alpha},\boldsymbol{\beta}}\theta_D(\boldsymbol{\alpha},\boldsymbol{\beta}) = \max_{\boldsymbol{\alpha},\boldsymbol{\beta}}\min_{\boldsymbol{x}} L(\boldsymbol{x},\boldsymbol{\alpha},\boldsymbol{\beta}) \tag{6-15}$$

式（6-15）也称广义拉格朗日函数的极大极小化问题。将该极大极小化问题转化为约束优化问题，如下：

$$\left.\begin{array}{l}\max_{\boldsymbol{\alpha},\boldsymbol{\beta}}\theta_D(\boldsymbol{\alpha},\boldsymbol{\beta}) = \max_{\boldsymbol{\alpha},\boldsymbol{\beta}}\min_{\boldsymbol{x}} L(\boldsymbol{x},\boldsymbol{\alpha},\boldsymbol{\beta}) \\ \text{s.t.} \quad \alpha_i \geq 0, i=1,2,\cdots,p\end{array}\right\} \tag{6-16}$$

式（6-16）定义的约束优化问题即为原始问题的对偶问题。定义对偶问题的最优解为：

$$\boldsymbol{d}^* = \max_{\boldsymbol{\alpha},\boldsymbol{\beta}}\theta_D(\boldsymbol{\alpha},\boldsymbol{\beta}) \tag{6-17}$$

根据拉格朗日对偶性的相关推论，假设 $\boldsymbol{x}^*$ 为原始问题式（6-9）的解，$\boldsymbol{\alpha}^*$，$\boldsymbol{\beta}^*$ 为对偶问题式（6-16）的解，且 $\boldsymbol{d}^* = \boldsymbol{p}^*$，则它们分别为原始问题和对偶问题的最优解。

下面回到式（6-8）的凸二次规划问题。根据拉格朗日对偶性的有关描述和推论，原始问题为极小极大化问题，其对偶问题则为极大极小化问题：

$$\max_{\boldsymbol{\alpha}}\min_{\boldsymbol{w},b} L(\boldsymbol{w},b,\boldsymbol{\alpha}) \tag{6-18}$$

为求该极大极小化问题的解，可以先尝试求 $L(\boldsymbol{w},b,\boldsymbol{\alpha})$ 对 $\boldsymbol{w}$，b 的极小，再对 $\boldsymbol{\alpha}$ 求极大。以下是该极大极小化问题的具体求解过程。

第一步，先求极小化问题 $\min_{\boldsymbol{w},b} L(\boldsymbol{w},b,\boldsymbol{\alpha})$。基于拉格朗日函数 $L(\boldsymbol{w},b,\boldsymbol{\alpha})$ 分别对 $\boldsymbol{w}$ 和 b 求偏导并令其等于 0，有

$$\frac{\partial L}{\partial \boldsymbol{w}} = \boldsymbol{w} - \sum_{i=1}^{N}\alpha_i y_i \boldsymbol{x}_i = 0 \tag{6-19}$$

$$\frac{\partial L}{\partial b} = \sum_{i=1}^{N}\alpha_i y_i = 0 \tag{6-20}$$

解得

$$\boldsymbol{w} = \sum_{i=1}^{N}\alpha_i y_i \boldsymbol{x}_i \tag{6-21}$$

$$\sum_{i=1}^{N}\alpha_i y_i = 0 \tag{6-22}$$

将式（6-21）代入拉格朗日函数式（6-8），并结合式（6-22），有

$$\begin{aligned}\min_{\boldsymbol{w},b} L(\boldsymbol{w},b,\boldsymbol{\alpha}) &= \frac{1}{2}\sum_{i=1}^{N}\sum_{j=1}^{N}\alpha_i\alpha_j y_i y_j(\boldsymbol{x}_i \cdot \boldsymbol{x}_j) - \sum_{i=1}^{N}\alpha_i y_i\left(\left(\sum_{j=1}^{N}\alpha_j y_j \boldsymbol{x}_j\right)\cdot \boldsymbol{x}_i + b\right) + \sum_{i=1}^{N}\alpha_i \\ &= -\frac{1}{2}\sum_{i=1}^{N}\sum_{j=1}^{N}\alpha_i\alpha_j y_i y_j(\boldsymbol{x}_i \cdot \boldsymbol{x}_j) + \sum_{i=1}^{N}\alpha_i\end{aligned} \tag{6-23}$$

第二步，对 $\min_{\boldsymbol{w},b} L(\boldsymbol{w},b,\boldsymbol{\alpha})$ 求 $\boldsymbol{\alpha}$ 的极大，可转化为对偶问题，如下：

$$\left.\begin{array}{l}\max_{\boldsymbol{\alpha}} -\frac{1}{2}\sum_{i=1}^{N}\sum_{j=1}^{N}\alpha_i\alpha_j y_i y_j(\boldsymbol{x}_i \cdot \boldsymbol{x}_j) + \sum_{i=1}^{N}\alpha_i \\ \text{s.t.} \begin{cases}\sum_{i=1}^{N}\alpha_i y_i = 0 \\ \alpha_i \geq 0, i=1,2,\cdots,N\end{cases}\end{array}\right\} \tag{6-24}$$

将上述极大化问题转化为极小化问题：

$$\left. \begin{array}{l} \min\limits_{\boldsymbol{\alpha}} \dfrac{1}{2} \sum\limits_{i=1}^{N} \sum\limits_{j=1}^{N} \alpha_i \alpha_j y_i y_j (\boldsymbol{x}_i \cdot \boldsymbol{x}_j) - \sum\limits_{i=1}^{N} \alpha_i \\ \text{s.t.} \begin{cases} \sum\limits_{i=1}^{N} \alpha_i y_i = 0 \\ \alpha_i \geq 0, i = 1, 2, \cdots, N \end{cases} \end{array} \right\} \quad (6\text{-}25)$$

对照原始最优化问题（式（6-7）~式（6-8））与转化后的对偶最优化问题（式（6-16）~式（6-17）），原始问题满足拉格朗日对偶性的相关理论，即式（6-9）中 $f(\boldsymbol{x})$ 和 $c_i(\boldsymbol{x})$ 为凸函数，$h_j(\boldsymbol{x})$ 为仿射函数，且不等式约束 $c_i(\boldsymbol{x})$ 对所有 i 都有 $c_i(\boldsymbol{x}) < 0$，则存在 $\boldsymbol{x}^*$，$\boldsymbol{\alpha}^*$，$\boldsymbol{\beta}^*$，使得 $\boldsymbol{x}^*$ 是原始问题的解，$\boldsymbol{\alpha}^*$，$\boldsymbol{\beta}^*$ 是对偶问题的解，且有 $d^* = p^* = L(\boldsymbol{x}^*, \boldsymbol{\alpha}^*, \boldsymbol{\beta}^*)$。所以原始最优化问题（式（6-7）~式（6-8））与转化后的对偶最优化问题（式（6-16）~式（6-17）），存在 $\boldsymbol{w}^*$，$\boldsymbol{\alpha}^*$，$\boldsymbol{\beta}^*$，使得 $\boldsymbol{w}^*$ 为原始问题的解，$\boldsymbol{\alpha}^*$，$\boldsymbol{\beta}^*$ 是对偶问题的解。

假设 $\boldsymbol{\alpha}^* = (\alpha_1^*, \alpha_2^*, \cdots, \alpha_l^*)^{\mathrm{T}}$ 是对偶最优化问题式（6-16）~式（6-18）的解，根据拉格朗日对偶性的相关理论，式（6-8）满足 KKT（Karush-Kuhn-Tucker）条件，有

$$\frac{\partial L}{\partial \boldsymbol{w}} = \boldsymbol{w}^* - \sum_{i=1}^{N} \alpha_i^* y_i \boldsymbol{x}_i = 0 \quad (6\text{-}26)$$

$$\frac{\partial L}{\partial b} = -\sum_{i=1}^{N} \alpha_i^* y_i = 0 \quad (6\text{-}27)$$

$$\alpha_i^* (y_i (\boldsymbol{w}^* \cdot \boldsymbol{x}_i + b^*) - 1) = 0, \quad i = 1, 2, \cdots, N \quad (6\text{-}28)$$

$$y_i (\boldsymbol{w}^* \cdot \boldsymbol{x}_i + b^*) - 1 \geq 0, \quad i = 1, 2, \cdots, N \quad (6\text{-}29)$$

$$\alpha_i^* \geq 0, \quad i = 1, 2, \cdots, N \quad (6\text{-}30)$$

可解得

$$\boldsymbol{w}^* = \sum_{i=1}^{N} \alpha_i^* y_i \boldsymbol{x}_i \quad (6\text{-}31)$$

$$b^* = y_j - \sum_{j=1}^{N} \alpha_i^* y_i (\boldsymbol{x}_i \cdot \boldsymbol{x}_j) \quad (6\text{-}32)$$

式中，y_j 是第 j 个样本的标签值。

相应的线性可分 SVM 的线性分隔超平面可以表达为

$$\sum_{i=1}^{N} \alpha_i^* y_i (\boldsymbol{x}_i \cdot \boldsymbol{x}_i) + b^* = 0 \quad (6\text{-}33)$$

以上就是线性可分 SVM 的完整推导过程。对于给定的线性可分数据集，可以先尝试求对偶问题式（6-28）~式（6-30）的解 $\boldsymbol{\alpha}^*$，再基于式（6-31）~式（6-32）求对应原始问题的解 $\boldsymbol{w}^*$，b^*，最后即可得到线性分隔超平面和相应的分类决策函数。

6.2.2 线性可分支持向量机实践案例

如图 6-2 所示，需要对三个样本点进行数据分类，其中正例为（3,3）和（4,3），负例为（1,1）。

解：将样本点数据代入式（6-25），即

$$\min_{\alpha} \frac{1}{2} \sum_{i=1}^{N} \sum_{j=1}^{N} \alpha_i \alpha_j y_i y_j (\boldsymbol{x}_i \cdot \boldsymbol{x}_j) - \sum_{i=1}^{N} \alpha_i$$

$$\text{s.t.} \begin{cases} \sum_{i=1}^{N} \alpha_i y_i = 0 \\ \alpha_i \geq 0, \quad i=1,2,\cdots,N \end{cases} \quad (6\text{-}34)$$

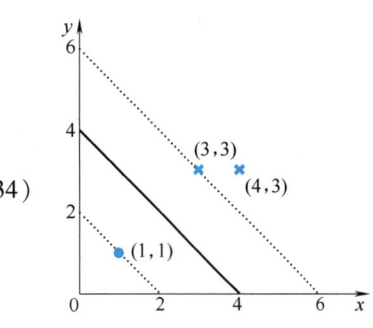

图 6-2　样本点数据分类

得

$$\frac{1}{2} \sum_{i=1}^{n} \sum_{j=1}^{n} \alpha_i \alpha_j y_i y_j (\boldsymbol{x}_i \cdot \boldsymbol{x}_j) - \sum_{i=1}^{n} \alpha_i = \frac{1}{2}(18\alpha_1^2 + 25\alpha_2^2 + 2\alpha_3^2 + 42\alpha_1\alpha_2 - 12\alpha_1\alpha_3 - 14\alpha_2\alpha_3) - \alpha_1 - \alpha_2 - \alpha_3$$

(6-35)

由于 $\alpha_1 + \alpha_2 = \alpha_3$，式（6-35）可以化简为

$$\frac{1}{2} \sum_{i=1}^{n} \sum_{j=1}^{n} \alpha_i \alpha_j y_i y_j (\boldsymbol{x}_i \cdot \boldsymbol{x}_j) - \sum_{i=1}^{n} \alpha_i = 4\alpha_1^2 + \frac{13}{2}\alpha_2^2 + 10\alpha_1\alpha_2 - 2\alpha_1 - 2\alpha_2 \quad (6\text{-}36)$$

式（6-36）分别对 α_1 和 α_2 求偏导，令偏导等于 0 可得

$$\begin{cases} \alpha_1 = 1.5 \\ \alpha_2 = -1 \end{cases} \quad (6\text{-}37)$$

式（6-37）并不满足约束条件 $\alpha_i \geq 0$，$i=1,2,\cdots,N$，所以解应在边界上。边界只有两种情况，$\alpha_1 = 0$ 或者 $\alpha_2 = 0$。

当 $\alpha_1 = 0$ 时，$\alpha_2 = -2/13$，不满足约束条件，舍去。

当 $\alpha_2 = 0$ 时，$\alpha_1 = 0.25$，满足约束条件。

将 α_1 和 α_2 代入式（6-31），可得

$$\boldsymbol{w}^* = \sum_{i=1}^{3} \alpha_i^* y_i \boldsymbol{x}_i = \frac{1}{4} \times (3,3) - \frac{1}{4} \times (1,1) = \left(\frac{1}{2}, \frac{1}{2}\right) \quad (6\text{-}38)$$

解得 $w_1 = w_2 = 0.5$。可以得到

$$b^* = y_j - \sum_{j=1}^{N} \alpha_i^* y_i (\boldsymbol{x}_i \cdot \boldsymbol{x}_j) = 1 - (w_1, w_2) \cdot (3,3) = -2 \quad (6\text{-}39)$$

平面方程为

$$0.5x_1 + 0.5x_2 - 2 = 0 \quad (6\text{-}40)$$

关于本实例的实践，读者可以扫描内封上的二维码下载相关代码；可扫描右侧二维码观看讲解视频。

讲解视频

扩展到 40 个样本的线性可分支持向量机实践案例，读者可以扫描内封上的二维码下载相关代码；可扫描右侧二维码观看讲解视频。

讲解视频

6.3 近似线性可分支持向量机

在实际问题中,数据不一定完全线性可分,或者数据完全线性可分,但完全分开训练样本的分类器间隔小,这时一般采用近似线性可分SVM。

相较于线性可分情况下的硬间隔最大化策略,近似线性可分问题需要采取一种称为"软间隔最大化"的策略来处理。所谓"软间隔",就是指数据样本不是实际的线性可分,而是近似线性可分。

软间隔用于解决少数特殊样本点不满足式(6-7)中函数间隔大于1的约束条件,近似线性可分SVM的解决方案是对每个这样的特殊样本点引入一个松弛变量$\xi_i \geq 0$,使得函数间隔加上松弛变量后大于或等于1,约束条件就变为

$$y_i(\boldsymbol{w} \cdot \boldsymbol{x}_i + b) + \xi_i \geq 1, \quad i = 1, \cdots, N \tag{6-41}$$

对应的目标函数也变为

$$\frac{1}{2} \|\boldsymbol{w}\|^2 + C \sum_{i=1}^{N} \xi_i \tag{6-42}$$

式中,C 为惩罚系数,表示对误分类点的惩罚力度。C 很大时,意味着分类严格不能有错误;当 C 很小时,意味着可以容忍更大的错误。

跟线性可分SVM一样,近似线性可分SVM可形式化为一个凸二次规划问题:

$$\begin{aligned} \min_{\boldsymbol{w}, b, \boldsymbol{\xi}} & \quad \frac{1}{2} \|\boldsymbol{w}\|^2 + C \sum_{i=1}^{N} \xi_i \\ \text{s.t.} & \quad \begin{cases} y_i(\boldsymbol{w} \cdot \boldsymbol{x}_i + b) \geq 1 - \xi_i, & i = 1, 2, \cdots, N \\ \xi_i \geq 0, & i = 1, 2, \cdots, N \end{cases} \end{aligned} \tag{6-43}$$

将式(6-43)转化为对偶问题进行求解:

$$\begin{aligned} \min_{\boldsymbol{\alpha}} & \quad \frac{1}{2} \sum_{i=1}^{N} \sum_{j=1}^{N} \alpha_i \alpha_j y_i y_j (\boldsymbol{x}_i \cdot \boldsymbol{x}_j) - \sum_{i=1}^{N} \alpha_i \\ \text{s.t.} & \quad \begin{cases} \sum_{i=1}^{N} \alpha_i y_i = 0 \\ 0 \leq \alpha_i \leq C, & i = 1, 2, \cdots, N \end{cases} \end{aligned} \tag{6-44}$$

软间隔情况下的拉格朗日函数为

$$L(\boldsymbol{w}, b, \boldsymbol{\xi}, \boldsymbol{\alpha}, \boldsymbol{\mu}) = \frac{1}{2} \|\boldsymbol{w}\|^2 + C \sum_{i=1}^{N} \xi_i - \sum_{i=1}^{N} \alpha_i (y_i (\boldsymbol{w} \cdot \boldsymbol{x}_i + b) - 1 + \xi_i) - \sum_{i=1}^{N} \mu_i \xi_i \tag{6-45}$$

可得

$$\min_{\boldsymbol{w}, b, \boldsymbol{\xi}} L(\boldsymbol{w}, b, \boldsymbol{\xi}, \boldsymbol{\alpha}, \boldsymbol{\mu}) = -\frac{1}{2} \sum_{i=1}^{N} \sum_{j=1}^{N} \alpha_i \alpha_j y_i y_j (\boldsymbol{x}_i \cdot \boldsymbol{x}_j) + \sum_{i=1}^{N} \alpha_i \tag{6-46}$$

然后对 $\min_{\boldsymbol{w}, b, \boldsymbol{\xi}} L(\boldsymbol{w}, b, \boldsymbol{\xi}, \boldsymbol{\alpha}, \boldsymbol{\mu})$ 求 $\boldsymbol{\alpha}$ 的极大,可得对偶问题为

$$\begin{aligned} \max_{\boldsymbol{\alpha}} & \quad L(\boldsymbol{w}, b, \boldsymbol{\xi}, \boldsymbol{\alpha}, \boldsymbol{\mu}) = -\frac{1}{2} \sum_{i=1}^{N} \sum_{j=1}^{N} \alpha_i \alpha_j y_i y_j (\boldsymbol{x}_i \cdot \boldsymbol{x}_j) + \sum_{i=1}^{N} \alpha_i \\ \text{s.t.} & \quad \begin{cases} \sum_{i=1}^{N} \alpha_i y_i = 0 \\ C - \alpha_i - \mu_i = 0 \\ \alpha_i \geq 0 \\ \mu_i \geq 0, \quad i = 1, 2, \cdots, N \end{cases} \end{aligned} \tag{6-47}$$

可解得

$$w^* = \sum_{i=1}^{N} \alpha_i^* y_i x_i \tag{6-48}$$

$$b^* = y_j - \sum_{j=1}^{N} \alpha_i^* y_i (x_i \cdot x_j) \tag{6-49}$$

6.4 线性不可分支持向量机

6.4.1 核函数

实际应用场景下，线性可分的情况比较少。**对于线性不可分问题，SVM 利用核函数把低维空间的线性不可分问题映射到高维空间变成线性可分问题行求解。**

如图 6-3 所示，数据在二维平面是线性不可分的，当把数据从二维平面映射到三维空间后，可以很明显地看出，数据在三维空间中可以通过一个平面（即分离超平面）来分开的。

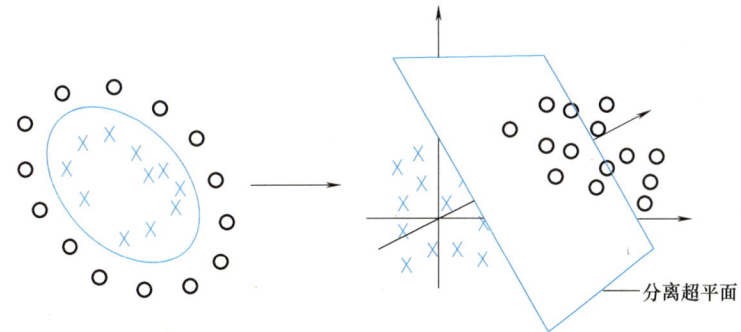

图 6-3　线性不可分问题

映射可以看作一种拉伸，把数据拉伸到了高维空间，但存在如下问题。

1）不知道什么样的映射函数是完美的。

2）难以在各种映射函数中找到一个合适的。

3）高维空间计算量比较大，会产生维数灾难。

为了解决以上问题，引入了核函数的概念。核函数先在低维空间计算，而将实质上的分类效果表现在高维空间，包含映射、内积、相似度的逻辑，消除掉把低维向量往高维空间映射的过程，并且避免了直接在高维空间内的复杂计算。核函数除了能够完成特征映射，而且还能直接返回特征映射之后的内积结果，即把高维空间的内积运算转化为低维空间的核函数计算。核函数可以将线性不可分问题，转换为线性可分或近似线性可分的问题。

SVM 常见的核函数见表 6-1。

表 6-1　SVM 常见的核函数

名称	表达式	参数
线性核	$k(x_i, x_j) = x_i^T x_j$	
多项式核	$k(x_i, x_j) = (x_i^T x_j)^d$	$d \geq 1$，为多项式的次数

(续)

名称	表达式	参数
高斯核	$k(\boldsymbol{x}_i,\boldsymbol{x}_j)=\exp\left(-\dfrac{\|\boldsymbol{x}_i-\boldsymbol{x}_j\|^2}{2\sigma^2}\right)$	$\sigma>0$，为高斯核的带宽
拉普拉斯核	$k(\boldsymbol{x}_i,\boldsymbol{x}_j)=\exp\left(-\dfrac{\|\boldsymbol{x}_i-\boldsymbol{x}_j\|}{\sigma}\right)$	$\sigma>0$
sigmoid核	$k(\boldsymbol{x}_i,\boldsymbol{x}_j)=\tanh(\beta\boldsymbol{x}_i^{\mathrm{T}}\boldsymbol{x}_j+\theta)$	tanh 为双曲正切函数，$\beta>0,\theta<0$

6.4.2 线性不可分支持向量机实践案例

采用 SVM 对图 6-4 中的非线性数据进行分类，数据文件为 NonLinear.txt。由于代码篇幅有限，这里不再赘述。

关于本实例的实践，读者可以扫描内封上的二维码下载相关代码；可扫描右侧二维码观看讲解视频。

讲解视频

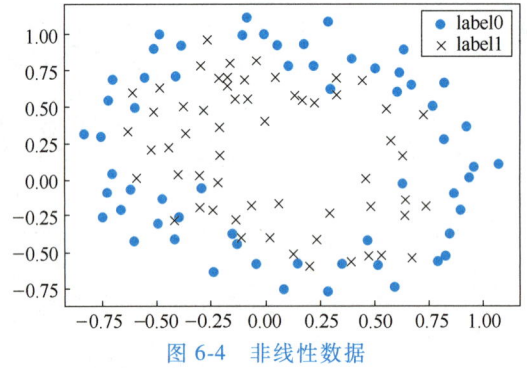

图 6-4 非线性数据

6.5 支持向量机的优缺点

SVM 的优点。

1）高效地处理高维特征空间：SVM 通过将数据映射到高维空间中，可以处理高维特征，并在低维空间中进行计算，从而有效地处理高维数据。

2）适用于小样本数据集：SVM 是一种基于边界的算法，它依赖于少数支持向量，因此对于小样本数据集具有较好的泛化能力。

3）可以处理非线性问题：SVM 使用核函数将输入数据映射到高维空间，从而可以解决非线性问题。常用的核函数包括线性核、多项式核等。

4）避免局部最优解：SVM 的优化目标是最大化间隔，而不是仅仅最小化误分类点。这使得 SVM 在解决复杂问题时能够避免陷入局部最优解。

5）对于噪声数据具有鲁棒性：SVM 使用支持向量来定义决策边界，这使得它对于噪声数据具有一定的鲁棒性。

SVM 的缺点。

1）对大规模数据集的计算开销较大：SVM 的计算复杂度随着样本数量的增加而增加，特别是在大规模数据集上的训练时间较长。

2）选择合适的核函数和参数较为困难：在处理线性不可分问题时，选择适当的核函数和相应的参数需要一定的经验和领域知识。

3）对缺失数据敏感：SVM 在处理含有缺失数据的情况下表现不佳，因为它依赖于支持向量的定义。

4）难以解释模型结果：SVM 生成的模型通常是黑盒模型，难以直观地解释模型的决策过程和结果。

6.6　Sklearn 中的支持向量机方法

sklearn.svm 模块提供了 SVM 方法，可用于分类、回归和异常值检测。

实现 SVM 分类有以下三种方式。

（1）**LinearSVC**　LinearSVC 基于 liblinear 实现线性 SVM 分类，比基于 libsvm 实现的线性 SVC/NuSVC 更快，同时可采用更多正则化选择（L1/L2）和损失函数选择。

（2）**SVC**　SVC 和 NuSVC 类似，都是基于 libsvm 实现的 C-SVM（软间隔 SVM），但是二者在参数方面有细微不同。

（3）**SGDClassifier**　SGDClassifier 实现基于随机梯度下降的线性可分 SVM 分类，需要注意此方法不在 sklearn.svm 模块，在 sklearn.linear_model 模块中。

实现 SVM 回归有以下三种方式。

（1）**LinearSVR**　LinearSVR 基于 liblinear 实现 SVM 回归。

（2）**SVR**　SVR 和 NuSVR 类似，可以用来实现非线性的回归任务，还可以添加多项式特征。

（3）**SGDRegressor**　SGDRegressor 实现了基于随机梯度下降的线性 SVM 回归，该方法在 sklearn.linear_model 模块中。

SVM 还可以通过 OneClassSVM 支持非监督的异常值检测。

对以上方法感兴趣的读者，可以查看 Sklearn 的官方说明。

6.7　支持向量机实践案例——交通事故严重程度判断

针对 3.6.2 节中同样的 merged_data.csv 文件，采用 SVM 进行分析。SVM 算法的时间复杂度较大，为了减少训练时间，对原始数据进行降采样处理，只随机采样原始数据的 25%，代码如下：

```
import pandas as pd
import numpy as np
from sklearn.model_selection import train_test_split
from sklearn.preprocessing import LabelEncoder,StandardScaler
from sklearn.metrics import classification_report,confusion_matrix
```

讲解视频

```python
from sklearn.svm import SVC
import time

#记录程序开始时间
start_time = time.time()

#读取合并后的 csv 文件
data = pd.read_csv('merged_data.csv')

#提取时间字段的小时信息
data['hour'] = (data['hrmn'] * 24).astype(int)   #将 24 小时百分比转换为小时

#确定高发时间段(以事故数量最多的时间段为准)
hour_counts = data['hour'].value_counts()
high_freq_hours = hour_counts.nlargest(3).index.tolist()   #选取事故高发的 3 个小时

#创建是否为高发时间段的二元特征
data['is_peak_hour'] = data['hour'].apply(lambda x: 1 if x in high_freq_hours else 0)

#删除特定列中值为 -1 的行
data = data[(data['col'] != -1) &
            (data['circ'] != -1) &
            (data['prof'] != -1) &
            (data['plan'] != -1) &
            (data['infra'] != -1) &
            (data['obsm'] != -1) &
            (data['manv'] != -1) &
            (data['motor'] != -1) &
            (data['secu1'] != -1) &
            (data['secu2'] != -1)]

#选择特征和目标变量
selected_features = [
    'lum','atm','catr','surf','catv','agg','int','col','circ','nbv','prof',
    'infra','manv','motor','catu','sexe','is_peak_hour','secu1','secu2'
]

#保留相关列并删除缺失值
data = data[selected_features+['grav']].dropna()

#对分类特征进行编码
encoder = LabelEncoder()
```

```python
for col in selected_features:
    if data[col].dtype == 'object':
        data[col] = encoder.fit_transform(data[col])

#分离特征和目标变量
X = data[selected_features]
y = data['grav']

#对特征进行标准化
scaler = StandardScaler()
X = scaler.fit_transform(X)

#数据集划分
X_train, X_test, y_train, y_test = train_test_split(X, y, test_size=0.2, random_state=42)

#SVM的时间复杂度很大,需要对训练数据随机采样,保留25%的数据,来减少训练时间
sample_fraction = 0.25
sample_indices = np.random.choice(len(X_train), size=int(len(X_train) * sample_fraction), replace=False)
X_train_sampled = X_train[sample_indices]
y_train_sampled = y_train.iloc[sample_indices]

#模型训练和评估
models = {
    'Support Vector Machine': SVC(random_state=42, kernel='linear')  #使用线性核的SVM
}

for name, model in models.items():
    print(f"\n{name} Results:")
    model.fit(X_train_sampled, y_train_sampled)  #使用采样后的数据训练模型
    y_pred = model.predict(X_test)
    print("Classification Report:")
    print(classification_report(y_test, y_pred))
    print("Confusion Matrix:")
    print(confusion_matrix(y_test, y_pred))

#记录程序结束时间并打印耗时
end_time = time.time()
print(f"\n程序运行总耗时:{end_time-start_time:.2f}秒")
```

分类评估报告如下。从中可以看到,对于样本量较多的类别1和类别4,分类效果尚可。

	precision	recall	f1-score	support
1	0.51	0.80	0.63	15400
2	0.00	0.00	0.00	425
3	0.00	0.00	0.00	3150
4	0.56	0.36	0.44	14655
accuracy			0.53	33630
macro avg	0.27	0.29	0.27	33630
weighted avg	0.48	0.53	0.48	33630

习题

1. 选择题

1) 在线性可分 SVM 中，目标是找到一个超平面，使得（　　）。
A. 数据点尽可能远离超平面　　　　　　B. 数据点尽可能接近超平面
C. 正负样本中心尽可能接近　　　　　　D. 正负样本中心尽可能远离

2) 当数据集近似线性可分时，可以使用（　　）来处理。
A. 硬间隔最大化　　B. 软间隔最大化　　C. 核技巧　　D. 模型简化

3) 在线性不可分的情况下，SVM 通过（　　）技术来处理。
A. 硬间隔最大化　　B. 软间隔最大化　　C. 核函数　　D. 特征降维

4) 软间隔允许 SVM 模型在（　　）方面有一定的错误。
A. 训练误差　　B. 测试误差　　C. 验证误差　　D. 交叉验证误差

2. 判断题

1) 在 SVM 中，支持向量是指离决策边界最近的几个数据点。（　　）
2) 线性 SVM 只能处理线性可分的数据集。（　　）
3) 使用核函数可以将数据映射到高维空间，以解决线性不可分问题。（　　）
4) 软间隔 SVM 通过引入正则化项来平衡模型的复杂度和训练误差。（　　）
5) 在 SVM 中，核函数的选择对模型的性能没有影响。（　　）

3. 简答题和论述题

1) 请简述 SVM 的基本原理。
2) 什么是软间隔和硬间隔？它们在 SVM 中有什么作用？
3) 论述线性 SVM 和非线性 SVM 的主要区别，并给出一个非线性 SVM 的应用实例。
4) 请解释核函数在 SVM 中的作用，并列举三种常用的核函数。
5) 在实际应用中，如何选择合适的核函数和参数 C（正则化参数）以优化 SVM 模型的性能？请结合实例说明。

部分习题
参考答案

第7章　集　成　学　习

集成学习（Ensemble Learning）是一种通过组合多个基学习器构建强学习框架的监督学习方法，核心是融合弱模型以提升泛化性能与稳定性。该方法通过偏差—方差分解优化误差结构，采用 Bagging、Boosting、Stacking 等技术路径，系统性解决单一模型的过拟合风险与表达瓶颈，在复杂数据建模任务中展现出显著优势。

本章系统阐述集成学习理论与方法。从偏差—方差分解剖析误差本质，解析 Bagging 降低方差机制及随机森林实践；探讨 Boosting 框架下 AdaBoost 迭代逻辑、GBDT 残差拟合原理及 XGBoost/LightGBM 的突破；最后介绍 Stacking 学习思想；并结合电动汽车续驶里程预测等案例阐释工程实践方法。

7.1　偏差和方差

偏差（Bias）和**方差**（Variance）是评估机器学习模型性能的两个重要指标。集成学习方法通过结合多个学习器，一定程度上减少单个学习器的高偏差或高方差问题，从而提高预测的稳定性和准确性。

在机器学习方法的探索中，研究者们不懈追求的是构建一个能够精准捕捉数据本质规律的模型。简单来说，这份"精准"追求的就是最小化模型预测与真实情况之间的差异，即追求低误差。除了人为操作上的疏忽外，还有三类误差来源：随机误差、偏差与方差。其中随机误差是不可消除的，偏差与方差紧密关联着模型的"欠拟合"与"过拟合"。**偏差衡量的是模型预测平均值与真实值之间的差异**，它反映了模型在预测上的准确性。一个高偏差的模型意味着其预测结果普遍偏离真实值，即模型欠拟合（Underfitting）。**方差描述了模型在不同训练集上预测结果的变动程度**。高方差的模型表示其对训练数据非常敏感，容易在训练数据上表现良好，但在未见过的数据上表现不佳，即模型过拟合（Overfitting）。机器学习模型的优化，实际上就是在偏差与方差之间找到最佳平衡点，即"偏差—方差权衡"（Bias-Variance Tradeoff）。

7.1.1　偏差和方差的图示

将机器学习任务形象表示为一个"打靶"活动，如图 7-1 所示，根据相同算法、不同数据集训练出的模型，对同一个样本进行预测，每个模型做出一次预测相当于是一次打靶，靶心是目标值。

图 7-1a 所示是理想状况，偏差和方差都非常小。如果有无穷的训练数据，以及完美的模型算法，是有办法达成这样的目标。然而，在现实问题中，通常数据量是有限的，而模型也是不完美的。

图 7-1b 所示为偏差小而方差大。靶纸上的落点都集中分布在靶心周围，它们的期望（随机变量在各种可能结果下的加权平均值）落在靶心之内，因此偏差较小。然而，落点虽然集中在靶心周围，但是比较分散，这是方差大的表现。

图 7-1c 所示为偏差大而方差小。显而易见，靶纸上的落点非常集中，说明方差小。但是落点集中的位置距离靶心很远，这是偏差大的表现。

图 7-1d 所示为偏差和方差都非常大，这是最不希望得到的结果。

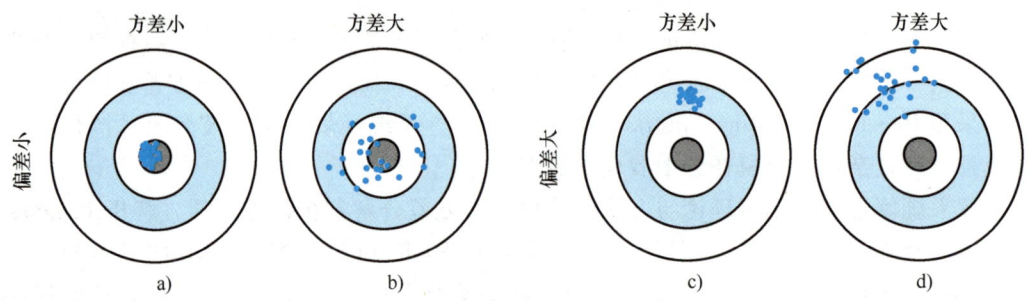

图 7-1 偏差和方差的图示

7.1.2 偏差和方差的数学定义

随机误差是数据本身的噪声带来的，这种误差是不可避免的。一般认为随机误差服从高斯分布，记作 $\varepsilon \sim N(0, \sigma_\varepsilon)$。因此，若有变量 y 作为预测值，x 作为自变量，数据背后的真实规律为 f，则有如下表达式成立：

$$y = f(x) + \varepsilon \tag{7-1}$$

对应在统计学上的定义，**偏差**描述的是通过学习拟合出来的结果的期望与真实值之间的差距，表示为

$$\text{Bias} = E[\hat{f}(x)] - f(x) \tag{7-2}$$

式中，$\hat{f}(x)$ 表示预测值；$E[\hat{f}(x)]$ 为 $\hat{f}(x)$ 的期望，反映多次预测值的平均值；$f(x)$ 表示真实值。

方差描述的是通过学习拟合出来的结果自身的不稳定性，表示为

$$\text{Var} = E[(\hat{f}(x) - E[\hat{f}(x)])^2] \tag{7-3}$$

以均方误差为例，推导其误差公式如下：

$$\text{Error} = E[(y - \hat{f}(x))^2] = E[(f(x) + \varepsilon - \hat{f}(x))^2] = E[(f(x) - \hat{f}(x))^2] + \sigma_\varepsilon^2 \tag{7-4}$$

令 $\bar{f}(x) = E[\hat{f}(x)]$，式 (7-4) 可表达为

$$\text{Error} = E[(f(x) - \bar{f}(x) + \bar{f}(x) - \hat{f}(x))^2] + \sigma_\varepsilon^2 \tag{7-5}$$

把式 (7-5) 展开，可得

$$\text{Error} = E[(f(\boldsymbol{x}) - \bar{f}(\boldsymbol{x}))^2] + E[(\bar{f}(\boldsymbol{x}) - \hat{f}(\boldsymbol{x}))^2] + 2(f(\boldsymbol{x}) - \bar{f}(\boldsymbol{x}))E[(\bar{f}(\boldsymbol{x}) - \hat{f}(\boldsymbol{x}))] + \sigma_\varepsilon^2 \tag{7-6}$$

忽略高次项，式（7-6）等价于：

$$\text{Error} = \underbrace{(f(\boldsymbol{x}) - \bar{f}(\boldsymbol{x}))^2}_{\text{偏差的平方}} + \underbrace{E[(\bar{f}(\boldsymbol{x}) - \hat{f}(\boldsymbol{x}))^2]}_{\text{方差}} + \underbrace{\sigma_\varepsilon^2}_{\text{随机误差}} \tag{7-7}$$

式（7-7）也反映出误差的三个来源，分别是偏差、方差和随机误差。偏差来源于模型中的错误假设。偏差过高就意味着模型所表示的特征和标签之间的关系是错误的，对应欠拟合现象。方差来源于模型对训练数据波动的过度敏感。方差过高意味着模型对数据中的随机噪声也进行了建模，将本不属于"特征—标签"关系中的随机特性也纳入模型之中，对应过拟合现象。一般来说，简单的模型偏差高、方差低；复杂的模型偏差低、方差高。

7.1.3 偏差和方差的实例演示

用 numpy 库生成两组数据点 x 与 y，分别作为训练集和验证集。这里，x 与 y 是接近线性相关的，$y = x + x^{0.01} + \varepsilon$，$\varepsilon \sim N(0, 2)$，在 y 上加入了随机噪声，用于模拟实际问题。下面分别用线性模型和 10 阶多项式模型对数据进行拟合。

```
#实例 7-1  biasandvariances.py
import numpy as np
np.random.seed(42)
#生成两组数据,分别作为训练集和验证集
#x 与 y 是接近线性相关的,而在 y 上加入了随机噪声,用以模拟真实问题中的情况
real = lambda x:x+x ** 0.01            #定义 real 函数,y=x+x^0.01
x_train = np.linspace(0,20,120)         #生成 0~20 中的 120 个数
#print(x_train)
y_train = np.array(list(map(real,x_train)))   #生成 y
#print(type(y_train))
#print(y_train)
y_noise = 2 * np.random.normal(size=x_train.size)   #生成噪声数据
#print(type(y_noise))
#print(y_noise)
y_train = y_train+y_noise
#选用最小平方误差作为损失函数,尝试用多项式函数去拟合这些数据
#对于 prop,采用了一阶的多项式函数(线性模型)拟合数据
#对于 overf,采用了 10 阶的多项式函数(多项式模型)拟合数据
prop    = np.polyfit(x_train,y_train,1)
prop_   = np.poly1d(prop)
overf   = np.polyfit(x_train,y_train,10)
overf_  = np.poly1d(overf)
import matplotlib.pyplot as plt

_ = plt.figure(figsize=(14,6))
```

```python
plt.subplot(1,2,1)
prop_e = np.mean((y_train-np.polyval(prop,x_train))**2)
overf_e = np.mean((y_train-np.polyval(overf,x_train))**2)
xp      = np.linspace(-2,25,200)
plt.plot(x_train,y_train,'.')
plt.plot(xp,prop_(xp),'-',label='proper,err:%.3f'%(prop_e))
plt.plot(xp,overf_(xp),'--',label='overfit,err:%.3f'%(overf_e))
plt.ylim(-5,25)
plt.legend()
plt.title('train set')

plt.subplot(1,2,2)
prop_e  = np.mean((y_valid-np.polyval(prop,x_valid))**2)
overf_e = np.mean((y_valid-np.polyval(overf,x_valid))**2)
xp      = np.linspace(-2,25,200)
plt.plot(x_valid,y_valid,'.')
plt.plot(xp,prop_(xp),'-',label='proper,err:%.3f'%(prop_e))
plt.plot(xp,overf_(xp),'--',label='overfit,err:%.3f'%(overf_e))
plt.ylim(-5,25)
plt.legend()
plt.title('validation set')
```

图 7-2 所示为线性模型和高阶模型的拟合结果。图 7-2a 所示为训练集结果，线性模型的误差为 3.359，10 阶多项式模型的误差为 3.083。从图 7-2a 可以看到，数据是在一个近似线性的函数附近抖动的，用简单的线性模型，无法准确地拟合数据，而高阶的多项式模型可以将训练集的数据拟合得更好，也就是说线性模型在训练集上欠拟合，并且它的偏差要高于多项式模型的偏差。图 7-2b 所示为验证集结果，线性模型的误差为 3.703，10 阶多项式模型的误差为 4.025，线性模型在验证集上的误差小于多项式模型的误差。可以进一步看出，线

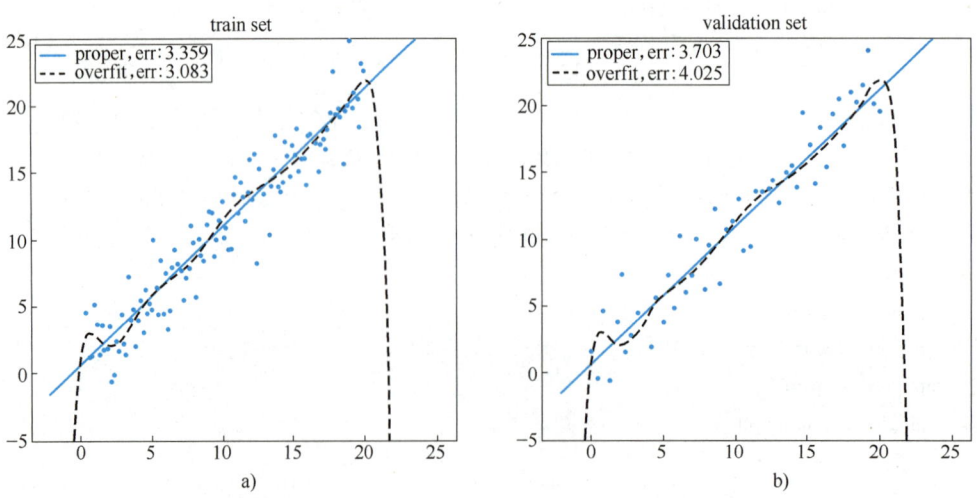

图 7-2　线性模型和高阶模型的拟合结果

性模型在训练集和验证集上的误差相对接近，而多项式模型在两个数据集上的误差，差距更大一些。多项式模型在训练集上过拟合，并且它的方差要高于线性模型的偏差。对于这个实例，因为线性模型在两个集合上的误差较为接近，因此线性模型的泛化能力更好。

7.1.4 偏差和方差的权衡

理想的机器学习模型应同时保持较低的偏差和方差，以实现良好的泛化能力。然而，在实践中，这往往是一个需要仔细调整的过程，因为降低偏差（通过增加模型复杂度）可能会增加方差，反之亦然，如图 7-3 所示。因此，需要根据具体问题，通过交叉验证、调整模型参数和选择合适的算法来找到方差和偏差之间的最佳平衡点。这个过程既需要理论知识的支持，也需要实际经验的积累，是机器学习实践中的一大挑战。

图 7-3 中的最优平衡点，实际上是总误差曲线的拐点。连续函数的拐点意味着此处一阶导数的值为 0。考虑到总误差是偏差与方差之和，所以在拐点处满足如下条件：

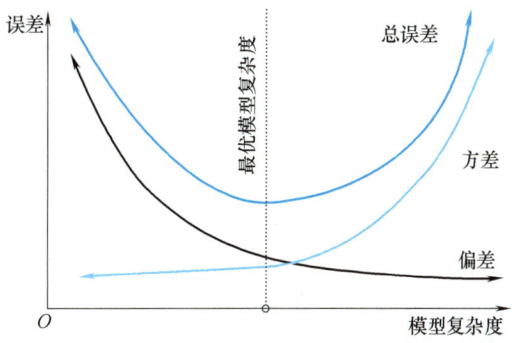

图 7-3 模型复杂度与方差和偏差之间的关系

$$\frac{\mathrm{d}\,偏差}{\mathrm{d}\,模型复杂度} = -\frac{\mathrm{d}\,方差}{\mathrm{d}\,模型复杂度} \tag{7-8}$$

式（7-8）给出了寻找最优平衡点的数学描述。若模型复杂度大于平衡点处的模型复杂度，则模型的方差会偏高，模型倾向于过拟合；若模型复杂度小于平衡点，则模型的偏差会偏高，即出现欠拟合。但在实际问题中，有时很难计算模型的偏差与方差。因此需要通过外在表现，判断模型的拟合状态是欠拟合还是过拟合。

在有限的训练数据集中，不断增加模型的复杂度，意味着模型会尽可能多地降低在训练集上的误差。因此，在训练集上，不断增加模型的复杂度，训练集上的误差会一直下降。但是验证集上的结果和训练集上的结果会不一致，如图 7-4 所示，当模型处于欠拟合状态时，训练集和验证集上的误差都很高；当模型处于过拟合状态时，训练集上的误差低，而验证集上的误差会很高。

针对模型的欠拟合和过拟合，分别有以下解决方法。

当模型处于欠拟合状态时，根本的办法是增加模型复杂度，有如下方法可以增加模型复杂度。

1）增加模型的迭代次数。
2）更换描述能力更强的模型。
3）生成更多特征供训练使用。
4）降低正则化水平。

当模型处于过拟合状态时，根本的办法是降低模型复杂度，有如下方法可以降低模

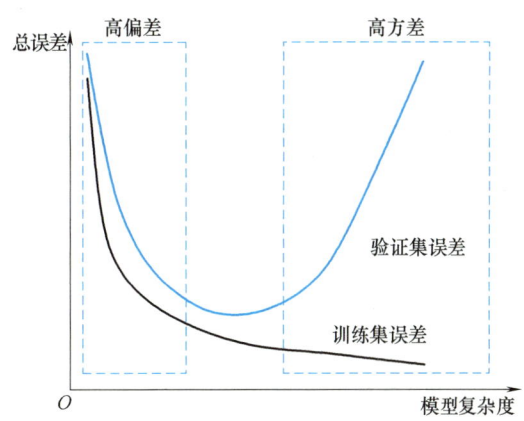

图 7-4 训练集和验证集偏差和方差随模型复杂度变化图示

型复杂度。

1) 扩充训练集。

2) 减少训练使用的特征的数量。

3) 提高正则化水平。

集成学习方法通过巧妙结合多个学习器的力量,不仅克服了单个学习器可能存在的偏差和方差问题,还显著提升了整体的预测能力和鲁棒性,是机器学习领域中的一项重要技术。

7.2　Bagging 算法

7.2.1　Bagging 算法理论

Bagging(Bootstrap Aggregating)算法是一种集成学习方法,也称为装袋法,是基于统计学中的自助法集成技术,通过构建多个基学习器,将它们的预测结果进行组合,从而提高模型的性能。

Bagging 算法旨在通过减少模型的方差来提高泛化能力,分为自助(Bootstrap)阶段和聚合(Aggregating)阶段,如图 7-5 所示。Bootstrap 是一种重采样(Resampling)技术,有放回地随机抽取多个训练子集。Aggregating 阶段分别在这些子集上训练出多个基学习器,最后通过投票或平均等方式组合这些基学习器的预测结果。

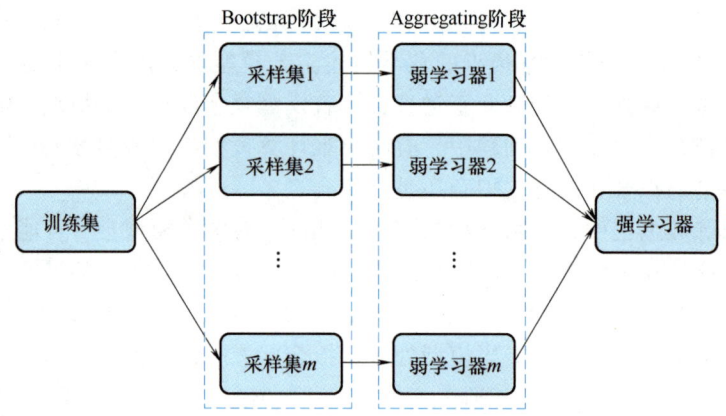

图 7-5　Bagging 算法流程图

在 Bootstrap 阶段中,假设有一个数量为 n 的样本总体 N,从样本总体 N 中多次有放回地随机采样,取出数量为 n' 的子集合 m 个。

在 Aggregating 阶段中,对于每个子集合 $N_i(i \in (1,m))$,分别选择某类型的学习器,同时训练各自样本的数据集,返回 m 个预测结果,并通过一定方法得出最终的结果。一般情况下,对于分类问题,采用投票法得到最终结果,即占比数量最多的结果为最终分类结果;对于回归问题,采用平均法,即 m 个结果的平均值作为最终回归结果。

Bagging 算法可以降低模型的方差,下面从理论上推导其降低方差的作用。设预测结果为 y_i,预测结果期望为 $\bar{y}$,真实结果为 y,数据记录的结果为 y',模型的方差为

$$\mathrm{var}(x) = E[(y_i - \bar{y})^2] \tag{7-9}$$

模型的偏差平方为

$$\text{bias}^2(x) = (\bar{y}-y)^2 \tag{7-10}$$

模型的噪声为

$$\text{noise}^2 = (y-y')^2 \tag{7-11}$$

模型的泛化误差为

$$R_{\exp} = E[(y_i-y')] \tag{7-12}$$

综上可得

$$R_{\exp} = \text{var}(x) + \text{bias}^2(x) + \text{noise}^2 \tag{7-13}$$

设在回归任务中,有 m 个弱学习器,每个弱学习器输出结果为 y_i,且相互独立,整体输出结果为 $\bar{y} = \dfrac{\sum y_i}{m}$,则

$$\text{var}(\bar{y}) = \text{var}\left(\frac{1}{m}\sum_{i=1}^{m} y_i\right) = \frac{1}{m^2}\text{var}\left(\sum_{i=1}^{m} y_i\right) = \frac{1}{m}\text{var}(y_i) \tag{7-14}$$

可以得出,Bagging 算法可以通过降低方差来降低未知数据集的泛化误差,以此提高算法效果。但是,应当注意,在实际使用数据训练时,由于训练的原始数据集相同并且弱学习器构建规则基本一致,因此 Bagging 算法中的弱学习器难以完全相互独立,方差的减少不会太多。

7.2.2 Sklearn 中的 Bagging 方法

Sklearn 中支持任意基学习器的 Bagging 算法,包括实现分类任务的 BaggingClassifier,以及实现回归任务的 BaggingRegressor,其语法格式如下。

class sklearn.ensemble.BaggingClassifier(base_estimator=None, n_estimators=10, max_samples=1.0, max_features=1.0, bootstrap=True, bootstrap_features=False, oob_score=False, warm_start=False, n_jobs=None, random_state=None, verbose=0)

class sklearn.ensemble.BaggingRegressor(base_estimator=None, n_estimators=10, max_samples=1.0, max_features=1.0, bootstrap=True, bootstrap_features=False, oob_score=False, warm_start=False, n_jobs=None, random_state=None, verbose=0)

Bagging 方法的主要参数说明见表 7-1。

表 7-1 Bagging 方法的主要参数说明

参数	说明
base_estimator	基学习器,默认使用决策树(一般不推荐,效果不如随机森林)
n_estimators	基学习器的数目,通常基学习器越多,模型的方差越小
max_samples	每个数据子集(用于训练基学习器)的样本数量。可以是浮点数(0.0~1.0,表示取样本占所有样本的比例),也可以是整数(表示样本的实际数量)。注意:如果输入是 1 而不是 1.0,那么每个数据子集仅包含 1 个样本,会导致严重失误
max_features	训练基学习器的特征数量
bootstrap	在随机选取样本时是否是有放回
bootstrap_features	在随机选取特征时是否是有放回

（续）

参数	说明
oob_score	是否计算 out-of-bag 分数。每个基学习器只在原始数据集的一部分上训练，所以可以用剩余样本上的误差（out-of-bag error），来估计它的泛化误差/测试误差
warm_start	如果是 True，在下一次使用 fit 方法时，向原有的模型再增加 n_estimators 个新的基学习器

表 7-1 中的 oob_score 参数说明里面的 out-of-bag error（OOBE）是包外数据的误差。在 Bagging 算法中，每个基学习器可以只使用原始数据集中的一部分进行训练，所以可以直接用包外数据的误差来估计模型的泛化误差/测试误差。图 7-6 演示了 OOBE，从全体训练数据中抽取一部分作为单次训练数据，剩余没有被抽中的数据称为包外数据，把这些包外数据用来测试。假定测试的时候，有底纹 4 个点的预测结果是错误的，其他点预测结果是正确的，那么测试集数据的准确率为 11/15×100% = 73.33%。

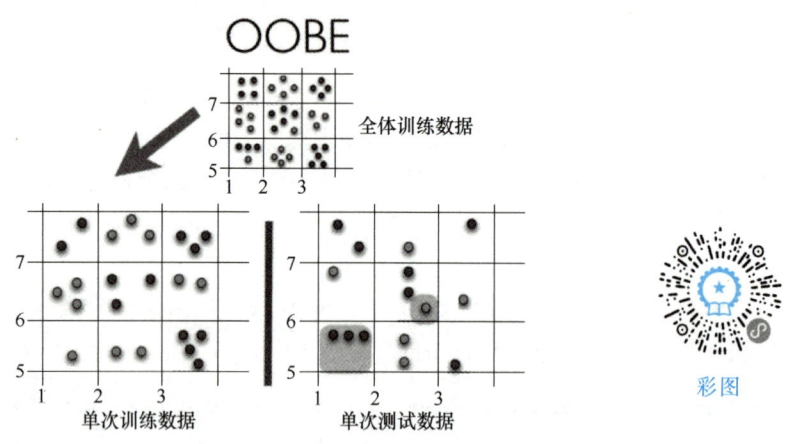

图 7-6　OOBE 演示

7.2.3　Bagging 实践案例

本案例针对鸢尾花数据集设计训练模型。鸢尾花数据集（Iris Dataset）是机器学习和统计学中常用的经典数据集之一，被广泛用于模型验证、分类和聚类等任务。这个数据集由英国统计学家和生物学家 Ronald A. Fisher 于 1936 年引入，用来展示他所开发的线性判别分析方法。

鸢尾花数据集包含了三个品种（类别）的鸢尾花的测量数据。数据集的特征包括鸢尾花的萼片（sepal）长度、萼片宽度、花瓣（petal）长度和花瓣宽度，所有的测量单位都是 cm。对于每个品种，数据集包含了 50 个样本，因此总共有 150 个样本。三个品种分别是：山鸢尾（Setosa）、变色鸢尾（Versicolor）和维吉尼亚鸢尾（Virginica）。数据集中的每个样本都被标记为这三个品种中的一个。

鸢尾花数据集是一个简单且易于理解的数据集，被用来展示和测试分类算法的性能。由于其小规模、多样性和良好的可分性，鸢尾花数据集经常被用作新算法和方法的测试基准。在许多机器学习框架和库中，都内置了鸢尾花数据集，使得它成为入门级学习和教学的理想数据集。

感兴趣的读者可以扫描内封上的二维码自行下载项目代码；可扫描右侧二维码观看讲解视频。

讲解视频

7.2.4 随机森林算法理论

随机森林（Random Forest）是一种常用的 Bagging 算法，可用于分类和回归任务。它建立在决策树模型的基础上，通过 Bagging 算法将多个决策树模型进行融合，达到提高模型的性能和鲁棒性的目的。在 Boostraping 阶段中，该算法从原始数据集中随机抽取多个训练子集。每个子集都是通过有放回地随机抽取原始数据集中的样本得到，有些样本可能在同一个子集中出现多次，而有些样本可能根本不会被选中。在 Aggregating 阶段中，对于每个节点的特征选择，随机森林不使用全部的特征，而是从所有特征中随机选择一部分特征。这样做有助于降低特征之间的相关性，提高模型的多样性。

随机森林由多个决策树组成，每个决策树都在不同的训练子集上训练。由于**样本和特征的双重随机性**，每个决策树都会学到数据的不同方面，形成了模型的多样性。在分类问题中，随机森林通过多数投票的方式集成所有决策树的分类结果，得到最终的预测类别，如图 7-7 所示。在回归问题中，随机森林通常取所有决策树的平均预测值作为最终的回归结果。

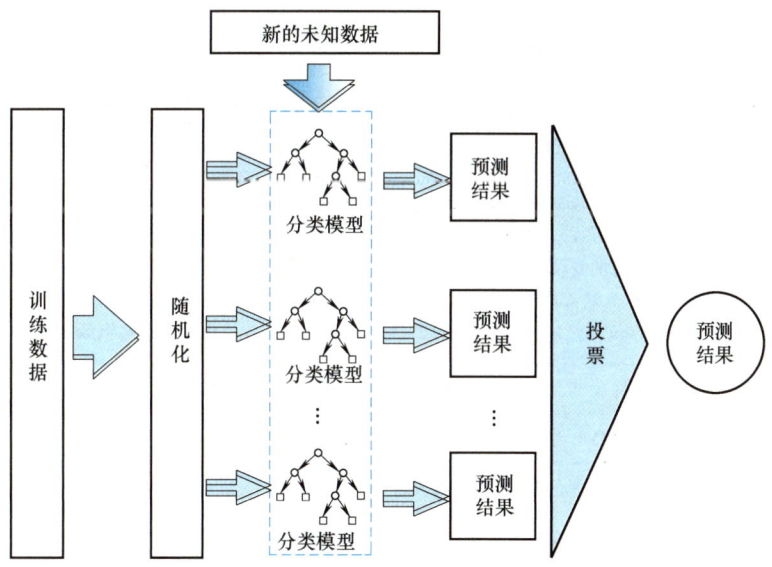

图 7-7　随机森林分类算法流程图

7.2.5　Sklearn 中的随机森林方法

在 Sklearn 中，随机森林既可以解决分类问题，也可以解决回归问题。sklearn.ensemble 模块中的随机森林分类器和回归器分别对应 ensemble.RandomForestClassifier 和 ensemble.RandomForestRegressor，语法格式如下。

class sklearn.ensemble.RandomForestClassifier(n_estimators=10,criterion='gini',max_depth=None,min_samples_split=2,min_samples_leaf=1,min_weight_fraction_leaf=0.0,max_features='auto',max_leaf_nodes=None,min_impurity_decrease=0.0,min_impurity_split=None,bootstrap=True,oob_score=False,n_jobs=1,random_state=None,verbose=0,warm_start=False,class_weight=None)

class sklearn.ensemble.RandomForestRegressor(n_estimators=100,criterion='squared_error',max_depth=None,min_samples_split=2,min_samples_leaf=1,min_weight_fraction_leaf=0.0,max_features=1.0,max_leaf_nodes=None,min_impurity_decrease=0.0,bootstrap=True,oob_score=False,n_jobs=None,random_state=None,verbose=0,warm_start=False,ccp_alpha=0.0,max_samples=None)

两种方法的大部分参数是相同的，主要差异体现在分类器和回归器的损失函数不一样，其他参数与决策树参数相似。随机森林方法的主要参数说明见表7-2。

表7-2　随机森林方法的主要参数说明

参数	说明
n_estimators	弱学习器的数量，输入类型为int，默认为100
criterion	衡量决策树最优分裂的准则。对于回归器，可选"squared_error""absolute_error"或"poisson"，默认值为"squared_error"；对于分类器，可选"entropy"或者"gini"，分别代表信息增益率或者基尼系数增益，默认值为"gini"
max_depth	树的最大深度，输入类型为int，默认为None
min_samples_split	根节点划分时所需的最少样本数，输入类型为int或float，默认为2
min_samples_leaf	叶子节点处所需的最少样本数，输入类型为int或float，默认为1
min_weight_fraction_leaf	一个叶子节点上所需的(所有输入样本的)总权重的最小加权分数，默认为0
max_features	在寻找最佳分割时要考虑的特征数量。max_features参数可以为整数、浮点数或字符串，为整数表示指定每次分割时要考虑的特征的具体数量，为浮点数表示指定每次分割时要考虑的特征的比例(0到1之间)，为字符串时取值可为"auto""sqrt"或"log2"。其中"auto"为默认值，对于分类问题，max_features等于特征总数的平方根，即sqrt(n_features)；"sqrt"与"auto"相同；"log2"表示考虑的特征数量等于特征总数的对数(以2为底)
max_leaf_nodes	叶子节点的最大数量，输入类型为int，默认为None
min_impurity_decrease	分枝时允许的最小不纯度下降量，输入类型为float，默认为0.0
bootstrap	是否进行随机抽样，默认为True
oob_score	是否使用包外数据进行验证，默认为False
n_jobs	运行线程数，输入类型为int，默认为None
random_state	随机数种子
verbose	是否打印构建决策树的过程，默认为0
warm_start	控制增量学习参数，默认为False
ccp_alpha	最小代价复杂度剪枝系数，输入类型为float，默认为0.0
max_samples	每次随机抽样的最大样本数量，输入类型为int或float，默认为None

7.2.6 随机森林实践案例——电动汽车续驶里程预测

本项目选用电动汽车续驶里程预测数据集 EV_Miles.csv 设计训练模型，相对于表 2-2 数据，本文件的数据量增加到 20295 条，样本特征也增加到 8 个，部分数据见表 7-3。表 7-3 中，第一列续驶里程为标签值，后面八列为特征值。

表 7-3 电动汽车样本数据集

续驶里程 /km	总电压 /V	总电流 /A	SOC (%)	单体电池电压最高值/V	单体电池电压最低值/V	最高温度值/℃	最低温度值/℃	车速 /(km/h)
202.9	373.7	2.8	96	4.163	4.116	30	28	0
202.9	373.9	0.8	96	4.164	4.117	30	28	9.5
202.8	374.2	-17.2	96	4.167	4.119	30	28	20.6
202.7	373.7	3	96	4.162	4.115	30	28	0
202.7	373.7	2.7	96	4.162	4.115	30	28	0
202.7	373.7	2.8	96	4.162	4.115	30	28	0
202.7	372.9	12.1	96	4.156	4.109	30	28	9.1
202.7	373.4	7.3	96	4.16	4.114	30	28	8.4
202.6	373.4	-5.2	96	4.161	4.115	30	28	26.5
202.4	373.9	4.2	96	4.167	4.119	30	28	14.5
202.3	373.2	-0.6	96	4.158	4.11	30	28	27.3
202.2	372.9	14.6	96	4.157	4.11	30	28	9.2
⋮	⋮	⋮	⋮	⋮	⋮	⋮	⋮	⋮

采用随机森林算法进行预测的代码如下。

讲解视频

```
#导入数据库
from sklearn.ensemble import RandomForestRegressor as RFR
from sklearn.tree import DecisionTreeRegressor as DTR
from sklearn.model_selection import cross_validate, KFold
import matplotlib.pyplot as plt
import pandas as pd
#数据预处理
data = pd.read_csv("EV_Miles.csv")
X = data.iloc[:,1:8]
y = data.iloc[:,0:1]
#模型实例化
#决策树模型实例化
Model_D = DTR()
#随机森林模型实例化
```

```
Model_R = RFR()
#交叉验证方式实例化
cv = KFold(n_splits = 5, shuffle = True, random_state = 666)
result_d = cross_validate(Model_D
                        , X, y
                        , cv = cv
                        , scoring = "neg_mean_squared_error"
                        , return_train_score = True
                        , verbose = True
                        , n_jobs = -1
                        )
result_r = cross_validate(Model_R, X, y, cv = cv, scoring = "neg_mean_squared_error"
                        , return_train_score = True
                        , verbose = True
                        , n_jobs = -1)
#将计算结果绝对值化
trainMSE_d = abs(result_d["train_score"])
testMSE_d = abs(result_d["test_score"])
trainMSE_r = abs(result_r["train_score"])
testMSE_r = abs(result_r["test_score"])
#结果取平均值
trainMSE_d.mean()
testMSE_d.mean()
trainMSE_r.mean()
testMSE_r.mean()
#将数据可视化处理
xaxis = range(1,6)
plt.figure(figsize = (8,6), dpi = 100)
plt.plot(xaxis, trainMSE_r, color = "green", label = "RandomForestTrain")
plt.plot(xaxis, testMSE_r, color = "green", linestyle = "--", label = "RandomForestTest")
plt.plot(xaxis, trainMSE_d, color = "orange", label = "DecisionTreeTrain")
plt.plot(xaxis, testMSE_d, color = "orange", linestyle = "--", label = "DecisionTreeTest")
plt.xticks([1,2,3,4,5])
plt.xlabel("CV", fontsize = 18)
plt.ylabel("MSE", fontsize = 18)
plt.legend()
plt.show()
```

随机森林与决策树的平均损失函数对比图如图7-8所示,可以发现在训练集中,决策树模型的损失函数要小于随机森林模型,但在测试集中,决策树模型的损失函数要大于随机森林模型,说明随机森林模型的泛化能力更强。

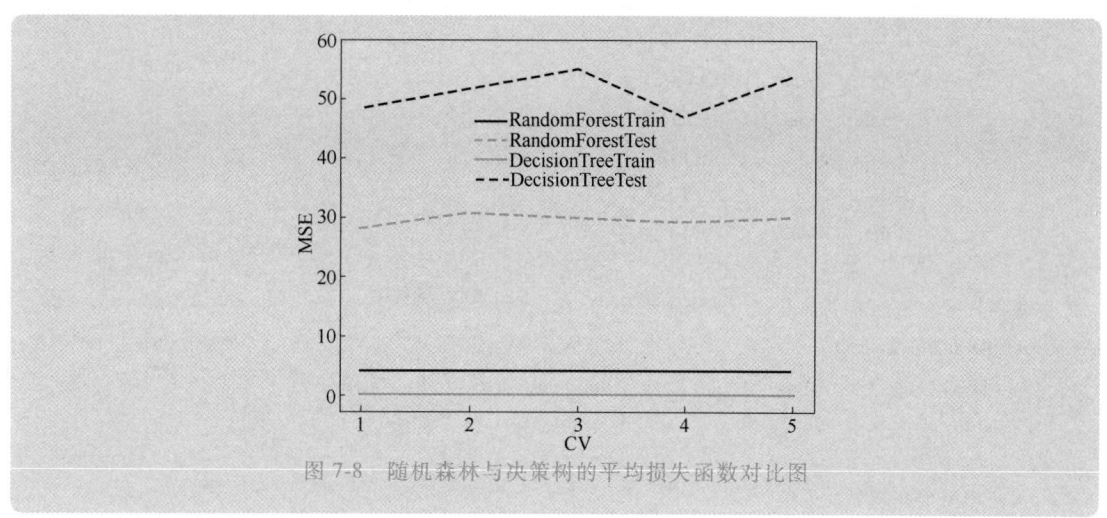

图 7-8　随机森林与决策树的平均损失函数对比图

7.2.7　随机森林实践案例——交通事故严重程度判断

针对 3.6.2 节中同样的 merged_data.csv 文件，采用随机森林算法进行分析，代码如下：

```
import pandas as pd
from sklearn.model_selection import train_test_split
from sklearn.preprocessing import LabelEncoder,StandardScaler
from sklearn.metrics import classification_report,confusion_matrix
from sklearn.ensemble import RandomForestClassifier

#读取合并后的 csv 文件
data=pd.read_csv('merged_data.csv')

#提取时间字段的小时信息
data['hour']=(data['hrmn']*24).astype(int)    #将 24 小时百分比转换为小时

#确定高发时间段(以事故数量最多的时间段为准)
hour_counts=data['hour'].value_counts()
high_freq_hours=hour_counts.nlargest(3).index.tolist()    #选取事故高发的 3 个小时

#创建是否为高发时间段的二元特征
data['is_peak_hour']=data['hour'].apply(lambda x:1 if x in high_freq_hours else 0)

#删除特定列中值为-1 的行
data=data[(data['col']!=-1)&
          (data['circ']!=-1)&
          (data['prof']!=-1)&
          (data['plan']!=-1)&
```

讲解视频

```
            (data['infra']! =-1)&
            (data['obsm']! =-1)&
            (data['manv']! =-1)&
            (data['motor']! =-1)&
            (data['secu1']! =-1)&
            (data['secu2']! =-1)]

#选择特征和目标变量
selected_features=[
    'lum','atm','catr','surf','catv','agg','int','col','circ','nbv','prof',
    'infra','manv','motor','catu','sexe','is_peak_hour','secu1','secu2'
]
#保留相关列并删除缺失值
data=data[selected_features+['grav']].dropna()

#对分类特征进行编码
encoder=LabelEncoder()
for col in selected_features:
    if data[col].dtype=='object':
        data[col]=encoder.fit_transform(data[col])

#分离特征和目标变量
X=data[selected_features]
y=data['grav']

#对特征进行标准化
scaler=StandardScaler()
X=scaler.fit_transform(X)

#数据集划分
X_train,X_test,y_train,y_test=train_test_split(X,y,test_size=0.2,random_state=42)

#模型训练和评估
models={
    'Random Forest':RandomForestClassifier(random_state=42)
}

for name,model in models.items():
    print(f"\n{name} Results:")
    model.fit(X_train,y_train)
    y_pred=model.predict(X_test)
    print("Classification Report:")
```

```
print(classification_report(y_test,y_pred))
print("Confusion Matrix:")
print(confusion_matrix(y_test,y_pred))
```

分类评估报告如下,可以看到随机森林模型的各个评估指标比逻辑回归和KNN都更好。

	precision	recall	f1-score	support
1	0.76	0.79	0.77	15400
2	0.42	0.13	0.20	425
3	0.50	0.30	0.38	3150
4	0.68	0.72	0.70	14655
accuracy			0.70	33630
macro avg	0.59	0.48	0.51	33630
weighted avg	0.69	0.70	0.70	33630

7.2.8 随机森林的超参数优化

在机器学习中,超参数是模型训练过程中需要手动设置的参数,它们不是通过训练数据学习得到的,而是在训练之前人为设置的。当涉及集成学习时,由于参数涉及众多,超参数的选择会显著影响模型的性能。

超参数优化方法有许多种,例如基于网格的优化方法、基于梯度的优化方法、基于贝叶斯的优化方法、基于生物进化的优化方法等。

其中,在算力充足的情况下,基于网格的优化方法的准确率最高。基于网格的优化方法主要有两种算法类型,一种是调整参数空间,另一种是调整训练样本数据。

对于调整参数空间算法来讲,如果把所有能取到的参数值全取一遍进行比较,可以得到最优结果的参数空间,该方法也叫作枚举网络搜索法。采用7.2.6节数据EV_Miles.csv(需要说明的是,由于数据量及特征过于简单,效果未必会更优越),选择随机森林算法作为基准模型,使用枚举网络搜索法的超参数优化实现过程和方法如下。

1)导入相应的库。

```
from sklearn.ensemble import RandomForestRegressor
from sklearn.model_selection import cross_validate,GridSearchCV,KFold
import numpy as np
```

讲解视频

2)导入数据。

```
data=pd.read_csv('EV_Miles.csv')
#根据实际情况切分数据
X=data.iloc[:,1:8]
y=data.iloc[:,0:1]
```

3)设置参数空间。

```
#根据实际情况输入参数空间搜索范围
param_grid_simple = {'criterion':['squared_error','poisson'],
```

```
'n_estimators':[*range(20,90,5)],
'max_depth':[*range(10,30,2)],
'max_features':['log2','sqrt','auto'],
'min_impurity_decrease':[*np.arange(0,10,10)]
}
```

4）代入随机森林模型便可以进行最优参数搜索。

```
RFR = RandomForestRegressor(verbose = True, n_jobs = -1)
search = GridSearchCV(estimator = RFR,
                     param_grid = param_grid_simple,
                     scoring = 'neg_mean_squared_error',
                     verbose = True,
                     n_jobs = -1)
search.fit(X,y)
```

5）查看各个参数的具体数值。

```
search.best_estimator_
```

运行结果如下。

```
RandomForestRegressor(bootstrap = True, ccp_alpha = 0.0, criterion = 'squared_error',
                     max_depth = 10, max_features = 'log2', max_leaf_nodes = None,
                     max_samples = None, min_impurity_decrease = 0,
                     min_impurity_split = None, min_samples_leaf = 1,
                     min_samples_split = 2, min_weight_fraction_leaf = 0.0,
                     n_estimators = 20, n_jobs = -1, oob_score = False,
                     random_state = 1412, verbose = True, warm_start = False)
```

枚举网络搜索法虽然可以通过寻找所有数据找到最优的参数空间，但是随着模型复杂度提高，数据量增大，搜索时间会大量增加。因此，需要寻找一个搜索速度更快、结果较好的搜索算法，于是便出现了随机网格搜索法。

随机网格搜索法是一种更高效的超参数搜索方法，它不像枚举网格搜索那样把所有可能的参数组合都试一遍，而是在超参数的取值范围里随机地选择参数来尝试。虽然可能会错过最优的参数空间，但是也可以找到较好的参数空间。在 Sklearn 中，可以使用 RandomizedSearchCV 实现随机网格搜索法，实现过程和方法如下。

1）导入相应的库。

```
from sklearn.ensemble import RandomForestRegressor
from sklearn.model_selection import RandomizedSearchCV
```

2）导入数据。

```
data = pd.read_csv('EV_Miles.csv')
#根据实际情况切分数据
X = data.iloc[:,1:8]
y = data.iloc[:,0:1]
```

讲解视频

3）设置参数空间。

```
#根据实际情况输入参数空间搜索范围
param_grid_simple = {'criterion':['squared_error','poisson'],
                     'n_estimators':[*range(20,90,5)],
                     'max_depth':[*range(10,30,2)],
                     'max_features':['log2','sqrt','auto'],
                     'min_impurity_decrease':[*np.arange(0,10,10)]
                    }
```

4）代入随机森林模型便可以进行最优参数搜索。

```
RFR = RandomForestRegressor(verbose = True, n_jobs = -1)
search = RandomizedSearchCV(estimator = RFR,
                            param_distributions = param_grid_simple,
                            n_iter = 600, #随机搜索过程中要评估的超参数组合的数量
                            scoring = 'neg_mean_squared_error',
                            verbose = True,
                            n_jobs = -1)
search.fit(X, y)
```

5）查看各个参数具体数值。

```
search.best_estimator_
```

运行结果如下：

```
RandomForestRegressor(max_depth = 10, max_features = 'sqrt',
                      min_impurity_decrease = 0, n_estimators = 70, n_jobs = -1,
                      verbose = True)
```

7.3 Boosting 算法

在集成学习中，除了有通过降低方差来降低整体泛化误差的 Bagging 算法，还有通过降低偏差来降低整体泛化误差的 Boosting 算法。对比原理简单的 Bagging 算法，Boosting 算法难度偏大，但性能更优越。Boosting 算法串行地训练基学习器，每个基学习器都试图纠正前一个基学习器的错误，通过加权组合所有基学习器的预测结果得到最终的预测结果。Boosting 算法能够显著降低模型的偏差，提升预测精度。

与 Bagging 不同，Boosting 基本原理是串行生成一系列弱学习器，这些弱学习器组合构成最终的强学习模型。Boosting 算法流程图如图 7-9 所示，首先通过类似加法的方式将基础模型进行线性组合，在每一轮训练中，提升错误率小的基础模型权重，减小错误率高的基础模型权重，并在每一轮训练中，改变数据的权重，给前一个基学习器预测错误的样本更高的权重，使得后续基学习器更加关注这些难以预测的样本，最后集合成更强的学习模型。

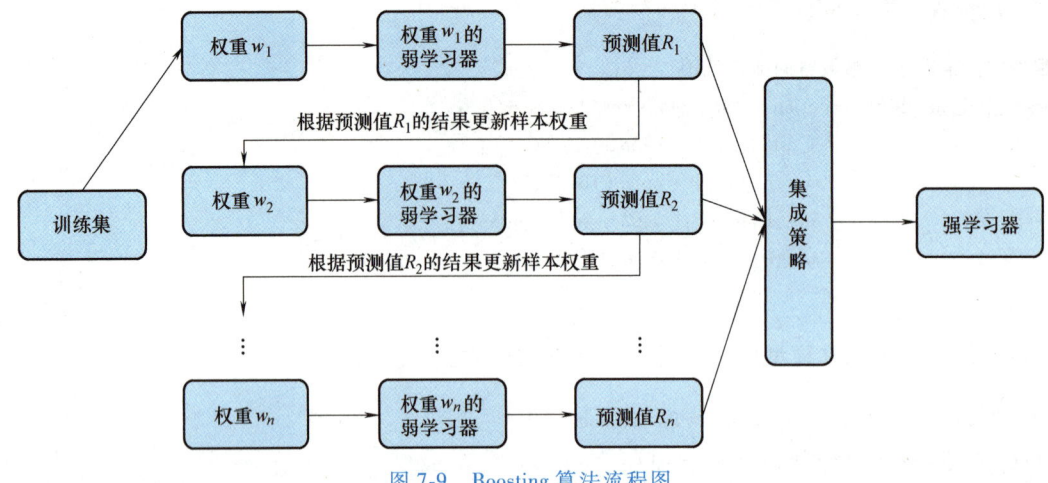

图 7-9 Boosting 算法流程图

为了方便理解,表 7-4 对 Bagging 算法和 Boosting 算法进行了对比。常用的 Boosting 算法有 AdaBoost、梯度提升决策树、XGBoost 等。

表 7-4 Bagging 算法与 Boosting 算法对比

对比	Bagging 算法	Boosting 算法
样本选择	每次迭代时,有放回地选取样本	每次迭代时,样本不变
样本权重	样本权重相同	错误率越高,权重越大
预测函数	预测函数权重相同	错误率越高,权重越小
计算流程	并行计算	串行计算
算法作用	降低方差	降低偏差

7.3.1 AdaBoost 算法

AdaBoost(Adaptive Boosting)是一种基于决策树弱学习器的 Boosting 算法,由德国学者 Freund 和 Schapire 于 1995 年提出。它的基本思想是通过不断地训练弱学习器,并将它们组合成一个强学习器,以提高模型的准确性。

在 AdaBoost 中,每个训练样本都会被赋予一个权重,初始时所有样本的权重相等。在每次迭代中,都会训练一个新的弱学习器,并根据该弱学习器的分类错误对样本的权重进行调整,错误分类的样本权重会增大,正确分类的样本权重会减小,并再次用来训练下一个弱学习器。同时,在每一轮迭代中,加入一个新的弱学习器,直到达到某个预定的足够小的错误率或最大迭代次数则停止训练,最后得到强学习器。

下面以回归模型为例,介绍 AdaBoost 的计算过程。

假设有数据集 S,样本数量为 M 个,任一样本的编号为 k,样本的真实标签为 y_k,迭代次数为 i,弱学习器为使用 CART 算法构建的回归树 T,一共训练了 N 轮,计算过程如下。

首先,在训练前,初始化各个样本的权重为

$$w_k = \frac{1}{M} \tag{7-15}$$

在原数据集 S 中,有放回抽取 M 个样本,重新组成训练集 S^i。当每次抽取样本时,任意样本被抽中的概率为

$$P^i = \frac{w_k}{\sum \omega_k} \tag{7-16}$$

在训练集 S^i 上建立回归树 T,并对所有样本进行预测,得出预测结果 $T(x_k)$,每一样本的损失函数为

$$L_k = L(T(x_k), y_k) \tag{7-17}$$

在这一过程中,常用的损失函数有线性损失函数、平方损失函数和指数损失函数三种,分别为:

线性损失函数

$$L_k = \frac{|f(x_k) - y_k|}{M} \tag{7-18}$$

平方损失函数

$$L_k = \frac{|f(x_k) - y_k|^2}{M^2} \tag{7-19}$$

指数损失函数

$$L_k = 1 - \exp\left(\frac{-|f(x_k) - y_k|}{M}\right) \tag{7-20}$$

计算所有样本的加权平均损失:

$$L_k^* = \sum_{k=1}^{M} L_k P_k \tag{7-21}$$

根据加权平均损失计算集成算法的置信度(其中 λ 为使分母不为 0 的常数):

$$\beta = \frac{L_k^*}{1 - L_k^* + \lambda} \tag{7-22}$$

依据置信度更新样本权重:

$$w_k = w_k \beta^{(1-L_k)} \tag{7-23}$$

不难发现,样本损失函数越大,更新后的权重越大。

迭代过程中弱学习器 T 的权重为

$$\phi^i = \log_2\left(\frac{1}{\beta}\right) \tag{7-24}$$

迭代 i 次的集成算法输出值为

$$H^i(x_i) = H^{i-1}(x_k) + \eta \phi^i T^i(x_k) \tag{7-25}$$

Sklearn 中 AdaBoost 分类器和回归器的实现方法如下。

class sklearn. ensemble. AdaBoostClassifier(estimator = None, *, n_estimators = 50, learning_rate = 1. 0, algorithm = ' SAMME. R ', random_state = None, base_estimator =' deprecated ')

class sklearn. ensemble. AdaBoostRegressor (base _ estimator = None, *, n _ estimators = 50, learning _ rate = 1. 0, loss =' linear ', random_state = None)

当 estimator = None 或 base_estimator = None 时,基学习器是最大深度为 1 的决策树。

7.3.2 梯度提升决策树算法

梯度提升决策树(Gradient Boosting Decision Tree,GBDT)是 Boosting 中的代表性算法,

它是 XGBoost、LightGBM 等算法的基础，也是工业界应用较为广泛的机器学习算法之一。

GBDT 相对于 AdaBoost 算法有几点不同。在弱学习器方面，无论是分类任务还是回归任务，GBDT 只能使用 CART 构建回归树模型，这是因为每次迭代拟合是梯度值（连续）。对于 AdaBoost 算法，当执行回归任务时，弱学习器是回归器；当执行分类任务时，弱学习器是分类器。在损失函数方面，GBDT 的损失函数可以是任意可微的函数。在算法流程方面，GBDT 在建立弱学习器前可以对样本或特征进行随机抽样，增加弱学习器之间的独立性；在 AdaBoost 中，每次建立弱学习器时需要修改权重，而在 GBDT 中，每次建立弱学习器时不修改权重，而是用集成输出值与真实值之间的差异（该差异成为残差）来影响弱学习器的建立。

在传统的梯度下降中，参数的更新方向是沿着损失函数梯度的反方向。在 GBDT 中，每一棵决策树可以看作对损失函数负梯度的拟合。通过这种方式，GBDT 算法实现了梯度下降的功能，但它是通过构建决策树来逐步逼近最优解，而不是直接更新参数。

为方便理解，举一个残差预测的例子。设一辆汽车的车速为 60km/h，假定第一轮预测值为 55km/h，有 5km/h 的残差；第二轮以上一轮的残差 5km/h 作为目标来训练一棵决策树，假定预测结果为 4km/h，有 1km/h 的残差；第三轮以残差 1km/h 作为目标来训练一颗决策树，预测值为 1km/h，残差为 0，终止迭代。最后把各轮预测结果进行累加：55km/h+4km/h+1km/h = 60km/h。残差预测流程如图 7-10 所示。

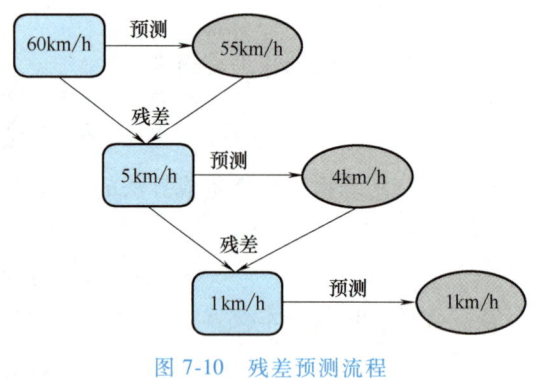

图 7-10　残差预测流程

在 sklearn.ensemble 模块中，既有解决分类问题的 GBDT 方法，也有解决回归问题的 GBDT 方法。GBDT 分类器和回归器分别对应 ensemble.GradientBoostingClassifier 和 ensemble.GradientBoostingRegressor。由于分类器和回归器参数基本相同，且大多数算法都是以回归算法起源，故本节主要讲解回归器。

```
Class sklearn.ensemble.GradientBoostingRegressor(loss='squared_error',learning_rate=0.1,n_estimators=100,
subsample=1.0,criterion='friedman_mse',min_samples_split=2,min_samples_leaf=1,min_weight_fraction_
leaf=0.0,max_depth=3,min_impurity_decrease=0.0,init=None,random_state=None,max_features=None,al-
pha=0.9,verbose=0,max_leaf_nodes=None,warm_start=False,validation_fraction=0.1,n_iter_no_change=
None,tol=0.0001,ccp_alpha=0.0)
```

可以发现，上述大部分参数与决策树回归器或随机森林回归器的参数相似，且大部分参数对于初学者来说，调整前后模型性能优化不大，故仅对其中的重点参数进行介绍，见表 7-5。

表 7-5　重点参数说明

参数名称	简介
loss	损失函数，可选择输入为 'squared_error'、'absolute_error'、'huber' 和 'quantile'，默认为 'squared_error'
learning_rate	学习率，输入类型为 float，默认值为 0.1

(续)

参数名称	简介
n_estimators	弱学习器迭代次数,输入类型为 int,默认值为 100
subsample	数据随机放回抽样比例,输入类型为 float,默认值为 1.0
criterion	不纯度衡量标准,可选择输入为'friedman_mse'和'squared_error',默认为'friedman_mse'
init	指定梯度提升回归模型
alpha	huber 损失函数的分位数和分位数损失函数,输入类型为 float,默认值为 0.9
validation_fraction	为提前停止训练而预留作为验证集的训练数据的比例,输入类型为 float,默认值为 0.1
n_iter_no_change	损失函数多次没有下降或下降量未达阈值而停止的次数。输入类型为 int,默认为 None
tol	损失函数下降的阈值,输入类型为 float,默认值为 0.0001

仍以电动汽车续驶里程数据集为例,采用梯度提升决策树进行预测,代码如下。

讲解视频

```
#导入库
import pandas as pd
from sklearn.ensemble import GradientBoostingRegressor as GBR
from sklearn.model_selection import cross_validate,KFold
#处理数据
data = pd.read_csv(r'EV_Miles.csv')
X = data.iloc[:,1:8]
y = data.iloc[:,0:1]
#定义交叉验证方式
cv = KFold(n_splits = 5,shuffle = True,random_state = 666)
#计算结果
gbr = GBR(random_state = 666)
result_gbdt = cross_validate(gbr,X,y,cv = cv
                ,scoring = 'neg_root_mean_squared_error'
                ,return_train_score = True
                ,verbose = True
                ,n_jobs = -1)
trainMSE_g = abs(result_gbdt['train_score'])
testMSE_g = abs(result_gbdt['test_score'])
trainMSE_g.mean()
testMSE_g.mean()
```

7.3.3 XGBoost 算法

XGBoost(Extreme Gradient Boosting)是一种高效的 Boosting 算法,它在 GBDT 的基础上进行了改进,使得模型效果得到大大提升。

在数据科学领域,XGBoost 已经成为众多 Kaggle 参赛者的首选算法,被誉为各类数据挖掘比赛的得力助手,其强大的性能和灵活性使得选手们能够在激烈的竞争中脱颖而出。不仅如此，XGBoost 的分布式版本在工业界处理大规模数据时同样表现出色。由于其广泛的可移植性，它能够轻松地在 Kubernetes、Hadoop、SGE、MPI、Dask 等分布式环境中运行，为工业界提供了解决大规模数据问题的有力工具。

随着 XGBoost 不断发展，该算法越来越完备复杂，部分计算可能不同于本节数学原理推导，但其基本原理有可借鉴之处。本节将根据陈天奇团队的论文"XGBoost：A Scalable Tree Boosting System"进行数学原理推导。

假设有数据集 S，样本数量为 M 个，任一样本的编号为 k，样本真实标签为 y_k，迭代次数为 i，弱学习器为使用 CART 构建的回归树 T，一共训练了 N 轮，计算过程如下。

首先，设置初始值。由于初始值可以随便设置，故设置初始值如下：

$$H_0(x) = \mathop{\mathrm{argmin}}_{C} \sum_{k=1}^{M} l(y_k, C) \tag{7-26}$$

式中，$H_0(x)$ 是迭代的初始预测值；C 表示在泰勒展开过程中的常数部分。

其次，进行抽样，从数据集 S 中抽出 m 个样本，构成数据集 S^N。对任意样本 k，计算其一阶导数 G_{ki}、二阶导数 G_{ki}^2 和伪残差 R_{ki}。

$$G_{ki} = \frac{\partial l(y_k, H_{i-1}(x_k))}{\partial H_{i-1}(x_k)} \tag{7-27}$$

$$G_{ki}^2 = \frac{\partial^2 l(y_k, H_{i-1}(x_k))}{(\partial H_{i-1}(x_k))^2} \tag{7-28}$$

$$R_{ki} = -\frac{G_{ki}}{G_{ki}^2} \tag{7-29}$$

在数据集上进行抽样，并按照结构分数增益规则建立一棵回归树 T_i，叶子节点 j 的结构分数和结构增益公式为

$$\mathrm{Score}_j = \frac{\left(\sum_{k \in j} G_k\right)^2}{\sum_{k \in j} G_k^2 + \lambda} \tag{7-30}$$

$$\mathrm{Gain} = \frac{1}{2}\left(\frac{\left(\sum_{k \in L} G_k\right)^2}{\sum_{k \in L} G_k^2 + \lambda} + \frac{\left(\sum_{k \in R} G_k\right)^2}{\sum_{k \in R} G_k^2 + \lambda} - \frac{\left(\sum_{k \in P} G_k\right)^2}{\sum_{k \in P} G_k^2 + \lambda} - \gamma\right) \tag{7-31}$$

式中，G_k 是叶子节点 j 上样本的一阶梯度；G_k^2 是叶子节点 j 上样本的二阶梯度；λ 是正则化参数，用于控制模型复杂度；L 是左子节点集；R 是右子节点集；P 是父节点集；γ 是分裂一个节点所需的最小增益，γ 越大，算法对分裂增益的要求越高，生成的树越简单。

根据回归树 T_i 的结构，叶子节点 j 输出值为

$$\omega_j = -\frac{\sum_{i \in j} G_{ki}}{\sum_{i \in j} G_{ki}^2 + \lambda} \tag{7-32}$$

假设输入步长为 η，则整个算法迭代模型为

$$H_i(x_k) = H_{i-1}(x_k) + \eta T_i(x_k) \tag{7-33}$$

接下来，对 XGBoost 目标函数进行优化。设某个弱学习器 T_i 的目标函数为 O_i，有 t 个叶子节点，样本为 M 个，使用 L2 正则化进行处理：

$$O_i = \sum_{k=1}^{M} l(y_k, H_i(x_k)) + \gamma t + \frac{1}{2}\lambda \sum_{j=1}^{t} \omega_j^2 \tag{7-34}$$

需要寻找使目标函数最小的变量参数，已知

$$H_i(x_k) = H_{i-1}(x_k) + T_i(x_k) \tag{7-35}$$

由前面的计算可知，$H_{i-1}(x_k)$ 为已知数，故为常数。因此，只需要计算含有变量 $T_i(x_k)$ 的值。对 $H_i(x_k)$ 使用前向分布算法，并将目标函数在 $a = H_{i-1}(x_k)$ 进行二阶泰勒展开，可得

$$l(H_{i-1}(x_k) + T_i(x_k)) \approx l(H_{i-1}(x_k)) + \frac{\partial l(H_{i-1}(x_k))}{\partial H_{i-1}(x_k)} T_i(x_k) + \frac{\partial^2 l(H_{i-1}(x_k))}{2\partial^2 H_{i-1}(x_k)} T_i^2(x_k) \tag{7-36}$$

化简可得

$$l(H_{i-1}(x_k) + T_i(x_k)) \approx l(H_{i-1}(x_k)) + G_k T_i(x_k) + \frac{1}{2} G_k^2 T_i^2(x_k) \tag{7-37}$$

不考虑式（7-37）中的常数，可得目标函数为

$$O_i = \sum_{k=1}^{M} \left(G_k T_i(x_k) + \frac{1}{2} G_k^2 T_i^2(x_k) \right) + \gamma t + \frac{1}{2}\lambda \sum_{j=1}^{t} \omega_j^2 \tag{7-38}$$

将自变量统一可得

$$O_i = \sum_{j=1}^{t} \left(\omega_j \sum_{k \in j} G_k + \frac{1}{2} \omega_j^2 \left(\sum_{k \in j} G_k^2 + \lambda \right) \right) + \gamma t \tag{7-39}$$

令

$$\mu_j = \sum_{j=1}^{t} \left(\omega_j \sum_{k \in j} G_k + \frac{1}{2} \omega_j^2 \left(\sum_{k \in j} G_k^2 + \lambda \right) \right) \tag{7-40}$$

对式（7-40）进行一阶求导，并令其导数为 0，可推得

$$\omega_j = -\frac{\sum_{i \in j} G_{ki}}{\sum_{i \in j} G_{ki}^2 + \lambda} \tag{7-41}$$

任意叶子节点 j 上的样本 k 为

$$\mu_k = \omega_j G_k + \frac{1}{2} \omega_j^2 G_k^2 \tag{7-42}$$

对式（7-42）进行一阶求导，并令其导数为 0，可推得

$$\omega_j = -\frac{G_k}{G_k^2} \tag{7-43}$$

由式（7-43）可得，令目标函数最小的 ω_j 为伪残差 R_k。

XGBoost 算法不同于 Sklearn 库中的其他算法，它是独立的算法库，该算法库包含两种调用方式，一种是基于 sklearnAPI 实现，另一种是基于该算法库的原生代码。这两套调用方式略有不同，下面分别介绍这两种方法的代码实现。

```
#如果没有安装 XGBoost,需要先安装
#pip install xgboost
```

以 sklearnAPI 为基础的回归器为例，语法格式如下。

```
class xgboost.XGBRegressor(n_estimators,max_depth,learning_rate,verbosity,objective,booster,tree_method,n_jobs,gamma,min_child_weight,max_delta_step,subsample,colsample_bytree,colsample_bylevel,colsample_bynode,reg_alpha,reg_lambda,scale_pos_weight,base_score,random_state,missing,num_parallel_tree,monotone_constraints,interaction_constraints,importance_type,gpu_id,validate_parameters,predictor,enable_categorical,eval_metric,early_stopping_rounds,callbacks,**kwargs)
```

原生代码库与 Sklearn 库有很大区别，原生代码库使用 DMatrixx 数据结构，并且需要用 xgb.train 和 xgb.cv 进行训练拟合，三种方法的语法格式如下。

```
class xgboost.DMatrix(data,label=None,*,weight=None,base_margin=None,missing=None,silent=False,feature_names=None,feature_types=None,nthread=None,group=None,qid=None,label_lower_bound=None,label_upper_bound=None,feature_weights=None,enable_categorical=False)
```

```
function xgboost.train(*params,dtrain,num_boost_round=10,*,evals=None,obj=None,feval=None,maximize=None,early_stopping_rounds=None,evals_result=None,verbose_eval=True,xgb_model=None,callbacks=None,custom_metric=None)
```

```
function xgboost.cv(*params,dtrain,num_boost_round=10,nfold=3,stratified=False,folds=None,metrics=(),obj=None,feval=None,maximize=None,early_stopping_rounds=None,fpreproc=None,as_pandas=True,verbose_eval=None,show_stdv=True,seed=0,callbacks=None,shuffle=True,custom_metric=None)
```

原生代码库可使 XGBoost 的运行速度更快，并且可以在 GPU 上运行。

可以发现，原生代码库和 Sklearn 库的参数相似，且大部分参数对于初学者来说，调整前后模型性能优化不大，故仅对原生代码库中的重点参数进行说明，见表 7-6。

表 7-6　原生代码库的重点参数说明

参数名称	简介
booster	迭代使用的弱分类器，默认使用 gbtree，可选择 gbtree，gblinear，dart
gamma	树节点分裂最低要求，默认值为 0
min_child_weight	叶子节点最小样本权重和，默认值为 1
max_delta_step	每次迭代中每棵树权重的最大增量，默认值为 0，输入值要求大于或等于 0
subsample	每棵决策树子样本占总样本比例，默认值为 1
base_score	初始迭代值，默认值为 0.5
num_boost_round	迭代次数

以基于 sklearnAPI 的实现为例，对电动汽车续驶里程数据集进行预测，代码如下。

```
#导入库
from xgboost import XGBRegressor
from sklearn.model_selection import cross_validate,KFold
from sklearn.model_selection import train_test_split
#数据处理
data=pd.read_csv("EV_Miles.csv")
```

讲解视频

```
X = data.iloc[:,1:8]
y = data.iloc[:,0:1]
#计算结果
xgb_sk = XGBRegressor(random_state = 666)
cv = KFold(n_splits = 5, shuffle = True, random_state = 666)
result_xgb_sk = cross_validate(xgb_sk, X, y, cv = cv,
                               scoring = "neg_root_mean_squared_error",
                               return_train_score = True,
                               verbose = True,
                               n_jobs = -1)
trainMSE_xgb_sk = abs(result_xgb_sk["train_score"])
testMSE_xgb_sk = abs(result_xgb_sk["test_score"])
trainMSE_xgb_sk.mean()
testMSE_xgb_sk.mean()
```

7.3.4　LightGBM 算法

LightGBM（Light Gradient Boosting Machine）是一个基于决策树算法的分布式梯度提升框架，由 Microsoft Research Asia 团队开发。该框架使用基于直方图的学习算法，旨在提供快速高效、低内存占用、高准确度、支持并行和大规模数据处理的数据科学工具。

回顾 XGBoost 算法的基本思想，首先需要对特征进行预排序，其次遍历分割点找到最优分割点，最后将最优分割点分裂成左右子节点。从上述流程中可发现，算法不但要保存数据的特征值，还要保存特征排序的结果，并且在遍历每一个分割点的时候，都需要进行分裂增益的计算。因此，在处理海量数据时，会占用大量内存，计算时间增长。

为解决 XGBoost 算法的上述缺陷，LightGBM 在不降低准确率的前提下对算法进行了优化，对数据压缩与决策树训练算法进行创新，使计算效率大大提高，因此非常适合处理海量数据集。

LightGBM 数据压缩算法可以分成三个部分：直方图算法、互斥特征捆绑算法、基于梯度的单边采样。首先对数据进行直方图算法处理，使连续变量离散化，降低样本分裂点数量；其次，同时代入离散特征和离散后的连续变量进行离散特征捆绑，对数据进行降维，降低数据特征数量；最后，在构建每棵树前进行样本下采样，降低样本数量。上述过程可对数据进行压缩，提高 LightGBM 算法的计算效率。下面对三个数据压缩算法进行简要说明。

直方图算法（Histogram Algorithm）是一种压缩数据的方法，它的原理是：把数据集连续的浮点特征值离散化成 S 个整数，分割到 S 个不同的离散区域，再对离散数据进行遍历，寻找最优分割点。

尽管通过该方法寻找到的最优分割点不是很精确，但有研究表明，该方法对最终精度影响不大，并且最优分割点较为粗略，有正则化的效果，可以防止过拟合，且大大降低计算内存消耗。

互斥特征捆绑（Exclusive Feature Bundling，EFB）算法是 LightGBM 框架中提出的一种

高效特征压缩机制,其主要目标在于降低模型训练过程中的特征维度,从而显著减少内存占用并提升训练速度。该方法基于对稀疏特征分布规律的观察,充分利用了高维稀疏特征在样本层面存在互斥性(即同一样本中多个特征不会同时为非零)的事实,通过将多个互斥特征合并至一个共享的低维空间中,实现了特征维度压缩与信息完整性的兼顾。

EFB 的基本原理可视为一种逆向独热编码的策略。在传统的 one-hot 编码中,类别变量被转换为多个互斥的稀疏特征。而在 EFB 中,若多个特征在样本层面互斥,算法则可通过分配不重叠的数值区间将它们映射至一个联合特征中。这样,在保持各特征区分性的前提下,将原本独立存储的多个特征合并为一个捆绑特征,有效减少了特征数量和模型对内存的需求。由于该压缩过程在数值空间中是可逆的,模型在构建直方图与计算分裂增益时依然能够准确识别原始特征的贡献,因此不会引入信息损失。

为了方便理解,举一个简单但原理相似的例子,假设有 5 个样本,特征与独热编码情况见表 7-7。

表 7-7 原始特征与独热编码

原始特征 X	独热编码	
	Y_1	Y_2
1	1	0
1	1	0
0	0	1
1	1	0
1	1	0

简化 EFB 算法压缩后,见表 7-8。

表 7-8 EFB 算法压缩

原始特征		EFB 算法压缩后的特征
X_1	X_2	Y
1	0	1
1	0	1
0	1	0
1	0	1
1	0	1

由于真实数据的 EFB 非常复杂,EFB 并不是只压缩完全互斥的特征,而是定义了一个非互斥比例,这个比例用于表示两个特征中冲突(即非互斥、同时取非零值)的取值占比,来衡量两个特征互斥程度。具体而言,若两个特征在样本中同时取非零值的比例低于预设阈值(如 5%),则视其为近似互斥,仍可进行特征捆绑。

EFB 所带来的性能优势尤为显著。在高维稀疏数据场景下,其可使有效特征数量大幅减少,从而降低训练过程中的直方图构建与遍历开销,显著提升 LightGBM 的训练速度与资源利用效率。与此同时,由于该方法对原始特征的语义表示进行了压缩,可能在模型解释性层面带来一定影响,尤其在进行特征重要性分析或可解释性建模任务中需特别注意。

基于梯度的单边采样(Gradient-based One-Side Sampling, GOSS)是一种特殊的抽样方法,它不同于常见的简单随机抽样,在执行优化算法时,每个样本都会有一个梯度计算结果,这个梯度表示样本的预测结果和真实标签之间的差距。

在 GOSS 方法中，认为梯度绝对值较小的样本已经被模型较好地分类或预测，它们在接下来的参数更新过程中贡献较小。因此，每次迭代时再次计算这些样本的梯度会造成资源的浪费。相反，梯度绝对值较大的样本通常表示模型在这些样本上的预测结果与真实结果有较大差距，因此它们在模型训练中的贡献更大。

因此，应该将所有样本按照梯度绝对值从大到小排序。然后，选择梯度绝对值最大的前 a 个样本。对于剩下的样本，随机选择 b 个样本。这样就得到了一个新的数据集，它由选出的梯度大的样本和随机选择的小梯度样本组成，使用这个新的数据集来训练模型能够更有效地利用资源，重点关注那些对模型训练贡献更大的样本，从而提高训练的效率。

在 LightGBM 算法中，每棵决策树的建模优化方法有两种，分别是直方图优化算法和叶子节点优先生长策略。

直方图优化算法是将连续的特征值变成离散的特征值，并将它们以一种方式放在直方图中，来表示数据在决策树生长过程中的分裂计算过程。

叶子节点优先生长（Leaf-wise tree growth）策略是一种决策树生长策略算法，在每次决策树建模时，在决策树所有叶子中，找到分裂增益最大的叶子进行分裂。GBDT 算法中的层次优先生长（Level-wise tree growth）策略是同时分裂同一层叶子，容易进行多线程优化，但是它对同一层叶子算法相同，没有针对性，使叶子分裂增益较低。而叶子节点生长策略有更好的精度，但是容易过拟合，一般需要设置最大深度限制。

LightGBM 库是独立的第三方库，具有相对完整的功能架构，不但支持在 Windows、Linux 等系统调用，还支持在 Python、C、R 编程环境下调用，并且支持多线程、分布式、GPU 等多种运行方式。LightGBM 库具有 Sklearn 库和原生库两种使用方式。Sklearn 库中可以将 LightGBM 的实现方法细分为四种，分别为 LGBMModel、LGBMClassifier、LGBMRegressor、LGBMRanker。LGBMClassifier 与 LGBMRegressor 的超参数基本相同。

7.3.5　Boosting 实践案例——电动汽车续驶里程预测

仍然选用电动汽车续驶里程预测数据集 EV_Miles.csv，并分别使用决策树、随机森林、GBDT、XGBoost、LightGBM 算法对电动汽车续驶里程进行预测，代码如下。

```
#导入库
import lightgbm as lgb
#数据处理
lgb_sk = lgb.LGBMRegressor(random_state = 666)
cv = KFold(n_splits = 5, shuffle = True, random_state = 666)
result_lgb_sk = cross_validate(lgb_sk, X, y, cv = cv
                               , scoring = "neg_root_mean_squared_error"
                               , return_train_score = True
                               , n_jobs = -1)
trainMSE_lgb_sk = abs(result_lgb_sk["train_score"])
testMSE_lgb_sk = abs(result_lgb_sk["test_score"])
trainMSE_lgb_sk.mean()
testMSE_lgb_sk.mean()
```

```python
data = pd.read_csv(r" EV_Miles.csv")
X = data.iloc[:, 1:8]
y = data.iloc[:, 0:1]
#模型实例化
#决策树模型实例化
Model2_D = DTR(random_state=666)
#随机森林模型实例化
Model2_R = RFR(random_state=666)
#GBDT 模型实例化
Model2_G = GBR(random_state=666)
#XGBoost 模型实例化
Model2_X = XGBRegressor(random_state=666)
#LightGBM 模型实例化
Model2_L = lgb.LGBMRegressor(random_state=666)


#交叉验证方式实例化
cv = KFold(n_splits=5, shuffle=True, random_state=666)
result2_d = cross_validate(Model2_D
                           , X, y
                           , cv=cv
                           , scoring="neg_mean_squared_error"
                           , return_train_score=True
                           , verbose=True
                           , n_jobs=-1
                           )
result2_r = cross_validate(Model2_R, X, y, cv=cv, scoring="neg_mean_squared_error"
                           , return_train_score=True
                           , verbose=True
                           , n_jobs=-1)
result2_g = cross_validate(Model2_G, X, y, cv=cv
                           , scoring="neg_root_mean_squared_error"
                           , return_train_score=True
                           , verbose=True
                           , n_jobs=-1)
result2_x = cross_validate(Model2_X, X, y, cv=cv
                           , scoring="neg_root_mean_squared_error"
                           , return_train_score=True
                           , verbose=True
                           , n_jobs=-1)
```

```python
result2_l = cross_validate(Model2_L, X, y, cv=cv
                          , scoring="neg_root_mean_squared_error"
                          , return_train_score=True
                          , n_jobs=-1)

#将计算结果绝对值化
trainMSE2_d = abs(result2_d["train_score"])
testMSE2_d = abs(result2_d["test_score"])
trainMSE2_r = abs(result2_r["train_score"])
testMSE2_r = abs(result2_r["test_score"])
trainMSE2_g = abs(result2_g["train_score"])
testMSE2_g = abs(result2_g["test_score"])
trainMSE2_x = abs(result2_x["train_score"])
testMSE2_x = abs(result2_x["test_score"])
trainMSE2_l = abs(result2_l["train_score"])
testMSE2_l = abs(result2_l["test_score"])

#结果取平均值
trainMSE2_d.mean()
testMSE2_d.mean()
trainMSE2_r.mean()
testMSE2_r.mean()
trainMSE2_g.mean()
testMSE2_g.mean()
trainMSE2_x.mean()
testMSE2_x.mean()
trainMSE2_l.mean()
testMSE2_l.mean()

#将数据可视化处理
xaxis = range(1, 6)
plt.figure(figsize=(24, 20), dpi=300)
plt.plot(xaxis, trainMSE2_r, color="green", label="RandomForestTrain")
plt.plot(xaxis, testMSE2_r, color="green", linestyle="--", label="RandomForestTest")
plt.plot(xaxis, trainMSE2_d, color="orange", label="DecisionTreeTrain")
plt.plot(xaxis, testMSE2_d, color="orange", linestyle="--", label="DecisionTreeTest")
plt.plot(xaxis, trainMSE2_g, color="red", label="GBDTTrain")
plt.plot(xaxis, testMSE2_g, color="red", linestyle="--", label="GBDTTest")
plt.plot(xaxis, trainMSE2_x, color="blue", label="XGBTrain")
plt.plot(xaxis, testMSE2_x, color="blue", linestyle="--", label="XGBTest")
plt.plot(xaxis, trainMSE2_l, color="cyan", label="LGBMTrain")
```

```
plt.plot(xaxis,testMSE2_l,color="cyan",linestyle="--",label="LGBMTest")
plt.xticks([1,2,3,4,5])
plt.xlabel("CV",fontsize=22)
plt.ylabel("MSE",fontsize=22)
plt.legend()
plt.show()
```

不同模型性能的对比图如图 7-11 所示。

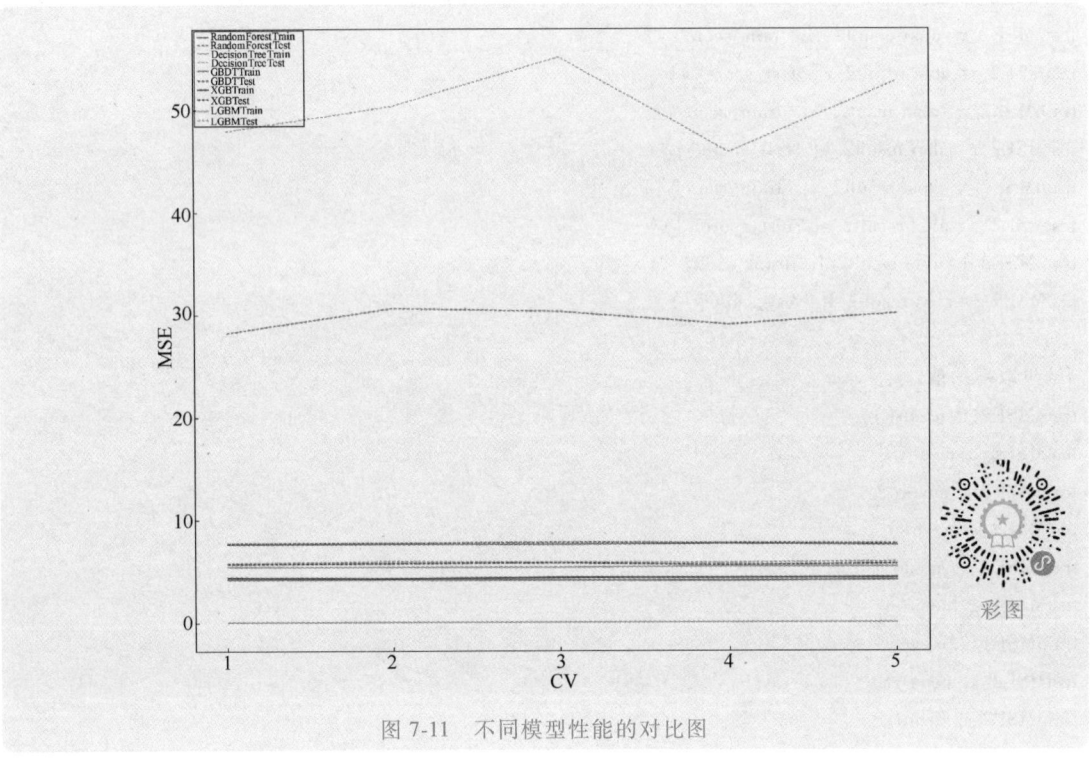

图 7-11 不同模型性能的对比图

7.4 Stacking 算法

7.4.1 Stacking 算法理论

Stacking 算法，全称为 Stacked Generalization，是一种集成学习技术。Stacking 算法在结构上是一种层次化的模型融合方法，它的主要步骤如下：

（1）训练基学习器　首先，使用不同的机器学习算法训练多个基础模型。这些模型可以是决策树、支持向量机、神经网络等不同类型的模型。

（2）生成中间预测　使用这些基学习器对训练集进行预测，生成一组新的数据集。这组新数据集的每一行都是由各个基学习器对原始训练集中每个样本的预测结果组成的。

（3）训练次级模型　使用上一步生成的中间预测数据作为输入特征，原始训练集的目标变量作为标签，来训练一个次级模型（也称为元模型或最终模型）。

（4）预测阶段 在预测时，首先使用所有基础模型对测试集进行预测，得到一组预测结果。然后，将这些预测结果作为特征输入到次级模型中，得到最终的预测结果。

Stacking 算法的优势在于它能够结合不同模型的特点，通过模型之间的互补来提高预测的准确度。然而，它的实现通常比其他集成学习方法更为复杂，计算成本也更高。Stacking 算法的基学习器有多个，而且是不同的，也就是具有多样性，这样它们的预测错误才可能是不相关的，从而通过组合减少整体的预测误差。Stacking 算法的次级模型的作用是学习如何最佳地结合基学习器的预测，它可以是简单的逻辑回归，也可以是更复杂的模型。虽然 Stacking 算法可以提升模型性能，但也存在过拟合的风险，特别是在次级模型过于复杂时。

下面进一步举例说明 Stacking 算法。假设有一组数据，其中训练集有 10000 条（分成 8000 条训练集，2000 条验证集），测试集有 2500 条，并进行五折交叉验证。Stacking 算法的数据流程图如图 7-12 所示。

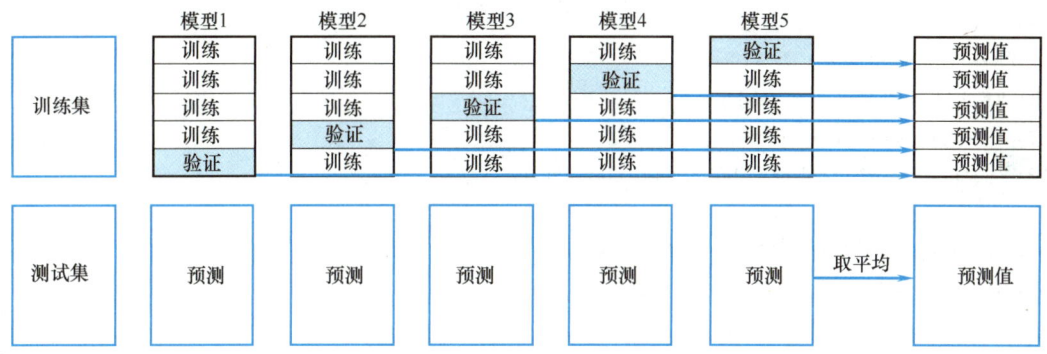

图 7-12 Stacking 算法的数据流程图

当每次进行验证时，使用训练集的 8000 条数据训练出一个模型，使用模型对验证集进行验证得到 2000 条数据，并对测试集进行预测，得到 2500 条数据，这样经过五折交叉检验，可以得到 10000 条验证数据（5×2000 条验证集的结果），以及 12500 条预测结果（5×2500 条测试集的预测结果）。

将 10000 条验证数据拼接成 10000 行、1 列的矩阵 A_1，对 12500 行的测试集预测结果进行加权平均，得到 2500 行、1 列的矩阵 B_1，便可以得到一个基模型的预测结果。

如果有 5 个基模型，则有 A_1、A_2、A_3、A_4、A_5、B_1、B_2、B_3、B_4、B_5 共计 10 个矩阵。将 A_1、A_2、A_3、A_4、A_5 拼接成 10000 行、5 列的矩阵作为训练数据，将 B_1、B_2、B_3、B_4、B_5 拼接成 2500 行、5 列的矩阵，让次学习器（次级模型）基于这样的数据进行再训练。再训练是将每个基学习器的预测结果作为特征（5 个特征），次学习器会学习训练并在预测结果上赋予权重，来使得最后的预测最为准确。

7.4.2 Stacking 算法实践案例

在实现 Stacking 算法之前，首先要安装 mlxtend 库，因为在 Sklearn 库中暂时还没有支持 Stacking 算法的类。可以通过在命令行输入 pip install mlxtend 安装，也可以使用国内的镜像源，如清华大学、阿里云等进行安装。

本节以鸢尾花数据集为例，采用 Stacking 算法进行分类预测，代码如下。

```
#导入库
from sklearn import datasets
from sklearn import model_selection
from sklearn.linear_model import LogisticRegression
from sklearn.neighbors import KNeighborsClassifier
from sklearn.tree import DecisionTreeClassifier
from mlxtend.classifier import StackingClassifier
#需要通过命令 pip install mlxtend 安装 mlxtend 库
import numpy as np
#载入数据集
iris = datasets.load_iris()
#只要第1,2列的特征
x_data,y_data = iris.data[:,1:3],iris.target
#定义三个不同的分类器
clf1 = KNeighborsClassifier(n_neighbors = 1)
clf2 = DecisionTreeClassifier()
clf3 = LogisticRegression(solver = 'lbfgs',multi_class = 'auto')
#定义一个次级分类器
lr = LogisticRegression(solver = 'lbfgs',multi_class = 'auto')
sclf = StackingClassifier(classifiers = [clf1,clf2,clf3],
            meta_classifier = lr)

for clf,label in zip([clf1,clf2,clf3,sclf],
            ['KNN','Decision Tree','LogisticRegression','StackingClassifier']):
    scores = model_selection.cross_val_score(clf,x_data,y_data,cv = 3,scoring = 'accuracy')
    print("Accuracy:%0.2f[%s]" %(scores.mean(),label))
```

习题

1. 选择题

1) 在机器学习中,偏差通常指的是模型的(　　)。

　A. 训练数据上的误差　　　　B. 测试数据上的误差

　C. 预测结果与真实值之间的差距　D. 模型复杂度

2) Bagging 方法的主要目的是(　　)。

　A. 降低模型的偏差　　　　　B. 降低模型的方差

　C. 提高模型的准确性　　　　D. 减少模型的计算量

3) 随机森林中,随机性主要体现在(　　)。

　A. 数据采样　　　　　　　　B. 特征选择

　C. 决策树构建　　　　　　　D. A 和 B

4) AdaBoost 算法是一种(　　)的集成学习方法。

A. 序列化方法 B. 并行化方法
C. 树模型集成 D. 网络集成

5）GBDT 中，每次迭代的目标是（ ）。

A. 减小训练误差 B. 减小测试误差
C. 提高模型复杂度 D. 降低模型复杂度

6）XGBoost 相比于传统 GBDT 有（ ）的改进。

A. 正则化 B. 并行计算
C. 缺失值处理 D. 所有以上

7）LightGBM 相比于 XGBoost 有（ ）的优势。

A. 更高的计算效率 B. 更少的内存使用
C. 更好的准确率 D. A 和 B

2. 判断题

1）高偏差通常意味着模型过于简单。（   ）

2）高方差通常意味着模型过于复杂。（   ）

3）Bagging 方法中，每个基模型都在整个数据集上进行训练。（   ）

4）随机森林中，每棵树都是完全生长的，没有剪枝过程。（   ）

5）AdaBoost 算法会给错误分类的样本更高的权重。（   ）

6）GBDT 中，每次迭代都是基于前一次迭代的残差进行训练。（   ）

7）XGBoost 支持自定义损失函数。（   ）

8）LightGBM 使用的是基于直方图的决策树算法。（   ）

3. 简答题和论述题

1）请简述偏差和方差在机器学习中的含义及其对模型性能的影响。

2）什么是集成学习方法？它主要包括哪些类型？

3）论述 Bagging 和 Boosting 方法的区别，并给出各自适用的场景。

4）请详细解释随机森林的构建过程及其优势。

5）AdaBoost 算法是如何对基模型进行权重调整的？它是如何处理过拟合和欠拟合问题的？

6）梯度提升树是如何工作的？它与传统的决策树有什么不同？

7）XGBoost 相比于其他梯度提升树方法有哪些特点？它是如何提高计算效率和模型性能的？

8）LightGBM 是如何优化传统 GBDT 算法的？请列举其主要的优化点。

部分习题
参考答案

第8章　贝叶斯分析

贝叶斯分析（Bayesian Analysis）是一种基于概率推理构建决策框架的系统性方法，通过动态融合先验知识与观测数据实现不确定性量化，其核心在于利用贝叶斯定理构建条件概率模型以优化参数估计与预测推断。该方法突破传统概率学派的静态假设，以条件概率为纽带建立数据与假设的双向映射，在参数估计、模型选择及决策优化等领域展现出优势。

本章将系统讲解贝叶斯分析方法理论及实践。从贝叶斯定理出发，解析先验、似然与后验的关联机制；剖析朴素贝叶斯分类器在特征条件独立假设下的实践，涵盖多种分布变体的应用场景；进而探讨贝叶斯方法在超参数优化中的应用，通过对比多种工具在电动汽车续驶里程预测任务中的实施路径，揭示其优化方法。

8.1 贝叶斯定理

在概率论中，有以下几个基本概念。

先验概率：事件发生前的预判概率，一般来源于经验或历史资料，表示为 $P(A)$。

条件概率（后验概率）：事件 A 在另一个事件 B 已经发生的条件下发生的概率，表示为 $P(A|B)$，读作"在 B 条件下 A 的概率"。

联合概率：表示事件共同发生的概率，表示为 $P(AB)$，读作"A 和 B 共同发生的概率"。

因此可得：

$$P(AB) = P(BA) = P(A|B)P(B) = P(B|A)P(A) \tag{8-1}$$

如果事件组 B_1, B_2, … 满足以下条件，则称事件组 B_1, B_2 … 是样本空间 Ω 的一个划分。

1) B_1, B_2, … 两两互斥，即 $B_i \cap B_j = \emptyset$，$\emptyset$ 为空集，$i \neq j$，$i, j = 1, 2, \cdots$，且事件概率非负。

2) $B_1 \cup B_2 \cup \cdots = \Omega$。

假定 A 为任一事件，有：

$$P(A) = \sum_{i=1}^{\infty} P(B_i) P(A|B_i) \tag{8-2}$$

式（8-2）为全概率公式（Formula of Total Probability），它将复杂的事件 A 分成几个小事件，先计算小事件的概率，然后相加求得事件 A 的概率。

举个简单的例子，有甲、乙、丙三个汽车零部件厂商，它们的产品次品率分别为 1%、2%、3%，各自产品的市场占有量分别是 20%、30% 和 50%，这三个厂商的产品都在市场上流通，求在市场上购买一个产品是次品的概率，有

$$P = 0.01 \times 0.2 + 0.02 \times 0.3 + 0.03 \times 0.5 = 0.023 \tag{8-3}$$

与全概率公式解决的问题不同，贝叶斯公式是建立在条件概率的基础上寻找事件发生的概率。

假设 B_1, B_2, $\cdots$, B_n 是样本空间 Ω 的一个划分，则对任意事件 A 有

$$P(B_i|A) = \frac{P(B_i)P(A|B_i)}{\sum_{j=1}^{n} P(B_j)P(A|B_j)} \tag{8-4}$$

式（8-4）即为贝叶斯公式（Bayes Formula），B_i 为导致试验结果 A 发生的"原因"，$P(B_i)$ 表示各种原因发生的可能性大小，即先验概率；$P(B_i|A)$ 则反映当试验产生了结果 A 之后，再对各种原因概率的新认识，即后验概率。

将贝叶斯公式在分类算法中进行应用，可以近似等于下式：

$$P(\text{标签类别}|\text{特征属性}) = \frac{P(\text{特征属性}|\text{标签类别})P(\text{标签类别})}{P(\text{特征属性})} \tag{8-5}$$

贝叶斯原理在自动驾驶领域有许多应用。在自动驾驶系统中，车辆需要能够准确识别道路上的各种标识，如交通信号灯、限速标志、禁止驶入标志等，以便做出正确的驾驶决策。由于道路标识可能受到天气、光照、遮挡等多种因素的影响，导致图像识别变得困难，因此需要使用先进的算法来提高识别的准确性和鲁棒性。

贝叶斯原理在这种情况下可以发挥重要作用。基于贝叶斯原理的算法可以根据先验知识和观测数据来更新对道路标识的识别概率。具体来说，自动驾驶车辆可以利用预先训练的模型作为先验知识，再结合实时的图像数据来更新对道路标识的识别结果。

例如，当车辆遇到一个模糊的限速标志时，它可以根据先验知识（如该路段常见的限速值）和当前的观测数据（如模糊图像中的颜色、形状等信息）来计算该标志是限速标志的概率。随着车辆不断积累新的观测数据，这个概率值会不断更新，从而提高识别的准确性。

8.2 朴素贝叶斯

朴素贝叶斯是基于贝叶斯定理与特征条件相互独立的分类方法。与贝叶斯定理相比，朴素贝叶斯通常涉及计算后验概率。在实际计算中，一般只关注后验概率的相对大小，且假设各个特征之间相互独立，大大简化了计算，这种做法称为"朴素"，朴素贝叶斯由此得名。

8.2.1 朴素贝叶斯原理

朴素贝叶斯算法对条件概率分布做出了独立性的假设，即假设事件 $A = (A_1, A_2, \cdots, A_m)$，

$$P(A|B_i) = P(A_1, A_2, \cdots, A_m | B_i) = \prod_{k=1}^{m} P(A_k | B_i) \tag{8-6}$$

因此，式（8-4）转化为

$$P(B_i | A) = \frac{P(B_i) \prod_{k=1}^{m} P(A_k | B_i)}{\sum_{j=1}^{n} P(B_j) P(A | B_j)} \tag{8-7}$$

朴素贝叶斯算法应用广泛，尤其在文本分类、垃圾邮件过滤以及信息检索等领域表现出色。此外，朴素贝叶斯还适用于处理多分类任务，尤其是当数据量超出内存时，可以通过增量式训练来处理数据。

8.2.2 高斯朴素贝叶斯

高斯朴素贝叶斯（Gaussian Naive Bayes）是一种基于贝叶斯定理和特征之间独立假设的分类方法。它的基本原理是利用已知的训练样本集构建出概率模型，并使用这个模型对新的输入样本进行分类。高斯朴素贝叶斯假设特征之间相互独立，每个特征对类别的影响是独立的。此外，它还假设每个特征符合高斯分布，即连续型随机变量的概率密度函数服从以 μ 为均值，以 σ^2 为方差的正态分布。

假设连续变量服从正态分布，用训练的样本估计分布的参数（均值 μ 和方差 σ^2），由于有 j 类，故某特征有 j 个正态分布，则对于类 Y，属性 X_i 的条件概率可用高斯概率密度函数来表示：

$$P(X_i = x_i | Y = c_k) = \frac{1}{\sqrt{2\pi}\sigma_{ci}} \exp\left(-\frac{(x_i - \mu_{ci})^2}{2\sigma_{ci}^2}\right) \tag{8-8}$$

式中，x_i 是特征 i；c_k 是类别 k；$\sigma_{ci} = \frac{1}{N_c} \sum_{j: y_j = c} (x_{j,i} - \mu_{ci})^2$，其中，$x_{j,i}$ 是第 j 个样本的第 i 个特征值，y_j 是第 j 个样本的类别标签；$\mu_{ci} = \frac{1}{N_c} \sum_{j: y_j = c} x_{j,i}$。$N_c$ 表示类别 c 中的样本数量。

高斯朴素贝叶斯在处理具有连续特征的数据集时特别有效，例如在金融、生物信息学、物理科学等领域中，经常需要处理连续型变量，并且这些变量往往服从或近似服从高斯分布。

虽然高斯朴素贝叶斯在特定条件下表现良好，但它仍然基于朴素贝叶斯的独立性假设，即特征之间是相互独立的。在实际应用中，这个假设可能并不总是成立，因此在使用高斯朴素贝叶斯时，需要注意评估数据的特性以及独立性假设的合理性。

8.2.3 伯努利朴素贝叶斯

伯努利朴素贝叶斯（Binomial Naive Bayes）是一种针对二分类问题的朴素贝叶斯模型。它假设每个特征服从伯努利分布，即特征都是二值变量（0，1），如果不是，可以先对变量进行二值化，如果变量有负数，可以使用归一化处理。概率为

$$P(X_i = x_i | Y = c_k) = P(x_i = 1 | Y) x_i + (1 - P(x_i = 1 | Y))(1 - x_i) \tag{8-9}$$

在训练中会进行如下估计：

$$P(x_i = 1 \mid Y) = \frac{N_{Yi} + \alpha}{N_Y + 2\alpha} \tag{8-10}$$

$$P(x_i = 0 \mid Y) = 1 - P(x_i = 1 \mid Y) \tag{8-11}$$

式中，N_{Yi} 为第 i 个特征中，类别为 Y、数值为 1 的样本个数；N_Y 为类别 Y 中的样本个数；α 为平滑系数，并且要求 $\alpha > 0$，防止 0 概率的情况，如果将 α 设置为 1，称为拉普拉斯平滑，如果 $\alpha < 1$，则称为利德斯通平滑。

伯努利朴素贝叶斯算法具有稳定的分类效率，对小规模数据表现良好，能处理多分类任务，适合增量式训练，且对缺失数据不太敏感。然而，它也存在一些缺点，例如它假设特征之间相互独立，这在实际应用中可能并不总是成立，特别是在特征个数较多或特征之间相关性较大时，分类效果可能会受到影响。

8.2.4 多项式朴素贝叶斯

多项式朴素贝叶斯（Multinomial Naive Bayes）是一种常用的分类算法，它结合了朴素贝叶斯算法和多项式模型的特点。

假设各特征在各类别下服从多项式分布，多项式分布是二项式分布的延展，即把二项式分布公式推广至多种状态，也不支持负数，概率为

$$P(x_i \mid Y) = \frac{N_{Yi} + \alpha}{N_Y + \alpha n} \tag{8-12}$$

式中，N_{Yi} 为第 i 个特征中，类别 Y 对应的特征样本的个数；N_Y 为类别 Y 中的样本的个数；n 为特征数量；α 为平滑系数。

多项式朴素贝叶斯作为一种常用的分类算法，其优点是能够高效处理离散数据，利用多项式分布模型捕捉特征间的频率关系，从而准确地进行概率建模和分类。

然而，多项式朴素贝叶斯也存在一些局限性。它基于特征独立性的假设，这在现实中可能并不总是成立，特别是在特征间存在较强相关性时，可能影响分类效果。此外，多项式朴素贝叶斯对输入数据的表达形式敏感，因此预处理步骤对模型性能至关重要。同时，处理大规模或高维数据时，可能需要更多的样本来确保概率估计的准确性。

8.2.5 朴素贝叶斯实践案例

仍然以鸢尾花数据集为例，采用上述三种朴素贝叶斯方法分别建立分模型，并输出测试集评估报告和混淆矩阵。

```
#导入库
import numpy as np
from sklearn import datasets
from sklearn.model_selection import train_test_split
from sklearn.metrics import classification_report,confusion_matrix
from sklearn.naive_bayes import MultinomialNB,BernoulliNB,GaussianNB
#载入数据并切分数据集
iris = datasets.load_iris()
```

讲解视频

```
x_train,x_test,y_train,y_test = train_test_split(iris.data,iris.target)
print(iris)
#建立高斯朴素贝叶斯模型并训练模型
gs_nb = GaussianNB()
gs_nb.fit(x_train,y_train)
#输出预测集评估报告和混淆矩阵
print(classification_report(gs_nb.predict(x_test),y_test))
print(confusion_matrix(gs_nb.predict(x_test),y_test))
#建立伯努利朴素贝叶斯模型并训练模型
brl_nb = BernoulliNB()
brl_nb.fit(x_train,y_train)
#输出伯努利贝叶斯模型对预测集评估报告和混淆矩阵
print(confusion_matrix(brl_nb.predict(x_test),y_test))
#建立多项式朴素贝叶斯模型并训练模型
mul_nb = MultinomialNB()
mul_nb.fit(x_train,y_train)
#输出多项式朴素贝叶斯模型对预测集评估报告和混淆矩阵
print(classification_report(mul_nb.predict(x_test),y_test))
print(confusion_matrix(mul_nb.predict(x_test),y_test))
```

8.3 基于贝叶斯的超参数优化方法及实践

在7.2.7节中讲解了基于网格的搜索方法，这一类方法拥有较大的计算量和较长的计算时间，计算效率较低，因此可以考虑选择其他方法去进行优化。基于贝叶斯的超参数优化方法在超参数优化领域具有举足轻重的地位，被认为是目前最优秀的优化算法之一。由于贝叶斯优化算法众多，拥有众多基于贝叶斯的超参数优化库，限于篇幅，本节只讲解 bayes_opt、hyperopt 和 optuna 超参数优化库，并以预测电动汽车续驶里程为例，介绍超参数优化的应用。

8.3.1 基于 bayes_opt 的电动汽车续驶里程预测超参数优化

bayes_opt 是最早开源的贝叶斯超参数优化库之一，其原理是基于高斯过程的贝叶斯优化，不断参考之前的参数信息，更新先验知识，适用于算法的参数空间中带有大量连续型参数的情况。接下来，以预测电动汽车续驶里程为例，介绍基于 bayes_opt 的超参数优化。

首先，需要安装 bayesian-optimization 库。

```
pip install bayesian-optimization
```

导入所用到的库。

```
from bayes_opt import BayesianOptimization
from sklearn.ensemble import RandomForestRegressor as RFR
from sklearn.tree import DecisionTreeRegressor as DTR
```

讲解视频

```
from sklearn.model_selection import cross_validate, KFold
import matplotlib.pyplot as plt
import pandas as pd
import numpy as np
import time
import os
import sklearn
```

接着，导入数据。

```
data = pd.read_csv(r"./EV_Miles.csv")
X = data.iloc[:,1:8]
y = data.iloc[:,0:1]
```

然后，定义目标函数，注意目标函数输入的是具体的超参数，输入值只能是浮点数，并且只支持寻找目标函数的最大值。下面以随机森林算法作为基准模型，进行简要说明。

```
def bayesopt_objective(n_estimators, max_depth, max_features):
    reg = RFR(n_estimators = int(n_estimators),
              max_depth = int(max_depth),
              max_features = int(max_features),
              random_state = 666,
              verbose = False,
              n_jobs = -1)
    validation_loss = cross_validate(reg, X, y,
                                     scoring = "neg_root_mean_squared_error",
                                     verbose = False,
                                     n_jobs = -1,
                                     error_score = 'raise')
    return np.mean(validation_loss["test_score"])
```

需要注意的是，由于定义目标函数的时候输入的是浮点数，因此在输入默认参数时，应该嵌套 int 函数，防止报错。

定义参数空间。

```
param_grid_simple = {'n_estimators':(60,100),
                     'max_depth':(10,30),
                     "max_features":(1,7)}
```

与网格优化方法略有不同，bayes_opt 参数空间只支持填写上下界，不支持填写步长；且在上下界取值时会取到任意浮点数，例如在 n_estimators 特征选择中取 66.66。因此，bayes_opt 的参数空间会较大，需要迭代的次数较多。

优化流程处理。

```
def param_bayes_opt(init_points, n_iter):
    opt = BayesianOptimization(bayesopt_objective,
                               param_grid_simple,
                               random_state = 666)
    opt.maximize(init_points = init_points,
                 n_iter = n_iter)
    params_best = opt.max["params"]
    score_best = opt.max["target"]
    print(params_best, score_best)
    return params_best, score_best
```

在上述过程中，init_points 为需要抽取的观测值个数，n_iter 为迭代次数。

执行完上述流程后，可以进行验证。

```
def bayes_opt_validation(params_best):
    reg = RFR(n_estimators = int(params_best["n_estimators"]),
              max_depth = int(params_best["max_depth"]),
              max_features = int(params_best["max_features"]),
              random_state = 666,
              verbose = False,
              n_jobs = -1)
    validation_loss = cross_validate(reg, X, y,
                                     scoring = "neg_root_mean_squared_error",
                                     verbose = False,
                                     n_jobs = -1,)
    return np.mean(validation_loss["test_score"])
```

最后，执行实际优化流程，结果如图 8-1 所示。

```
#执行流程
start = time.time()
params_best, score_best = param_bayes_opt(10, 50)
print('用时 %s 分钟' % ((time.time()-start)/60))
validation_score = bayes_opt_validation(params_best)
print("validation_score:", validation_score)
```

```
{'max_depth': 10.530560715360854, 'max_features': 2.182928278095505, 'n_estimators': 69.5400271700984} -10.371201648545306
用时 4.452519257863362 分钟
validation_score: -10.371201648545307
```

图 8-1　基于 bayes_opt 超参数优化结果

8.3.2　基于 hyperopt 的电动汽车续驶里程预测超参数优化

hyperopt 超参数优化，是目前最常用的贝叶斯超参数优化之一，它集成了随机搜索（Random Search）、树状帕森估计器（Tree of Parazen Estimators，TPE）、模拟退火等多种优化方法。hyperopt 能更加智能地选择超参数,能够在搜索空间中更快地找到全局最优解,并且在每次迭代中自适应地调整搜索空间,根据之前的实验结果动态地更新参数搜索范围,从而更有效寻找最优超参数空间。除此之外,hyperopt 支持并行优化,能够利用多核处理器或分布式计算资源,加速超参数搜索的过程。但是,hyperopt 的性能依赖于初始化配置,并且在某些复杂的超参数空间,无法发挥其优势。限于篇幅,本节只讲解基于 hyperopt 框架实现 TPE 优化。

首先,安装库和导入库。

```
pip install hyperopt
import hyperopt
from hyperopt import hp,fmin,tpe,Trials,partial
from hyperopt.early_stop import no_progress_loss
import numpy as np
import pandas as pd
import time
import os
import sklearn
from sklearn.ensemble import RandomForestRegressor as RFR
from sklearn.model_selection import cross_validate
```

讲解视频

接着,导入数据。

```
data = pd.read_csv(r"EV_Miles.csv")
X = data.iloc[:,1:8]
y = data.iloc[:,0:1]
```

然后,定义目标函数,注意目标函数的输入必须是符合 hyperopt 库规定的字典,并且 hyperopt 只支持寻找最小值。

```
def hyperopt_objective(params):
    reg = RFR(n_estimators = int(params["n_estimators"]),
              max_depth = int(params["max_depth"]),
              max_features = int(params["max_features"]),
              random_state = 666,
              verbose = False,
              n_jobs = -1)
    validation_loss = cross_validate(reg, X, y,
                                     scoring = "neg_root_mean_squared_error",
                                     verbose = False,
                                     n_jobs = -1,
                                     error_score = 'raise',)
    return np.mean(abs(validation_loss["test_score"]))
```

定义参数空间,由于 hyperopt 采用独特的字典形式定义参数空间,故有一些独特的函数去使用。

```
param_grid_simple = {'n_estimators':hp.quniform("n_estimators",60,100,1),
                     'max_depth':hp.quniform("max_depth",10,30,1),
                     "max_features":hp.quniform("max_features",1,7,1)
                    }
```

hyperopt 库中部分常用的函数说明如下：

hp.quniform（"参数"，下界，上界，步长），适用于均匀分布的浮点数。

hp.uinform（"参数"，下界，上界），适用于随机分布的浮点数。

hp.randint（"参数"，上界），适用于范围在[0,上界]的整数。

定义目标优化函数。

```
def param_hyperopt(max_evals=50):
    trials = Trials()
    early_stop_fn = no_progress_loss(50)
    params_best = fmin(hyperopt_objective,
                       space = param_grid_simple,
                       algo = tpe.suggest,
                       max_evals = max_evals,
                       verbose = True,
                       trials = trials,
                       early_stop_fn = early_stop_fn)
    print(params_best)
    return params_best, trials
```

在以上代码中，trials 记录整个迭代过程，即记录每次迭代的每一种参数组合，当程序优化完成后，可以从上述保存好的模型中查看函数损失、参数等各种过程信息。early_stop_fn 是提前停止函数，一般用 no_progress_loss( ) 方法，括号内输入参数 n，表示当函数损失 n 次没有下降时，算法提前停止。fmin 为优化基础功能，在该参数的 algo 方法中有使用 TPE 方法的 tpe.suggest 和使用随机网格搜索方法的 rand.suggest。

定义验证函数。

```
def hyperopt_validation(params):
    reg = RFR(n_estimators = int(params["n_estimators"]),
              max_depth = int(params["max_depth"]),
              max_features = int(params["max_features"]),
              random_state = 666,
              verbose = False,
              n_jobs = -1)
    validation_loss = cross_validate(reg, X, y,
                                     scoring = "neg_root_mean_squared_error",
                                     verbose = False,
                                     n_jobs = -1)
    return np.mean(abs(validation_loss["test_score"]))
```

执行优化流程，结果如图 8-2 所示。

```
hyperopt_validation(params_best)
```

```
100%|██████████| 50/50 [04:00<00:00,  4.81s/trial, best loss: 10.53501604446166]
best params:    {'max_depth': 12.0, 'max_features': 2.0, 'n_estimators': 86.0}
```

图 8-2 基于 hyperopt 的超参数优化结果

8.3.3 基于 optuna 的电动汽车续驶里程预测超参数优化

optuna 是目前较为成熟的超参数优化框架之一，专门为机器学习和深度学习所设计，可以对接 PyTorch、TensorFlow 等深度学习框架以及 scikit-optimize 优化库使用，其代码与上述两种优化库相比最简练，因此被广泛使用。本节将介绍该库的使用方法。

安装 optuna 库和机器学习优化库 scikit-optimize，并导入库。

讲解视频

```
pip install optuna
pip install scikit-optimize
import optuna
from optuna.integration import SkoptSampler
import numpy as np
import pandas as pd
import time
import os
import sklearn
from sklearn.ensemble import RandomForestRegressor as RFR
from sklearn.model_selection import cross_validate
```

导入相关数据。

```
data = pd.read_csv(r"EV_Miles.csv")
X = data.iloc[:,1:8]
y = data.iloc[:,0:1]
```

定义目标函数和参数空间。optuna 优化同时支持最大值和最小值。

```
def optuna_objective(trial):
    n_estimators = trial.suggest_int("n_estimators",60,100,1)
    max_depth = trial.suggest_int("max_depth",10,30,1)
    max_features = trial.suggest_int("max_features",1,7,1)
    reg = RFR(n_estimators = n_estimators,
              max_depth = max_depth,
              max_features = max_features,
              random_state = 666,
              verbose = False,
              n_jobs = -1)
```

```
    validation_loss = cross_validate(reg, X, y,
                                     scoring = "neg_root_mean_squared_error",
                                     verbose = False,
                                     n_jobs = -1,
                                     error_score = 'raise')
    return np.mean(abs(validation_loss["test_score"]))
```

定义目标函数。

```
def optimizer_optuna(n_trials, algo):
    if algo == "TPE":
        algo = optuna.samplers.TPESampler(n_startup_trials = 10, n_ei_candidates = 20)
    elif algo == "GP":
        study = optuna.create_study(sampler = algo,
                                    direction = "minimize")
    study.optimize(optuna_objective,
                   n_trials = n_trials,
                   show_progress_bar = True)
    print("best params:", study.best_trial.params,
          "best score:", study.best_trial.values,)
    return study.best_trial.params, study.best_trial.values
```

在 optuna 库的 samplers 模块中，可以使用多种算法，例如 TPE、随机网格搜索、GP 算法等其他贝叶斯优化过程。以上述算法为例，samplers 模块的 TPESampler 算法中，n_startup_trials 是模型使用的初始观测值个数，n_ei_candidates 是计算采集函数值时考虑的样本数量，如不填写两参数，自动使用默认初始值。在实例化学习器过程时，optuna.create_study 中的 sampler 是要使用的具体算法，direction 是优化的方向，由于 optuna 优化支持最大值和最小值，因此 direction 可以取 minimize 和 maximize。

执行优化流程，结果如图 8-3 所示。

```
best_params, best_score = optimizer_optuna(50, "TPE")
```

```
best params:    {'n_estimators': 88, 'max_depth': 10, 'max_features': 3} best score:    [10.533746636741451]
```

图 8-3 基于 optuna 的超参数优化结果

 习题

1. 选择题

1) 朴素贝叶斯分类器基于（　　）假设。

A. 特征之间相互独立　　　　　　B. 特征之间有线性关系

C. 特征之间有非线性关系　　　　D. 特征之间相关

2) 在高斯朴素贝叶斯中，假设特征服从（　　）。

A. 伯努利分布 B. 高斯分布
C. 多项式分布 D. 均匀分布

3) 伯努利朴素贝叶斯适用于（ ）特征。

A. 连续型 B. 离散型二元
C. 多元离散 D. 连续型多元

4) 多项式朴素贝叶斯适用于（ ）特征。

A. 连续型 B. 离散型二元
C. 多元离散 D. 连续型多元

2. 判断题

1) 贝叶斯定理可以用来更新对某个事件发生概率的信念。（   ）

2) 在朴素贝叶斯分类器中，即使特征之间存在依赖关系，也不会影响分类器的性能。（   ）

3) 高斯朴素贝叶斯假设每个特征的概率分布都是高斯分布，无论实际数据是否如此。（   ）

4) 伯努利朴素贝叶斯假设特征是二元变量，即只有两种状态。（   ）

5) 多项式朴素贝叶斯可以处理特征是计数数据的情况。（   ）

3. 简答题和论述题

1) 朴素贝叶斯分类器是如何工作的？它为什么被称为"朴素"？

2) 论述高斯朴素贝叶斯、伯努利朴素贝叶斯和多项式朴素贝叶斯各自适用的数据类型和场景。

3) 请解释基于贝叶斯的超参数优化方法，并说明其相比于网格搜索和随机搜索的优势。

4) 请结合实际案例，讨论朴素贝叶斯分类器在处理大规模数据集时的效率和局限性。

部分习题
参考答案

第9章 聚类分析

聚类分析（Cluster Analysis）作为一种无监督学习方法，通过挖掘数据内在结构实现样本的自动分组，其核心在于构建相似性度量准则以揭示数据分布模式。该方法突破监督学习对标签数据的依赖，以样本间距或密度分布为纽带建立数据关联网络，在客户分群、异常检测、模式识别等领域展现出独特价值。

本章构建聚类分析方法论体系，阐述划分、密度与层次三大聚类方法，分析闵氏距离、马氏距离等相似性度量的几何意义；构建轮廓系数等评估框架破解簇数确定难题，结合 K-means 迭代机制与 DBSCAN 密度扩展逻辑，通过车辆轨迹、单车热点等案例展现聚类算法实践方法。

9.1 聚类分析的分类

聚类分析有多种分类方法，以下是几种常见的分类方式。

1. 基于方法的分类

（1）划分方法（Partitioning Method）

1）K-均值（K-means）：最经典的划分方法，通过迭代更新簇中心来最小化簇内点到簇中心的距离之和。

2）K-中心点（K-medoids）：与 K-means 类似，但使用簇中的实际数据点作为中心点，对噪声和异常值更鲁棒。

3）围绕中心点的划分（Partitioning Around Medoid，PAM）：是 K-medoids 的一种实现。

（2）层次方法（Hierarchical Method）

1）聚合嵌套（Agglomerative Nesting，AGNES）：自底向上的层次聚类，逐步合并最近的簇。

2）分裂分析聚类（Divisive Analysis Clustering，DIANA）：自顶向下的层次聚类，逐步分裂最大的簇。

3）平衡迭代减少和利用层次结构的聚类（Balanced Iterative Reducing and Clustering using Hierarchies，BIRCH）：通过构建特征树（CF 树）来进行层次聚类，适用于

大数据集。

(3) 密度方法 (Density-Based Method)

1) 基于密度的带有噪声的空间聚类应用 (Density-Based Spatial Clustering of Applications with Noise, BSCAN): 基于密度的聚类方法能够识别任意形状的簇, 并能处理噪声点。

2) 基于密度的聚类 (Density-Based Clustering, DENCLUE): 使用密度吸引点来表示数据的密度分布, 从而进行聚类。

(4) 网格方法 (Grid-Based Method)

1) 统计信息网格 (Statistical Information Grid, STING): 将数据空间划分为网格单元, 并在这些单元上进行聚类操作。

2) 网格聚类算法 (Clustering In QUEst, CLIQUE): 结合网格和密度的聚类方法, 适用于高维数据集。

(5) 模型方法 (Model-Based Method)

1) 高斯混合模型 (Gaussian Mixture Model, GMM): 假设数据是由多个高斯分布混合而成的, 通过估计这些分布的参数来进行聚类。

2) 自组织图 (Self-Organizing Map, SOM): 一种神经网络模型, 通过自组织映射将数据映射到低维空间, 并在该空间上进行聚类。

2. 基于数据特性的分类

(1) 硬聚类 (Hard Clustering) 每个数据点只能属于一个簇, 如 K-means、AGNES 等。

(2) 软聚类 (Soft Clustering) 每个数据点可以属于多个簇, 但有一个隶属度 (概率) 表示其属于每个簇的程度, 如 GMM。

(3) 重叠聚类 (Overlapping Clustering) 允许簇之间存在重叠, 即一个数据点可以同时属于多个簇, 如 DBSCAN 的扩展版本 (通过调整参数实现)。

3. 基于簇形状的分类

(1) 球形簇 (Spherical Clusters) 簇的形状大致为球形, 如 K-means。

(2) 任意形状簇 (Arbitrary-Shaped Clusters) 能够识别任意形状的簇, 如 DBSCAN、DENCLUE。

9.2 距离或相似度

聚类的对象是观测数据或样本, 聚类的基准是样本的距离或相似度, 有多种距离和相似度的定义方法, 实际应用时根据应用问题的特性进行选择。

假设有 n 个样本, 每个样本有 m 个特征, 用 x_{ij} 表示第 i 个数据的第 j 个特征 ($i=1, 2, \cdots, n; j=1, 2, \cdots, m$), 第 j 个特征的均值和标准差分别记作 $\bar{x}_j$ 和 S_j, 用 d_{ij} 表示第 i 个数据和第 j 个数据之间的距离。常用的距离和相似度定义如下。

下面将介绍几种典型的相似度和距离计算方法。

9.2.1 闵氏距离

闵氏距离 (Minkowski Distance) 是欧几里得距离和曼哈顿距离的一般化形式。闵氏距离的定义如下：

$$d_{ij}(p) = \left(\sum_{t=1}^{m} |x_{it} - x_{jt}|^p \right)^{\frac{1}{p}}, \quad i,j = 1,2,\cdots,n \tag{9-1}$$

式中，p 是正整数，表示闵氏距离的阶数；t 是数据点的特征维度。

当 $p=1$ 时，一阶闵氏距离也被称为曼哈顿距离。

$$d_{ij}(1) = \sum_{t=1}^{m} |x_{it} - x_{jt}|, \quad i,j = 1,2,\cdots,n \tag{9-2}$$

当 $p=2$ 时，二阶闵氏距离也被称为欧几里得距离（欧式距离）。

$$d_{ij}(2) = \sqrt{\sum_{t=1}^{m} |x_{it} - x_{jt}|^2}, \quad i,j = 1,2,\cdots,n \tag{9-3}$$

闵氏距离根据不同的 p 值来调整距离的计算方式，从而适应不同的数据分布和问题需求。曼哈顿距离关注每个维度的绝对差异，适用于特征之间线性关系的衡量；而欧几里得距离更关注各个维度的平方差异。

9.2.2 马氏距离

马氏距离（Mahalanobis Distance）考虑各个维度之间的相关性，多用于衡量多维空间中两点之间的差异，在需要考虑多维数据间相关性和尺度差异的场景中使用较多。

$$d_{ij} = \left[(x_i - x_j)^T S^{-1} (x_i - x_j) \right]^{\frac{1}{2}}, \quad i,j = 1,2,\cdots,n \tag{9-4}$$

式中，S^{-1} 是数据集的协方差矩阵的逆矩阵；$x_i = (x_{1i}, x_{2i}, \cdots, x_{mi})$ 表示第 i 个样本数据；$x_j = (x_{1j}, x_{2j}, \cdots, x_{mj})$ 表示第 j 个样本数据。

协方差矩阵间接体现了各个维度之间的相关性，其逆矩阵则体现了相关性对距离的影响。通过考虑协方差，马氏距离有效地消除了数据集不同维度间的尺度差异，同时保证距离对各个维度的尺度变化的不变性。在衡量高维数据相似性的场景中，马氏距离通常比欧几里得距离更为有效。

9.2.3 相关系数

样本之间的相似度也可以用相关系数来表示，相关系数的绝对值越接近 1，表示样本越相似；越接近 0，表示样本越不相似。样本 x_i 和样本 x_j 之间的相关系数定义为

$$r_{ij} = \frac{\sum_{k=1}^{m}(x_{ki} - \bar{x}_i)(x_{kj} - \bar{x}_j)}{\left(\sum_{k=1}^{m}(x_{ki} - \bar{x}_i)^2 \sum_{k=1}^{m}(x_{kj} - \bar{x}_j)^2 \right)^{\frac{1}{2}}}, \quad i,j = 1,2,\cdots,n \tag{9-5}$$

式中，

$$\bar{x}_i = \frac{1}{m} \sum_{k=1}^{m} x_{ki}; \quad \bar{x}_j = \frac{1}{m} \sum_{k=1}^{m} x_{kj}$$

9.2.4 夹角余弦

样本之间的相似度也可以用夹角余弦来表示，夹角余弦越接近 1，表示样本越相似；夹

角余弦越接近 0，表示样本越不相似。样本 x_i 和样本 x_j 之间的夹角余弦定义为

$$s_{ij} = \frac{\sum_{k=1}^{m} x_{ki} x_{kj}}{\left(\sum_{k=1}^{m} x_{ki}^2 \sum_{k=1}^{m} x_{kj}^2 \right)^{\frac{1}{2}}}, \quad i,j = 1,2,\cdots,n \tag{9-6}$$

由上述定义可知，用距离度量样本相似度时，距离越小，样本越相似；用相关系数时，相关系数越大，样本越相似。需要注意的是，不同的距离或相似度度量得到的结果并不一定完全一致。例如，图 9-1 中 A、B、C 三个样本点，如果从距离的角度看，A 和 B 比 A 和 C 更相似；但从相关系数角度看，A 和 C 比 A 和 B 更相似。所以，进行聚类分析时，选择合适的距离或相似度很重要。

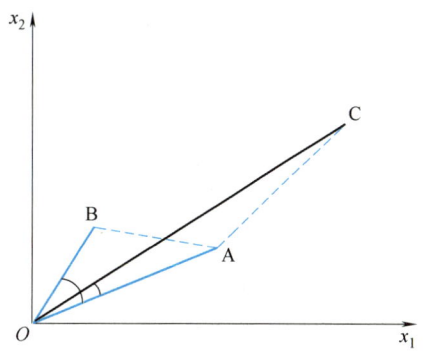

图 9-1 距离与相关系数对比

9.3 评估指标

在聚类方法中，用于衡量聚类结果的好坏和性能的评估指标有轮廓系数、Calinski-Harabasz 指数、Davies-Bouldin 指数等。

9.3.1 轮廓系数

轮廓系数（Silhouette Coefficient）综合考量聚类内部的紧密度和不同聚类之间的分离度，可以形象地理解为描述聚类后各个类别的轮廓清晰度。轮廓系数的计算公式如下：

$$S(i) = \frac{b(i) - a(i)}{\max\{a(i), b(i)\}} \tag{9-7}$$

式中，$a(i)$ 表示数据点 i 与同类内其他点的平均距离（紧密度）；$b(i)$ 表示数据点 i 与最近其他类的所有点的平均距离（分离度）。

轮廓系数的取值范围在 $[-1,1]$ 之间，越接近 1 表示聚类结果越好，数据点在其类内聚集越紧密，且与其他类分离度较高；接近 0 表示数据点在聚类边界上，与相邻类的距离相当；接近 -1 表示聚类结果不理想，数据点可能被分配到错误的类。

可以通过计算所有数据点的轮廓系数的平均值对聚类结果进行整体评估，高轮廓系数通常意味着聚类结果整体紧密度和分离度都较好。在实际应用中，也可以通过尝试不同的聚类数量并计算轮廓系数绘制折线图来选择最优的聚类数量。

9.3.2 Calinski-Harabasz 指数

Calinski-Harabasz 指数通过比较聚类间方差与聚类内方差的比值来度量聚类效果，适用于各种类型的聚类方法。使用 Calinski-Harabasz 指数作为指标期望能够获得具有高紧密性和高分离度的聚类结果，且聚类内部的紧密性和聚类间的分离度都有较好的平衡。Calinski-Harabasz 指数的计算公式如下：

$$\text{CH} = \frac{B(K)}{W(K)} \times \frac{N-K}{K-1} \tag{9-8}$$

式中，$B(K)$ 为聚类间的方差，表示各个聚类中心之间的距离平方和；$W(K)$ 为聚类内的方差，表示各个数据点到其所在类中心的距离平方和；N 为数据点的总数，K 为聚类的数量。

Calinski-Harabasz 指数越大，表示聚类效果越好。在实际应用中，可以通过计算对应的 Calinski-Harabasz 指数选择最优的聚类数量，即选择能够获得最大的 Calinski-Harabasz 指数值对应的聚类数量。

9.3.3 Davies-Bouldin 指数

Davies-Bouldin 指数用于衡量聚类中心之间的平衡性和紧密度，考虑类内数据点之间的紧密度以及不同类之间的分离度，与轮廓系数相比，更强调对称性和均衡性，适用于不同形状和大小的聚类。Davies-Bouldin 指数的计算公式如下：

$$\text{DB} = \frac{1}{K} \sum_{i=1}^{K} \max_{j \neq i} \left(\frac{\text{avg}_i + \text{avg}_j}{d(c_i, c_j)} \right) \tag{9-9}$$

式中，K 为聚类的数量；avg_i 表示类 i 内部数据点到类中心的平均距离（紧密度）；$d(c_i, c_j)$ 表示类 i 和类 j 中心之间的距离。

Davies-Bouldin 指数的取值范围是 $[0, +\infty)$。Davies-Bouldin 指数越小聚类结果越好，较小的指数值表明类内部的紧密度较高，不同类之间的分离度较好。在实际应用中，可以通过计算对应的 Davies-Bouldin 指数选择最优的聚类数量，即选择能够获得最小的 Davies-Bouldin 指数值对应的聚类数量。

9.4 K-means 聚类

9.4.1 K-means 基本原理

K-means 聚类是通过迭代的方式将数据集中的样本划分成 K 个不同的类，使得同一类内的样本相似度较高，而不同类之间的相似度较低。K-means 聚类采用欧氏距离的平方作为样本之间的距离，有

$$d(\boldsymbol{x}_i, \boldsymbol{x}_j) = \sum_{k=1}^{m} (x_{ki} - x_{kj})^2 = \|\boldsymbol{x}_i - \boldsymbol{x}_j\|^2 \tag{9-10}$$

式中，$\boldsymbol{x}_i$ 和 $\boldsymbol{x}_j$ 分别是第 i 个和第 j 个样本的特征向量。

定义样本与其所属类的中心之间的距离的和为损失函数，即

$$W(C) = \sum_{l=1}^{K} \sum_{C(i)=l} \|\boldsymbol{x}_i - \overline{\boldsymbol{x}}_l\|^2 \tag{9-11}$$

式中，$\overline{\boldsymbol{x}}_l = (\overline{x}_{1l}, \overline{x}_{2l}, \cdots, \overline{x}_{ml})^\text{T}$ 是第 l 个类的均值或中心；$C(i) = l$ 为 l 类的样本集。

K-means 就是求解最优化问题：

$$C^* = \underset{C}{\arg\min} W(C) = \underset{C}{\arg\min} \sum_{l=1}^{K} \sum_{C(i)=l} \|\boldsymbol{x}_i - \overline{\boldsymbol{x}}_l\|^2 \tag{9-12}$$

相似的样本被聚到同类时,损失函数值最小,以达到聚类的目的。将 n 个样本分到 K 个类中,可能的分法有很多种,一般采用迭代法求解,具体步骤如下。

1)初始化中心:随机选择 K 个初始聚类中心,通常选择数据集中的 K 个数据点作为初始中心。

2)分配:将数据集中的每个数据点分配到距离其最近的聚类中心对应的类中。

3)更新中心:对每个类,计算其数据点的平均值,将该平均值作为新的聚类中心。

4)迭代:重复步骤2)和步骤3),直到聚类中心不再发生变化或变化很小为止。

下面举例说明 K-means 迭代过程。假设有四个样本点,为采集到的四辆车的长(Length)和宽(Width)两个特征值,见表 9-1,图 9-2 所示为其图形化显示。

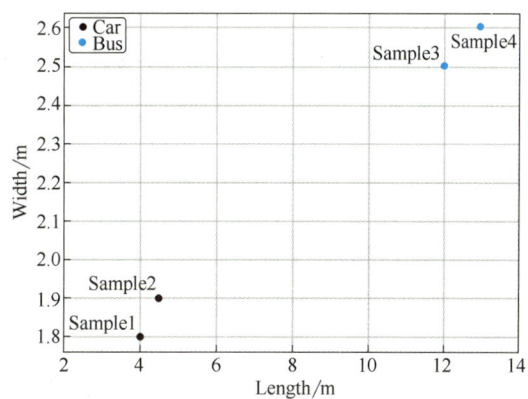

图 9-2 四辆车样本

表 9-1 聚类样本点

样本	Length/m	Width/m
Sample1	4	1.8
Sample2	4.5	1.9
Sample3	12	2.5
Sample4	13	2.6

假定刚开始取 Sample1 和 Sample2 作为聚类中心点,以下是使用 K-means 算法对四辆车样本进行聚类的每个迭代轮次的详细信息:

初始迭代(第0轮):聚类中心 $c_1 = (4, 1.8)$,$c_2 = (4.5, 1.9)$,求解每一个样本点距离这两个聚类中心的距离矩阵为

$$D^0 = \begin{pmatrix} 0 & 0.509 & 8.031 & 9.035 \\ 0.509 & 0 & 7.524 & 8.529 \end{pmatrix}$$

距离矩阵 D^0 中第一行表示每一个对象与第一个聚类中心的距离,第二行表示每一个对象与第二个聚类中心的距离,可知后面三个样本点都与第二个聚类中心距离更近,所以可得到聚类矩阵为

$$G^0 = \begin{pmatrix} 1 & 0 & 0 & 0 \\ 0 & 1 & 1 & 1 \end{pmatrix}$$

矩阵 G^0 表示每个对象聚为哪一类,第一行值为0表示聚为第1类,第二行值为0表示聚为第2类。由此可知,第1类有 Sample1 一个样本点,第2类有另外三个样本点。

第1轮迭代:根据上一轮结果计算更新聚类中心 $c_1 = (4, 1.8)$,$c_2 = (9.833, 2.333)$,求解每一个样本点距离这两个聚类中心的距离矩阵为

$$D^1 = \begin{pmatrix} 0 & 0.510 & 8.031 & 9.035 \\ 5.858 & 5.351 & 2.173 & 3.178 \end{pmatrix}$$

所以可得到第 1 轮聚类矩阵为

$$G^1 = \begin{pmatrix} 1 & 1 & 0 & 0 \\ 0 & 0 & 1 & 1 \end{pmatrix}$$

可知，第 1 轮迭代后，第 1 类有 Sample1 和 Sample2 两个样本点，第 2 类有另外两个样本点。

第 2 轮迭代：根据上一轮结果计算更新聚类中心 $c_1 = (4.25, 1.85)$，$c_2 = (12.5, 2.55)$，求解每一个样本点距离这两个聚类中心的距离矩阵为

$$D^2 = \begin{pmatrix} 0.255 & 0.255 & 7.777 & 8.782 \\ 8.533 & 8.026 & 0.502 & 0.502 \end{pmatrix}$$

所以可得到第 2 轮聚类矩阵为

$$G^2 = \begin{pmatrix} 1 & 1 & 0 & 0 \\ 0 & 0 & 1 & 1 \end{pmatrix}$$

可知，第 2 轮迭代后，第 1 类有 Sample1 和 Sample2 两个样本点，第 2 类有另外两个样本点。

第 2 轮迭代聚类结果和第 1 轮迭代聚类结果相同，所以可终止迭代，最后两类别的聚类中心为 (4.25, 1.85) 和 (12.5, 2.55)，聚类标签为 (0, 0, 1, 1)，表示样本 1 和样本 2 属于第一个类（私家车），样本 3 和样本 4 属于第二个类（旅游大巴车）。

K-means 简单易懂、计算效率高，能够有效地将数据集划分为不同的类。然而，K-means 对初始聚类中心的选择较为敏感，初始中心的不同可能导致聚类结果发生较大改变。这个问题可以通过随机选择多组初始质心，对比选择最优的初始质心点来解决。此外，K 值需要事先确定，可以通过多次运行算法进行检验，或者结合其他方法来确定合适的 K 值，比如肘部法则是一种常用的优化方法。

为了降低计算量，可以采用 MiniBatchKMeans 聚类算法，其优化思想非常朴素，既然全体样本数据量太大，使得迭代的时间过长，那么可以随机从整体中抽样，选取出一小部分数据来代替整体以达到缩小数据规模的目的。

9.4.2　K-means 实践案例——停车场车辆聚类分析

旅游景点在旅游旺季的停车位非常紧张，为了最大化利用停车场，停放更多的车辆，管理部门希望把大小接近的车辆集中停放。本实践案例使用 vehicle_sizes_dataset.csv 文件中的数据进行聚类分析，该 csv 文件中包含采集到的 160 辆车的信息，每辆车有两个特征值，分别是车的长度和宽度，单位为 m。

本案例采用肘部法则确定最后的 K 值，结果如图 9-3 所示。案例代码如下：

```
from sklearn.cluster import KMeans
import numpy as np
import matplotlib.pyplot as plt
#载入数据
data = np.genfromtxt('vehicle_sizes_dataset.csv',delimiter=',')
```

讲解视频

```
#K-means 算法需要事先指定 K 值,不同的 K 值会得到不同的聚类效果,这里采用肘部法则来确定最优 K 值
#inertia_:KMeans 的参数,其值为每个点到所属聚类中心的距离之和
#inertia 越小,代表每个簇内样本越相似,聚类的效果就越好
#KMeans 追求的是,求解能够让 Inertia 最小化的质心
Inertia = []
for K in range(1,10):
    estimator = KMeans(n_clusters = K, n_init = 10)
    estimator.fit(data)
    Inertia.append(estimator.inertia_)
K = range(1,10)
plt.xlabel('K')
plt.ylabel('Inertia')
plt.plot(K, Inertia, 'o-')
plt.show()
```

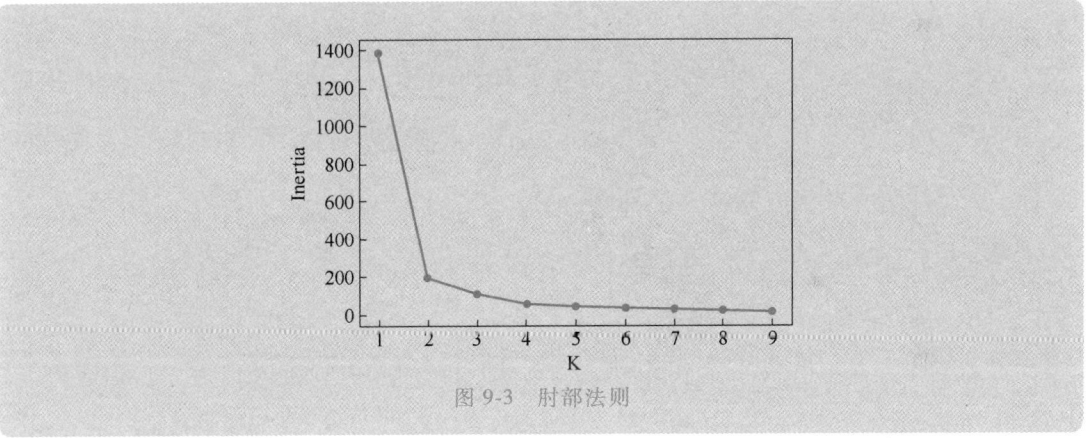

图 9-3　肘部法则

通过肘部法则,确定本实例中,K = 2 为最优值,后续选用 K = 2 进行聚类分析,代码如下,结果如图 9-4 所示。

```
#生成 K-means 模型实例对象,并输入数据训练模型
K = 2
model = KMeans(n_clusters = K)
model.fit(data)

#显示聚类中心点坐标
centers = model.cluster_centers_
print(centers)

#预测所有样本的聚类结果
result = model.predict(data)
```

```
print( result)

#画出各个数据点,用不同颜色表示分类
mark = [ ' or ',' ob ',' og ']
for i,d in enumerate( data) :
    plt. plot( d[ 0 ] ,d[ 1 ] ,mark[ result[ i ] ] )

#画出各个分类的中心点
mark = [ ' * r ',' * b ',' * g ']
for i,center in enumerate( centers) :
    plt. plot( center[ 0 ] ,center[ 1 ] ,mark[ i ] ,markersize = 20 )
#设置图表标题和标签
plt. title( ' Vehicle ')
plt. xlabel( ' Length( m)')
plt. ylabel( ' Width( m)')
plt. show( )
```

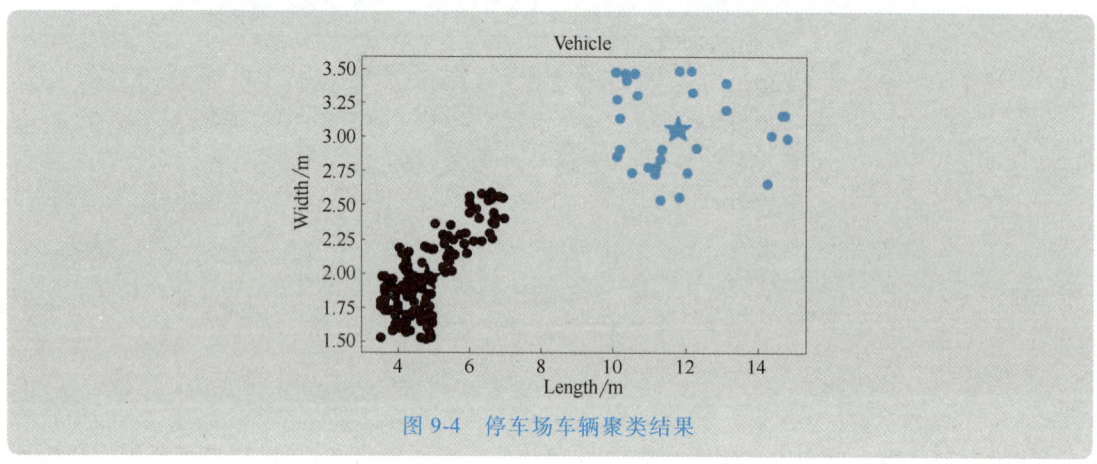

图 9-4　停车场车辆聚类结果

9.4.3　K-means 实践案例——共享单车聚类分析

本案例根据某共享单车公司提供的上海市区 2016 年 8 月份的共享单车数据集设计,每个样本包含订单编号、车辆 ID、用户 ID、租赁时间、租赁起点（经纬度）、还车时间、还车地点、还车时间等。该数据集是无桩的,除了禁停区之外,用户可以在任意地点还车。选取数据中的共享单车骑行终点的位置经度和纬度作为输入,将数据点进行聚类,从而达到对城市区域进行划分的目的。

共享单车数据集介绍讲解视频请扫描右侧二维码进行观看。

讲解视频

本案例数据文件是 201608-mobike_shanghai_sample_updated.csv,用 K-means 进行聚类分

析的代码如下。

讲解视频

```python
import pandas as pd
from sklearn.cluster import KMeans
from sklearn.preprocessing import StandardScaler
import matplotlib.pyplot as plt
#加载数据
data = pd.read_csv("201608-mobike_shanghai_sample_updated.csv")

#提取终点经纬度信息
locations = data[['end_location_x','end_location_y']].dropna()   #dropna 的功能是删除缺失值

#标准化终点经纬度数据
scaler = StandardScaler()
coordinates_scaled = scaler.fit_transform(locations)

#聚类的数量
our_n_clusters = 80

#使用 K-means 进行聚类
    kmeans = KMeans(n_clusters = our_n_clusters, random_state = 42)
    kmeans.fit(coordinates_scaled)
    locations['cluster'] = kmeans.labels_

#可视化结果
plt.figure(figsize = (10,8))
for cluster in range(our_n_clusters):
    cluster_data = locations[locations['cluster'] == cluster]   #取出特定的类
    plt.scatter(cluster_data['end_location_y'],    #每次画一个类,因此需要画 80 次
                cluster_data['end_location_x'],
                label = f"Cluster {cluster}", s = 10)
plt.title("K-means Clustering Based on End Station Locations")
plt.xlabel("Longitude")
plt.ylabel("Latitude")
plt.legend()
plt.show()

#输出每个聚类中心的经纬度以及样本数量
cluster_centers = scaler.inverse_transform(kmeans.cluster_centers_)   #恢复到原始经纬度
for i, center in enumerate(cluster_centers):
    sample_count = (locations['cluster'] == i).sum()   #统计每个类簇中的样本数量
```

```
print(f"Cluster {i}:Latitude={center[0]},Longitude={center[1]},Sample Count={sample_count}")
```

#上海市的经纬度范围
#经度:120.852326~122.118227
#纬度:30.691701~31.874634

聚类分析结果如图 9-5 所示，可以看到已有共享单车数据的上海市区域被划分为了多个区域。这个分析结果可以为下游任务提供基础支持，比如规划共享单车的投放数量，避免某些区域出现单车供不应求或堆积过多的情况。同时，合理规划共享单车的停放区域或站点位置，不仅能减少单车乱停乱放现象，还能优化城市交通布局。此外，这一分析结果也能帮助企业进行商业选址分析，寻找人流量大、需求旺盛的热点区域。

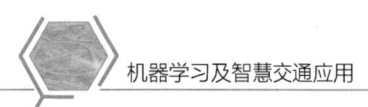

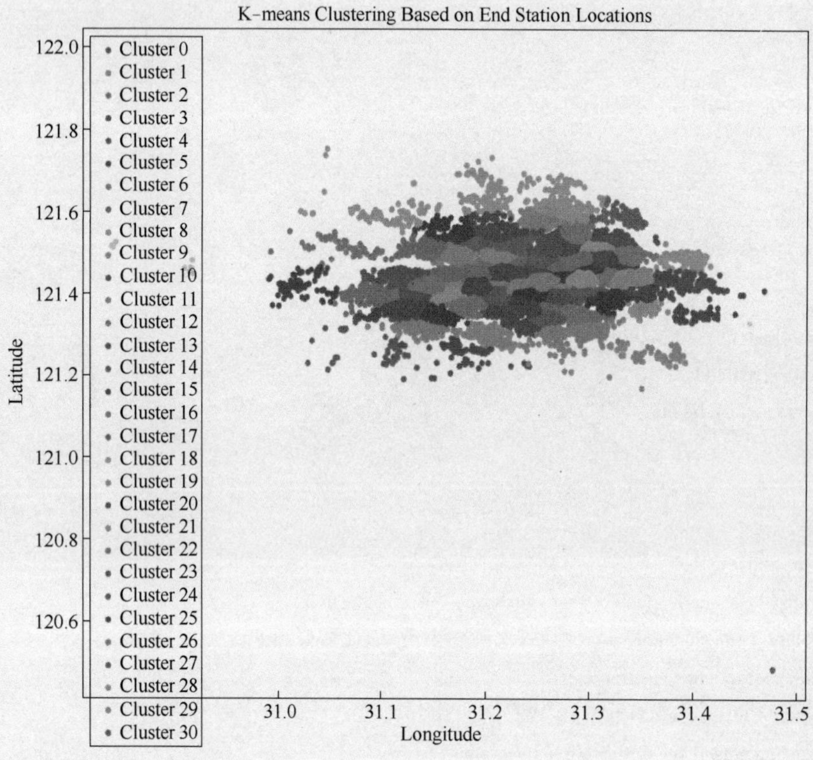

图 9-5　上海共享单车停放位置聚类分析图示

9.5　DBSCAN 聚类

9.5.1　DBSCAN 基本原理

DBSCAN 是一种密度聚类方法，它将簇定义为密度相连的点的最大集合，能够把具有足够高密度的区域划分为簇，并可在噪声的空间数据库中发现任意形状的聚类。相比于 K-means 算法，DBSCAN 不需要事先指定聚类的数量，而是根据数据的分布自动确定类的个数。

DBSCAN 涉及以下几个关键概念。

ε-邻域：对于某个点 p，以半径 ε 为边界的区域内所有的点称为该点的 ε-邻域。

核心点：如果一个点的 ε-邻域内至少有 minPts 个点（包括该点本身），则称其为核心点。

边界点：如果一个点在某个核心点的 ε-邻域内，但自身不是核心点，则称为边界点。

噪声点：既不是核心点也不属于任何核心点的邻域的点被认为是噪声点。

密度直达：如果点 p 是核心点，并且点 q 在 p 的 ε-邻域内，则称 q 从 p 密度直达。

密度可达：如果存在一条核心点链表（$p_1 \to p_2 \to \cdots \to p_n$），使得每个点从前一个点密度直达，且 $p_1 = p$，$p_n = q$，则称 q 从 p 密度可达。

密度相连：如果存在一个点 o，使得 p 和 q 都从 o 密度可达，则称 p 和 q 密度相连。

如图 9-6 所示，虚线圆圈为 ε-邻域，当 minPts = 5 的时候，x_2、x_3、x_4 和 x_5 是核心点，x_1 由 x_2 密度直达，x_1 由 x_3 密度可达，x_1 与 x_7 密度相连。

用 DBSCAN 进行聚类分析时，首先需要确定邻域半径和距离为 ε 的邻域中样本个数的阈值 minPts，然后就可以按照如下步骤开始聚类分析。

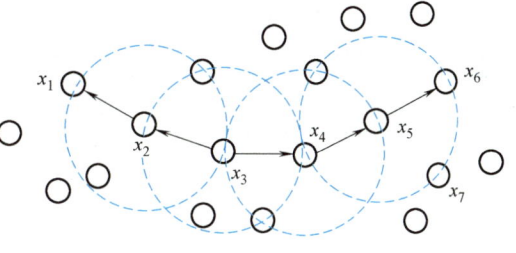

图 9-6　DBSCAN 基本概念图示

1）初始化核心点集合、边界点集合和噪声点集合为空。

2）遍历数据集中的每个点：

① 如果点是核心点，则将其加入核心点集合。

② 如果点是边界点，则将其加入边界点集合。

③ 如果点是噪声点，则将其加入噪声点集合。

3）从核心点集合中选择一个未处理的点 p，以其 ε-邻域内的所有点为候选扩展点：

① 如果候选点是核心点或边界点，则将其加入相应的集合。

② 如果候选点是噪声点，则忽略。

4）重复步骤 3），直到所有核心点都被处理过。

DBSCAN 能够有效处理不规则形状和密度不均匀的聚类结构，对噪声点具有较强的鲁棒性，但对于密度变化较大的数据集可能需要进行参数的再调整。

9.5.2　DBSCAN 实践案例——共享单车聚类分析

9.4 节中的两个实践案例，对于停车场车辆聚类分析这类密度分布比较明显的数据，用 DBSCAN 能得到理想的结果，感兴趣的读者可以自己尝试一下。本节用 DBSCAN 方法对共享单车的停放位置进行聚类分析，其实现代码与 K-means 类似，只有模型调用不同，本节将不再赘述。

感兴趣读者可以扫描内封上的二维码下载项目代码；可扫描右侧二维码观看讲解视频。

讲解视频

DBSCAN 聚类结果如图 9-7 所示，发现结果并不理想，这是由于 DBSCAN 算法基于密度分布划分，而该数据集中间区域过于密集，难于分区。

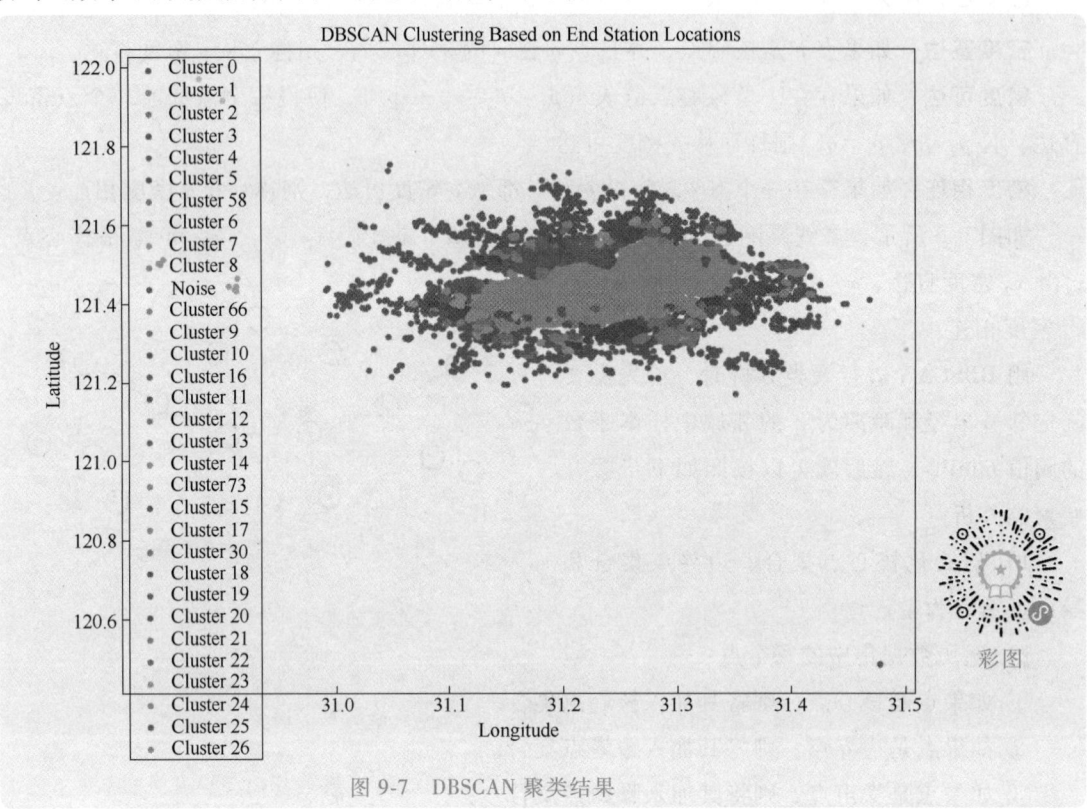

图 9-7 DBSCAN 聚类结果

9.5.3 DBSCAN 实践案例——球形数据聚类分析

本案例采用 sklearn.datasets 中的 make_circles 方法生成一个包含两个圆的二维数据集，其中一个圆嵌套在另一个圆内；采用 make_blobs 方法可以用于生成各向同性的高斯分析球形数据集，各向同性是指生成的数据各个方向上的标准差相同，数据的协方差矩阵为对角矩阵，且对角线上的元素（即各方向上的方差）相等。本实例使用 DBSCAN 对球形分布的数据进行聚类。

首先导入库，生成数据，生成的球形数据点如图 9-8 所示。

```
import numpy as np
import matplotlib.pyplot as plt
from sklearn import datasets
#noise 用来给数据加噪声
```

讲解视频

```
x1,y1 = datasets.make_circles(n_samples = 2000,factor = 0.5,noise = 0.05)
x2,y2 = datasets.make_blobs(n_samples = 1000,centers = [[1.2,1.2]],cluster_std = [[.1]])
x = np.concatenate((x1,x2))
plt.scatter(x[:,0],x[:,1],marker = 'o')
plt.show()
```

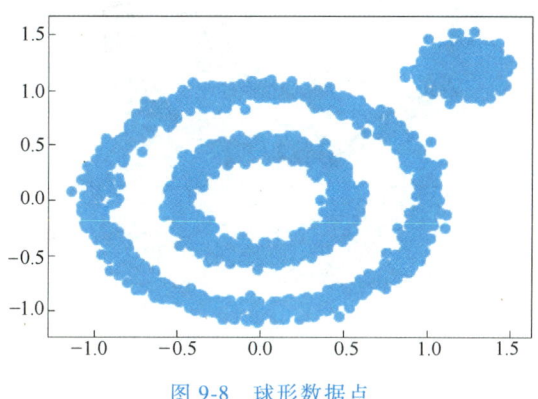

图 9-8　球形数据点

为了对比分析，先采用 K-means 方法进行分析，代码如下。

```
from sklearn.cluster import KMeans
y_pred = KMeans(n_clusters = 3).fit_predict(x)
plt.scatter(x[:,0],x[:,1],c = y_pred)
plt.show()
```

K-means 聚类结果如图 9-9 所示，可见 K-means 方法并不适合处理球形分布数据。

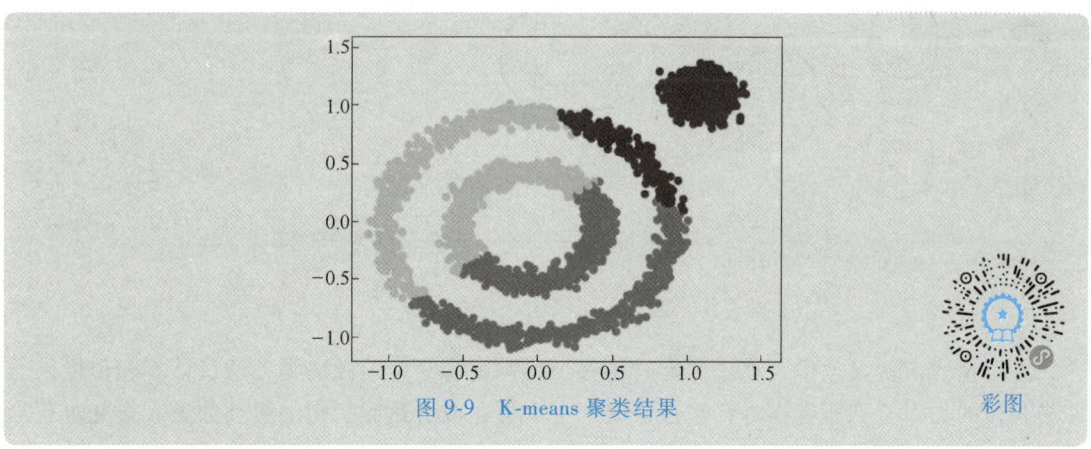

图 9-9　K-means 聚类结果

采用 DBSCAN 方法进行分析，代码如下。

```
y_pred = DBSCAN(eps = 0.20,min_samples = 50).fit_predict(x)
plt.scatter(x[:,0],x[:,1],c = y_pred)
plt.show()
```

DBSCAN 聚类结果如图 9-10 所示，可见 DBSCAN 方法适合处理球形数据。

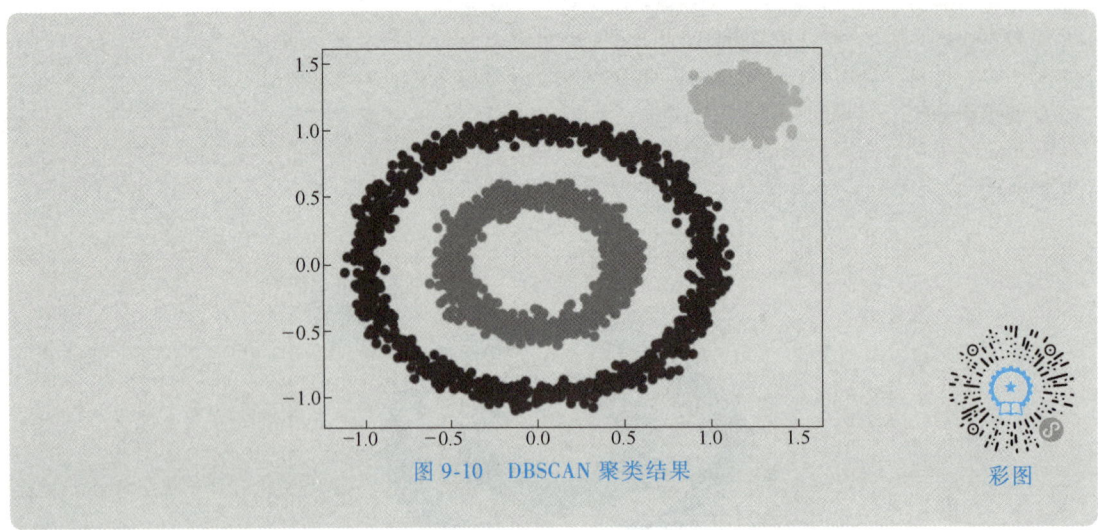

图 9-10 DBSCAN 聚类结果

9.6 层次聚类法

9.6.1 层次聚类法基本原理

层次聚类通过逐步合并或分离最相似的样本个体，最终形成层次聚类的路径，可以用系统树图展示每一步的结果和距离变化，如图 9-11 所示。层次聚类算法主要分为两种类型：凝聚式（Agglomerative）和分裂式（Divisive）。

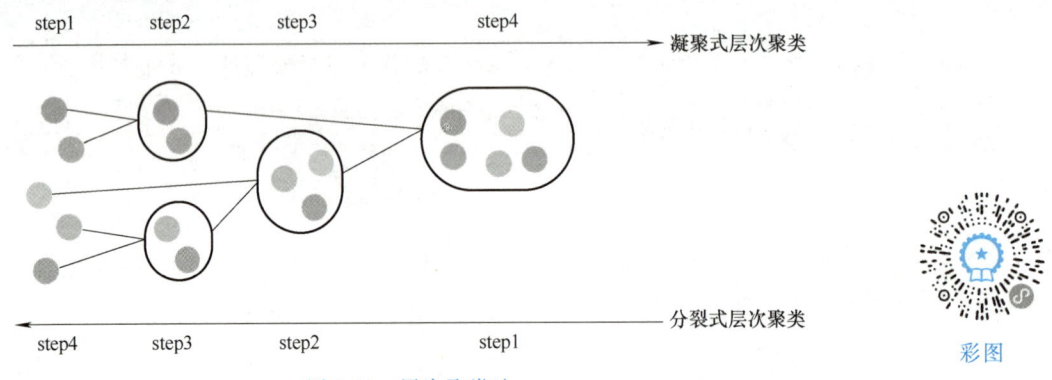

图 9-11 层次聚类法

在凝聚式层次聚类中，算法开始时将每个样本视为一个单独的类，通过计算相似度来合并最相似的类，直到所有样本都被合并成一个大类，或者达到指定的聚类数量。合并过程形成了一种"自底向上"的聚类结构。

在分裂式层次聚类中，算法一开始将整个数据集看作一个类，通过相似性度量逐步分裂类，直到达到指定的聚类数量。分裂过程形成了一种"自顶向下"的聚类结构。

层次聚类法不需要预先指定聚类数量，可以通过在合并或分裂过程中设定停止条件来控制聚类层次的深度。层次聚类结果以树形结构呈现，能够直观地了解数据集内部的层次关系。然而，层次聚类的计算复杂度较高，特别是在处理大型数据集时，计算成本较大。

9.6.2 层次聚类法实践案例——共享单车聚类分析

本节采用凝聚式层次聚类方法对共享单车数据进行聚类分析，代码如下。

```python
import pandas as pd
import numpy as np
from sklearn.cluster import AgglomerativeClustering
from sklearn.preprocessing import StandardScaler
import matplotlib.pyplot as plt
#加载数据
data = pd.read_csv("201608-mobike_shanghai_sample_updated.csv")

#由于层次聚类算法复杂度很高,这里减少数据量来训练,从数据集中随机抽取20000条数据
locations = data[['end_location_x','end_location_y']].dropna().sample(n=20000,random_state=42)
#locations = data[['end_location_x','end_location_y']].dropna()

#标准化终点经纬度数据
scaler = StandardScaler()
coordinates_scaled = scaler.fit_transform(locations)

our_n_clusters = 80    #聚类的数量
hierarchical_clustering = AgglomerativeClustering(n_clusters=our_n_clusters,linkage='ward')#层次聚类
locations['cluster'] = hierarchical_clustering.fit_predict(coordinates_scaled)

#可视化结果
plt.figure(figsize=(10,8))
for cluster in range(our_n_clusters):
    cluster_data = locations[locations['cluster'] == cluster]    #取出特定的类
    plt.scatter(cluster_data['end_location_y'],                  #一次画一个类
                cluster_data['end_location_x'],
                label=f"Cluster {cluster}",s=10)
plt.title("Hierarchical Clustering Based on End Station Locations")
plt.xlabel("Longitude")
plt.ylabel("Latitude")
plt.legend()
plt.show()

#输出每个聚类中心的经纬度以及样本数量
for cluster in range(our_n_clusters):
    cluster_data = locations[locations['cluster'] == cluster]
    sample_count = len(cluster_data)
    cluster_center_x = cluster_data['end_location_x'].mean()
    cluster_center_y = cluster_data['end_location_y'].mean()
    print(f"Cluster {cluster}:Center Latitude={cluster_center_x},Center Longitude={cluster_center_y},Sample Count={sample_count}")
```

层次聚类法聚类结果如图 9-12 所示，可以看到该聚类结果对城市区域实现了一个较好的划分，效果相比于 K-means 聚类算法更加均匀。

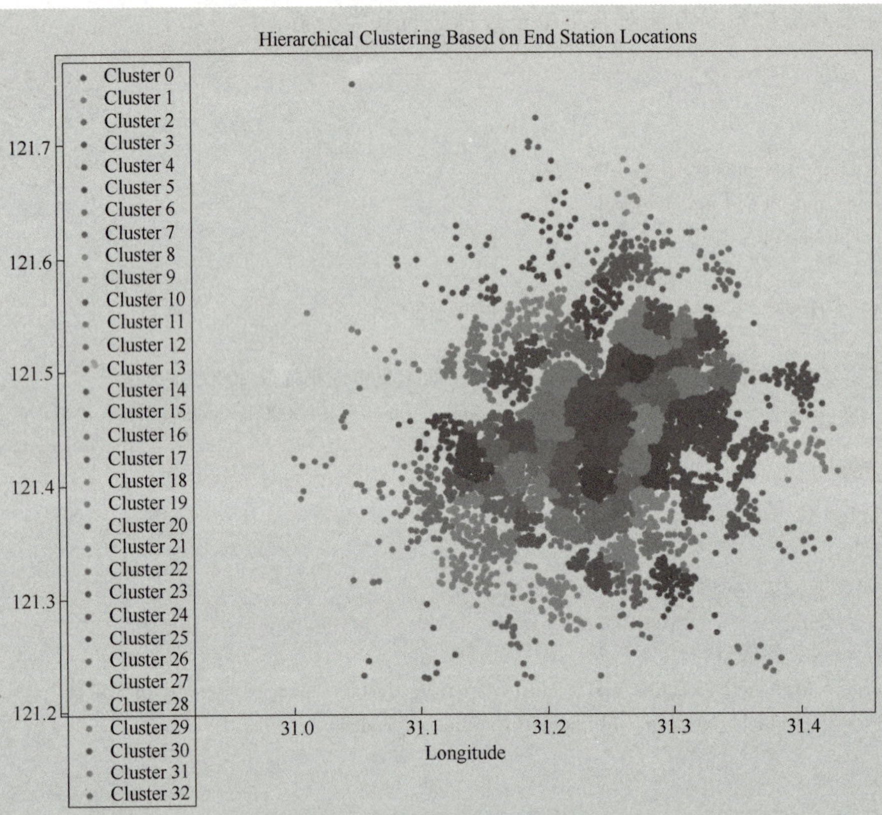

图 9-12　层次聚类法聚类结果

习题

1. 选择题

1）聚类分析属于（　　）的机器学习方法。

A. 监督学习　　　　　　　　B. 无监督学习

C. 半监督学习　　　　　　　D. 强化学习

2）在聚类分析中，通常使用（　　）来度量样本之间的相似度。

A. 欧几里得距离　　　　　　B. 相关性

C. 信息增益　　　　　　　　D. 均方误差

3）（　　）不适用于聚类分析。

A. 轮廓系数　　　　　　　　B. 同质性

C. 兰德指数　　　　　　　　D. 均方误差

4）K 均值聚类算法在每次迭代中（　　）。

A. 更新聚类中心　　　　　　B. 计算距离矩阵

C. 初始化聚类中心　　　　　D. 评估聚类效果

5）DBSCAN 算法不需要预先指定（　　）。
A. 邻域半径　　　　　　　　B. 最小样本数
C. 聚类个数　　　　　　　　D. 最大样本距离

2. 判断题

1）在聚类分析中，曼哈顿距离通常用于度量样本之间的相似度。（　　）
2）轮廓系数的值越接近 1，表示聚类效果越好。（　　）
3）K 均值聚类算法对噪声和异常值敏感。（　　）
4）DBSCAN 算法能够识别出任意形状的聚类。（　　）
5）层次聚类法不需要预先指定聚类个数。（　　）

3. 简答题和论述题

1）请简述 K 均值聚类算法的基本步骤。
2）DBSCAN 算法中的核心点、边界点和噪声点分别是什么？
3）论述在聚类分析中，如何选择合适的相似度或距离度量方法。
4）请讨论不同的聚类评估指标，并说明它们各自的优缺点。
5）结合实际案例，比较 K 均值聚类、DBSCAN 和层次聚类法的适用场景和性能差异。

部分习题
参考答案

第10章 深度学习基础及交通标志分类实践项目

作为人工智能领域革命性的技术范式,深度学习通过模拟生物神经元连接机制,构建起多层级特征抽象能力,为复杂交通场景的图像识别与语义理解提供了全新解决方案。在智慧交通系统中,基于深度学习的图像分类技术已成为车辆属性识别、交通事故分析、路况感知等核心任务的基础性工具。

本章采用"基础理论—技术框架—工程实践"三位一体的架构设计,首先从神经网络基本概念出发,解析单层感知机、多层感知机等基础模型,逐步深入信号前向传播、误差反向传播等深度学习核心机制,系统阐述深度学习技术原理及主流框架;并聚焦交通图像分类场景,通过交通交通标志分类实践项目,展现深度学习从理论建模到工程落地的完整技术路径。

10.1 神经网络

10.1.1 神经网络基本概念

现如今所见到的绝大多数人工智能算法都离不开深度学习的支持,事实上,在深度学习算法成熟之前,机器学习作为人工智能的一种核心工具就用到了神经网络,在深度学习空前发展的影响下,机器学习中最受欢迎的算法才从传统的 SVM 算法等逐渐转变为现如今的神经网络算法,准确来讲应该是深层神经网络,也就是深度学习。

如图 10-1 所示,机器学习是实现人工智能的一种基本途径,神经网络是隶属于机器学习的一种具体的算法,而深度学习,也就是深层神经网络,又是神经网络算法的一种,因此可以简单地理解为:深度学习 $\in$ 神经网络 $\in$ 机器学习 $\in$ 人工智能。

人工神经网络(Artificial Neural Network,ANN),也简称为神经网络(Neural Network,NN)或连接模

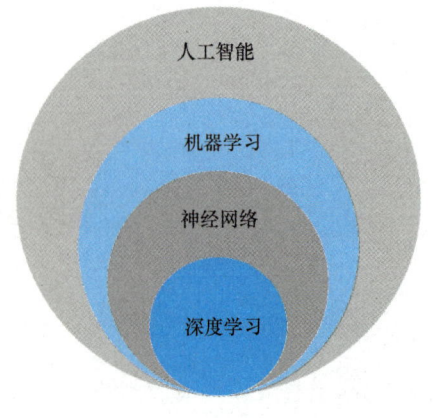

图 10-1 人工智能、机器学习、神经网络、深度学习的关系

型（Connection Model），是一种模仿生物神经网络行为特征进行分布式并行信息处理的算法模型。神经网络依靠复杂的系统模型，通过调整内部大量节点之间的相互连接关系，达到处理信息的目的。总的来讲，神经网络是一种由具有适应性的简单单元组成的广泛并行连接单元，它的组织结构能够模拟生物神经系统对真实世界物体做出的交互反应。因此神经网络中的基本单元——人工神经元，与生物神经元之间具有相似的结构与作用。

10.1.2 单层感知机

生物神经元与人工神经元基本结构如图 10-2 所示，人工神经网络借鉴了生物神经元的结构与功能特征，模仿其信息接收、处理和传递功能而设计。生物神经元与人工神经元的结构功能对照见表 10-1。

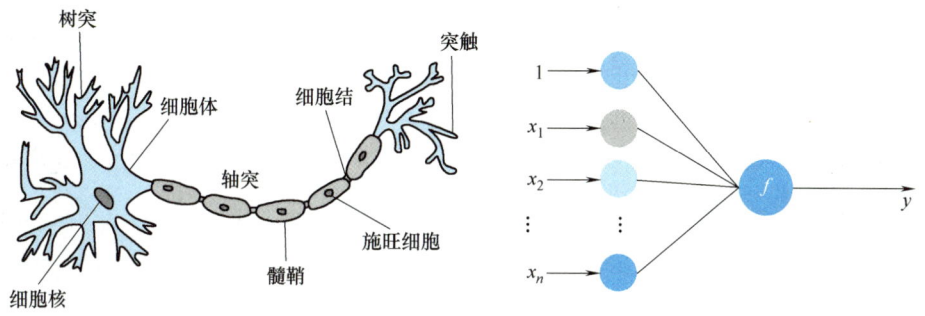

图 10-2 生物神经元与人工神经元的基本结构

表 10-1 生物神经元与人工神经元的结构功能对照

生物神经元	人工神经元	作用
树突	输入层	接收输入信号（数据）
细胞体	加权和	加工处理信号（数据）
轴突	激活函数	控制输出
突触	输出层	输出结果

借鉴生物神经元结构设计的人工神经元就是单层感知机（或单层感知器），单层感知机（Single Layer Perceptron）是最简单的神经网络，包含输入层和输出层，且二者是直接连接的。单层感知机结构如图 10-3 所示，其中，x_i 为输入，可以是图像等特征信息，也可以是来自其他神经元的输入；w_i 表示相应的网络连接权重，b 是偏置，输入 x_i 乘以相应权重 w_i，然后累加，再加上偏置，经过激活函数 f 计算得到输出 y。其中输入层在于模拟生物神经元的树突接收输入信号，加权和的计算则是模拟生物神经元的细胞体进行加工和处理接收到的信号，激活函数的作用在于模拟生物神经元的轴突控制信号的输出，输出层即是模拟生物神经元的突触对结果进行输出。

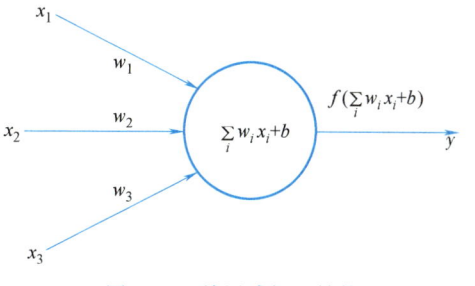

图 10-3 单层感知机结构

一个单层感知机可以简单理解为一个线性回归模型,由输入数据、权重、偏差(或阈值)和输出构成。单层感知机的计算公式为

$$y = f\left(\sum_i w_i x_i\right) \tag{10-1}$$

对于单层感知机来讲,训练的过程就是学习获得它的权重和偏置的过程,如果将偏置也看作一个特殊的权重,那么问题就转化为通过训练数据集来得到权重 w_i 的过程。对于训练数据 (x_i, y_i),假设单层感知机输出为 $\hat{y}_i$,那么在其学习过程中权重参数的调整为

$$w_i = w_i + \Delta w_i \tag{10-2}$$

$$\Delta w_i = \eta(y_i - \hat{y}_i) x_i \tag{10-3}$$

式中,η 为学习率,取值范围为(0,1)。

下面利用单层感知机解决一个简单的分类问题:假设平面坐标系上有 4 个点,分别是标签为 1 的(5,4)和(4,5),标签为-1 的(1,2)和(3,2),构建一个单层感知机将这 4 个数据分为两类。

讲解视频

```
#单层感知机
import numpy as np
import matplotlib.pyplot as plt
#输入数据
X = np.array([[1,5,4],
              [1,4,5],
              [1,1,2],
              [1,3,2]])
#标签
Y = np.array([[1],
              [1],
              [-1],
              [-1]])
#np.random.random([m,n]):生成 m 行 n 列的浮点数,数据范围是 0~1 之间
#权值初始化,3 行 1 列(对应输入和输出数量),取值范围是-1~1
W = (np.random.random([3,1])-0.5)*2
print(W)
#学习率设置
lr = 0.11
#神经网络输出
out = 0
#定义更新权值函数
def update():
    global X,Y,W,lr
    Y_P = np.sign(np.dot(X,W))#预测值
    #将 4 个值的误差进行累加,再求平均,先求 X 矩阵的转置(.T),再求与 Y-Y_P 的点积
    W_C = lr*(X.T.dot(Y-Y_P))/int(X.shape[0])
    W = W+W_C
```

```
for i in range(100):
    update()                           #更新权值
    print(W)                           #打印当前权值
    print(i)                           #打印迭代次数
    out = np.sign(np.dot(X,W))         #计算当前输出,每次得到4个预测值
    if(out == Y).all():                #如果实际输出等于期望输出,模型收敛,循环结束
        print('Finished')
        print('epoch:',i)
        break
#绘制图形
#正样本
x1 = [5,4]
y1 = [4,5]
#负样本
x2 = [1,3]
y2 = [2,2]
#计算分界线的斜率以及截距
k = -W[1]/W[2]
d = -W[0]/W[2]
print('k =',k)
print('d =',d)
xdata = (-2,6)
plt.figure()
plt.plot(xdata, xdata * k+d,'r')
plt.scatter(x1,y1,c='b')
plt.scatter(x2,y2,c='y')
plt.show()
```

利用上述代码构建的单层感知机对4个点进行分类,分类结果如图10-4所示。

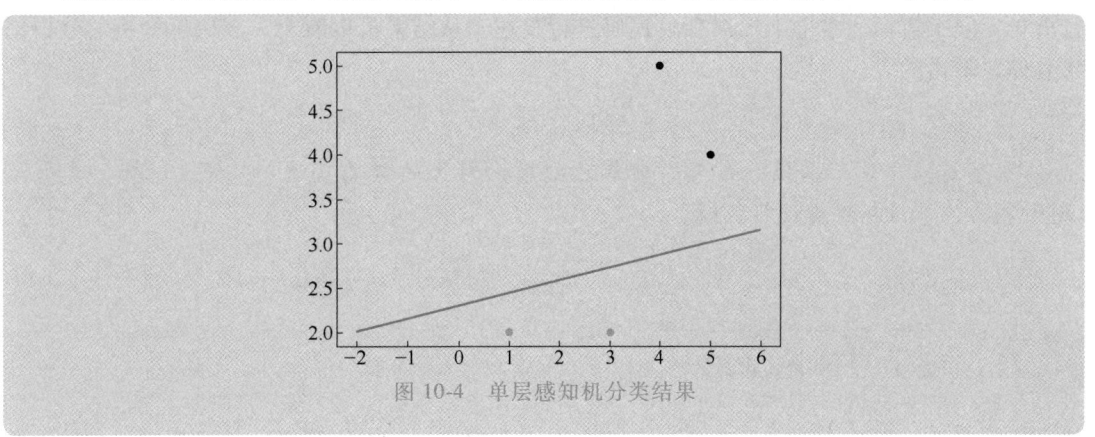

图10-4 单层感知机分类结果

10.1.3 多层感知机

单层感知机能解决的问题是有限的,把多个单层感知机纵向、横向组合叠加,就形成了多层感知机(Multi-Layer Perception,MLP),MLP 是一种全连接神经网络,此时单层感知机就变成了神经网络的神经元。神经网络层可以分为输入层、隐藏层和输出层。一般来说第一层是输入层,最后一层是输出层,而中间是隐藏层,且层与层之间是全连接的。MLP 结构示意图如图 10-5 所示。

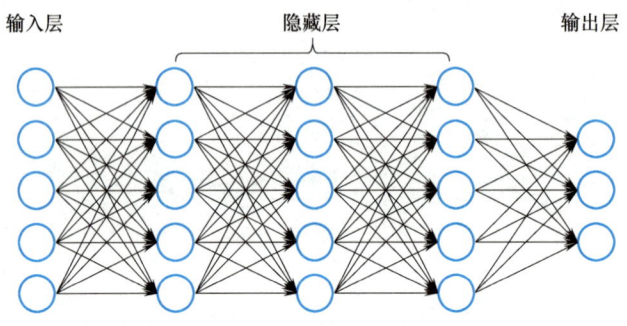

图 10-5　MLP 结构示意图

神经网络就是用简单函数叠加起来形成复杂的函数,完成复杂的任务,例如傅里叶变换、多项式的泰勒展开等,都可以分解为简单函数的叠加,又如人体中的生物神经网络,简单的生物神经元通过组合叠加成复杂的生物神经网络。神经元和感知机本质上是一样的,只不过感知机的激活函数是阶跃函数,而神经元的激活函数往往选择为 Sigmoid 函数或 ReLU 函数等。

10.1.4　综合实践项目——交通事故的严重程度判断

本项目针对 3.6.2 节中介绍的法国 BAAC 数据集,采用同样的方法对四个 csv 文件进行处理,另外还采用聚类方法构建一个新的特征。利用 caracteristiques.csv 中的 lat,long(经纬度)特征,通过 K-means 聚类算法提取 5 个事故高发地点,得到 5 个聚类中心点的位置,然后计算所要预测的地点距离最近的聚类中心的距离,最终得到最小距离特征 min_distance_to_cluster。

本节综合应用逻辑回归、KNN、随机森林和多层感知机,对交通事故的严重程度判断进行分析。限于篇幅,本书不再对项目代码进行赘述。从结果可以看出,多层感知机的分析结果总体是不错的。

> 限于篇幅,关于本项目代码,读者可扫描内封上的二维码进行下载;可扫描右侧二维码观看讲解视频。

讲解视频

10.2　深度学习理论基础

受限于计算机算力和数学理论的不够完善,最初的神经网络隐藏层的层数比较有限,大多只有 3~5 个隐藏层，称为浅层神经网络。随着计算机计算能力的提升和数学理论的完善，神经网络隐藏层的层数越来越深，有十几层到上百层，如图 10-6 所示，就发展成了深层神经网络，也称为深度学习。深度学习的"深度"两字有两个含义，一个是网络层数深，另外一个是能够学习到样本更深层次的特征。要搭建一个深度学习模型来求解问题，首先需要选择神经网络类型，比如全连接神经网络、卷积神经网络等，全连接神经网络的结构比较固定，卷积神经网络更灵活。然后需要确定神经元激活函数，选择参数学习方法等。本章以全连接神经网络为例介绍深度学习的一些基本理论，卷积神经网络将在下一章进行介绍。

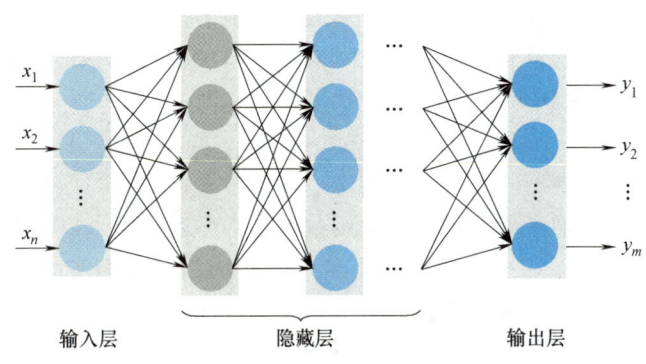

图 10-6　含有多个隐藏层的全连接神经网络

全连接神经网络分为输入层、隐藏层和输出层，其中**隐藏层**可以更好地**分离数据的特征**，但是过多的隐藏层会**导致过拟合问题**。除输入层和输出层之外，**每一层的每一个节点都与上下层节点全部连接**，这就是"全连接"的由来。反映在由神经网络构造出的数学模型上，就是参数很多，构造的模型很复杂。

全连接神经网络训练分为前向传播和反向传播两个过程。前向传播指的是信号前向传播，通过计算可得到损失函数值。反向传播指的是误差的反向传播，是一个优化过程，利用梯度下降法或其他优化方法更新参数，从而减小损失函数值。

10.2.1　信号前向传播

在全连接神经网络、卷积神经网络中，信息从输入层向前移动，通过隐藏节点到达输出层，整个网络中没有循环或者回路。

下面以具有一个输入层、两个隐藏层、一个输出层的简单神经网络为例介绍信号前向传播过程。如图 10-7 所示，输入层的输入参数有两个，分别为 1 和 -1，整个计算过程均按照

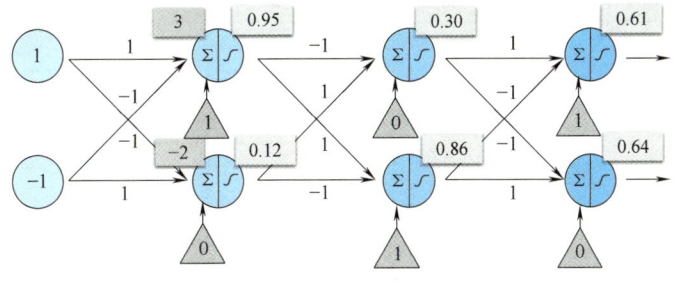

图 10-7　神经网络信号前向传播

$wx+b$ 的形式，即输入参数乘以权重加上偏置，然后将所有结果累加，最终经过激活函数得到输出。图 10-7 中，箭头上方的数字为权重，三角形框内的数字为偏置，使用的激活函数为 Sigmoid 函数。第一层神经网络中第一个神经元的结果是由第一个输入参数 1 乘以权重 1，加上第二个神经元的输入 −1 乘以权重 −1，再加上偏置 1 得到 3，最后再将 3 输入激活函数 Sigmoid 函数得到最终输出结果 0.95，即

$$\text{Sigmoid}(1\times 1+(-1)\times(-1)+1)=0.95 \tag{10-4}$$

其他各个神经元的计算方法都与之类似。不难看出，全连接神经网络实际上就是由多个单层感知机按照一定的规则互相连接起来所形成的，整个神经网络叠加起来可以将其抽象为一个函数，这个函数的输入就是前向神经网络的输入 1 和 −1，函数计算的结果就是前向神经网络对应的输出 0.61 和 0.64，即

$$f\left(\begin{pmatrix}1\\-1\end{pmatrix}\right)=\begin{pmatrix}0.61\\0.64\end{pmatrix} \tag{10-5}$$

到此为止，仅仅只是初步确定出了这个函数的基本形态、输入以及输出，具体函数内部的各个参数值应该是多少还没有完全确定下来，因此该函数目前实际上还是一个的函数集合，并不是一个准确特定的函数，而参数学习需要做的事情就是去不断学习调整这些参数，学习过程需要尽可能地缩小调整函数集合的范围，从而快速找到一组参数使函数能够获得最理想的输出结果。

10.2.2　激活函数

在神经网络和深度学习中，激活函数是一种非线性函数，其作用在于为神经元引入非线性映射关系，将神经元的加权信息输入进行非线性转换，增强网络的表达能力。如果在网络模型中不使用激活函数，每层节点的输入都是上层节点输出的线性函数，此时，无论网络有多少层，最终输出都是输入的线性组合，整个网络的逼近能力将极其有限。引入激活函数，深层神经网络的表达能力就更加强大，不再是输入的线性组合，而是几乎可以逼近任意函数。

常用的激活函数见表 10-2，其中 Sigmoid 函数和 tanh 函数有一个问题，那就是具有饱和性，在误差反向传播的过程中，当输入非常大或者非常小时，其导数会趋近于零，由此会导致向下一层传递时梯度非常小，从而引起梯度消失的问题。ReLU 函数是深度学习常用的激活函数。ReLU 函数在 $x>0$ 时可以保证梯度不变，从而非常有效地解决了梯度消失的问题，

表 10-2　常用的激活函数

函数名称	函数表达式	函数图像
Sigmoid	$\sigma(x)=\dfrac{1}{1+e^{-x}}$	

（续）

函数名称	函数表达式	函数图像
tanh	$f(x)=\tanh(x)$	
ReLU	$f(x)=\max(0,x)$	
Leaky-ReLU	$f(x)=\begin{cases}0.1x, x<0\\ x, x\geqslant 0\end{cases}$	
ELU	$f(x)=\begin{cases}\alpha(e^x-1), x<0\\ x, x\geqslant 0\end{cases}$	
softmax	$\mathrm{softmax}(z_i)=\dfrac{\exp(z_i)}{\sum\limits_{j}\exp(z_j)}$	

但当 $x<0$ 时，梯度为 0，这个神经元及之后的神经元的梯度永远为 0，不再对任何数据有所响应，导致相应参数永远不会被更新，所以就有了改进的 Leaky-ReLU 和 ELU 激活函数。

softmax 也是一种激活函数，它可以将一个数值向量归一化为一个概率分布向量，且各个概率之和为 1，如图 10-8 所示。softmax 可以用来作为神经网络的最后一层，用于多分类问题的输出，通过将上一层的原始数据进行归一化，转化为一个（0,1）之间的数值，这些数值可以被当作概率分布，用来作为多分类的目标预测值。softmax 层常和交叉熵损失函数一起结合使用。

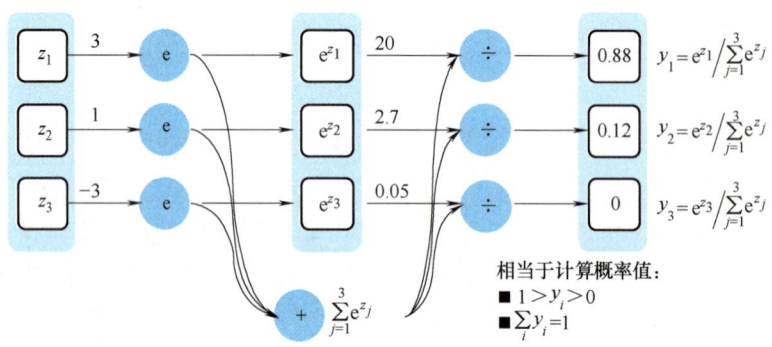

图 10-8　softmax 函数归一化处理

10.2.3　损失函数

损失函数是用来衡量模型的预测值与真实值之间差异程度的函数，在深度学习模型中，损失函数是必不可少的，其主要作用如下。

1）衡量预测的准确性：损失函数主要用于衡量模型输出与真实标签之间的差异。通过最小化损失函数，模型能够不断修正自身的参数和权重，更准确地预测未知样本的标签。

2）优化模型：深度学习模型可以通过梯度下降等方法不断优化和调整模型参数来最小化损失函数，进而优化模型，使得模型预测值能够与真实值更加接近。

3）计算反向传播信号：大多数神经网络模型都是通过反向传播来不断学习更新网络参数，反向传播算法所需要的梯度信息需要利用损失函数来进行计算。

4）评估模型：可以通过比较模型在训练集、测试集、验证集上的损失函数来衡量整个模型的准确性以及泛化能力等性能。

损失函数的使用主要是在模型的训练阶段，每一个批次的数据送入模型进行训练后，通过前向传播输出模型预测值，再通过损失函数计算得出衡量预测值与真实值之间差异的损失值，得到损失值后，模型通过反向传播更新各个参数以便降低预测值与真实值之间的损失，使得模型的预测值能够与真实值逐渐逼近。从原理上来讲，损失函数可以分为两大类。

第一类是基于距离度量的损失函数，这类损失函数通常是将输入数据映射至基于距离度量的特征空间上，例如欧氏空间等，再将映射后的样本看作特征空间上的点，采用合适的损失函数来度量特征空间上真实值与预测值之间的距离。而特征空间上真实值所代表的点与预测值所代表的点之间距离越小，模型预测的性能就越好。这类损失函数包括均方误差（Mean Square Error，MSE）损失函数，最小平方误差（Least Square Error，LSE）损失函数，即 L2 损失函数、最小绝对误差（Least Absolute Error，LAE）损失函数，即 L1 损失函数，Smooth 损失函数，Huber 损失函数等。

第二类是基于概率分布的损失函数,这类损失函数是将样本之间的相似性转化为随机事件出现的可能性,亦即通过度量样本的真实分布与估计分布之间的距离来判断两者之间的相似度,一般用于涉及概率分布或者预测类别出现概率的问题中,尤其是分类问题中较为常用。这类损失函数包括 KL 散度函数(相对熵损失函数)、交叉熵损失函数、softmax 损失函数、Focal 损失函数。常用的损失函数见表 10-3,其中 $f(X)$ 为预测值,Y 为样本标签值,L 为损失函数值,p_x 为模型预测的概率,q_x 为真实分布的概率。

表 10-3 常用损失函数

用途	函数名称	函数表达式
分类	Hinge 损失函数	$L(Y,f(X))=\max(0,1-Y\times f(X))$
	Focal 损失函数	$L(p_x)=-\alpha(1-p_x)^\gamma \log(p_x)$
	KL 散度函数	$L=\sum q_x \log(q_x/p_x)$
	log 损失函数	$L=-\sum q_x \log(p_x)$
回归	MSE 损失函数	$L=\dfrac{1}{n}\sum_{i=1}^{n}(Y-f(X))^2$
	MAE 损失函数	$L=\dfrac{1}{n}\sum_{i=1}^{n}\lvert Y-f(X)\rvert$
	Huber 损失函数	$L=\dfrac{1}{n}\sum_{i=1}^{n}\begin{cases}\dfrac{1}{2}(Y-f(X))^2,\ \lvert Y-f(X)\rvert\leq\delta\\ \delta\lvert Y-f(X)\rvert-\dfrac{1}{2}\delta^2,\ \lvert Y-f(X)\rvert>\delta\end{cases}$
	log-cosh 损失函数	$L=\log(Y-f(X))$
	Exponential 损失函数	$L=\dfrac{1}{n}\sum_{i=1}^{n}e^{-Yf(X)}$
	Quantile 损失函数	$L=\gamma\max(0,Y-f(X))+(1-\gamma)\max(0,f(X)-Y)$

10.2.4 参数优化方法

深度学习算法的本质都是建立模型,通过优化方法对损失函数进行训练优化,找出最优的参数组合,也就找到了当前问题的最优解模型。下面介绍几种常见的参数优化方法。

1. 梯度下降法

梯度下降法用当前位置负梯度方向作为搜索方向,因为负梯度方向是当前位置损失函数的最快下降方向,因此也被称为"最速下降法"。

(1)标准梯度下降法 标准梯度下降法(Batch Gradient Descent)参数更新公式为

$$\theta=\theta-\alpha\nabla_\theta J(\theta) \qquad (10\text{-}6)$$

式中,θ 为需要训练更新的参数;$J(\theta)$ 为代价函数;$\nabla_\theta J(\theta)$ 为代价函数的梯度;α 为学习率。

梯度下降法的优点在于,若代价函数为凸函数,则一定能够找到全局最优解,若代价函数为非凸函数,则能够保证至少收敛到局部最优解。但是在接近最优解区域时,收敛速度会明显变缓,因此利用梯度下降法来求解更新参数需要迭代次数非常多。此外,标准梯度下降法是先计算所有样本的总误差,然后根据总误差来更新参数,这种更新方式对于大规模样本问题的求解效率是很低的,因此提出了随机梯度下降法和小批量梯度下降法。

（2）随机梯度下降法 随机梯度下降法（Stochastic Gradient Descent，SGD），参数更新公式为

$$\theta=\theta-\alpha\nabla_\theta J(\theta;x^i,y^i) \tag{10-7}$$

与标准梯度下降法计算所有样本汇总误差不同，随机梯度下降法是随机抽取一个样本来计算误差，然后更新权值。这种参数计算更新方法的优点在于收敛速度快，如果样本数量很大，那么仅需要用到其中少量的样本就可以使得参数迭代至最优。随机梯度下降法是最小化每个样本的损失函数，尽管不是每次迭代得到的损失函数都是朝向全局最优，但是总体方向仍旧是朝向全局最优的，并且由于在参数更新的过程中随机挑选样本，因此会有更多的概率挑出一个相对较差的局部最优解，再收敛到一个更优的局部最优解甚至全局最优解。但随机梯度下降法还是很难避免收敛到局部最优解，并且容易被困在鞍点附近。因此结合标准梯度下降法和随机梯度下降法提出了小批量梯度下降法。

（3）小批量梯度下降法 小批量梯度下降法（mini-batch Gradient Descent），参数更新公式如下：

$$\theta=\theta-\alpha\nabla_\theta J(\theta;x^{i:i+n},y^{i:i+n}) \tag{10-8}$$

小批量梯度下降法每次训练都是从训练集中取一个子集（mini-batch）用于梯度计算，基于计算出的梯度进行参数更新。相较于前两种梯度下降方法，该方法的收敛速度比前两种都快，并且收敛较为稳定。当然它也有一些缺点，例如对学习率的选择较为敏感、需要使用较为合适的初始化数据和步长等，但是整体性能上来看是优于前两者的。因此，现如今使用的梯度下降法往往都是指小批量梯度下降法。

2. Momentum

Momentum（动量法）优化方法借用了物理上动量的概念，模拟真实物体运动的惯性，在更新参数时一定程度上保留之前参数更新的方向，同时利用当前batch（批）梯度微调最终参数更新的方向。Momentum优化方法的参数更新公式为

$$\begin{cases} v_t=\gamma v_{t-1}+\alpha\nabla_\theta J(\theta) \\ \theta=\theta-v_t \end{cases} \tag{10-9}$$

式中，γ为动力参数，一般设置为0.9，表示历史梯度对当前梯度的影响。

通过γ参数，Momentum优化方法会观察历史梯度v_{t-1}与当前梯度v_t，如果二者方向一致，则会增强这个方向上的梯度，加速该方向上的参数更新速度；如果二者方向不一致，则会衰减当前方向上的梯度，抑制该方向上的参数更新速度。Momentum优化方法的优点在于梯度下降初期，可以利用上一次参数更新，如果二者下降方向一致，则可以通过乘以γ加速下降过程；在梯度下降中后期，倘若在局部最优解附近振荡，γ可以使得参数更新幅度增大，更利于跳出局部最优点。总而言之，相较于梯度下降法，Momentum优化方法能够在梯度下降方向上加速参数更新，从而达到加快收敛的效果。

但是，在Momentum优化方法中，更新的参数类似于小球下坡，只会盲目地跟随最大下降梯度，这在某些场景下会带来不必要的错误，例如在进入一个坡底时有可能会因为参数更新过快从而导致冲出坡底。因此，需要加入一个抑制项γv_{t-1}，使得小球能够简单地预测下一个位置的梯度，这就是Nesterov Momentum优化方法，其参数更新公式如下：

$$\begin{cases} v_t=\gamma v_{t-1}+\alpha\nabla_\theta J(\theta-\gamma v_{t-1}) \\ \theta=\theta-v_t \end{cases} \tag{10-10}$$

在 Momentum 优化方法中,如果只看 γv_{t-1} 项,那么参数 θ 经过当前更新后就会变为 $\theta - \gamma v_{t-1}$,因此 $\theta - \gamma v_{t-1}$ 可以近似看作下一时刻的参数,利用下一时刻的参数求解梯度,再将其作用在当前参数更新上,就可以避免梯度变化太快。此外,由于加入了前瞻项,在梯度进行一个比较大的跳跃时都会根据前瞻项 $\alpha \nabla_\theta J(\theta - \gamma v_{t-1})$ 对当前梯度进行修正,这也使得参数更新对于梯度变化更灵敏。

3. Adam

Adam(Adaptive Moment Estimation)优化器是一种基于梯度下降的优化算法,由 Diederik P. Kingma 和 Jimmy Ba 在 2014 年提出。Adam 优化器采用了多个技巧,包括动量优化、学习率衰减和归一化梯度,其参数更新公式如下:

$$\begin{cases} m_t = \beta_1 m_{t-1} + (1-\beta_1) g_t \\ v_t = \beta_2 v_{t-1} + (1-\beta_2) g_t^2 \\ \hat{m}_t = \dfrac{m_t}{1-\beta_1^t} \\ \hat{v}_t = \dfrac{v_t}{1-\beta_2^t} \\ \theta_{t+1} = \theta_t - \dfrac{\alpha}{\sqrt{\hat{v}_t} + \varepsilon} \hat{m}_t \end{cases} \quad (10\text{-}11)$$

式中,β_1 和 β_2 分别为 2 个移动平均的衰减率;α 为步长;θ 为需要训练更新的参数;m_t 为对梯度的一阶矩估计,可以看作 $E[g_t]$ 的近似值;v_t 为对梯度的二阶矩估计,可以看作 $E[g_t^2]$ 的近似值;$\hat{m}_t$、$\hat{v}_t$ 分别为对 m_t、v_t 的校正,可以近似看作对期望的无偏估计;ε 是为了维持数据稳定性而添加的常数;g_t 为 t 时间步时的梯度。

无论数据稀疏与否,Adam 优化器都能取得相对较好的效果,因此,在实际应用中,Adam 优化器使用较为广泛。

10.2.5 误差反向传播

在 10.1.2 节给出了单层感知机的参数更新公式,即式(10-2)和式(10-3)。在多层神经网络中,上一层的输出是下一层的输入,要在网络中的每一层计算损失函数的梯度会非常复杂。为了解决这个问题,以 McClelland 和 Rumelhart 为首的科学家小组提出一种误差反向传播(Back Propagation,BP)算法。BP 算法解决了多层神经网络的学习问题,极大促进了神经网络的发展。BP 神经网络也是整个人工神经网络体系中的精华,广泛应用于分类识别、逼近、回归、压缩等领域。在实际应用中,大约 80% 的神经网络模型都采取了 BP 网络或 BP 网络的变化形式。

BP 算法的更新参数过程如下。

1)将训练集数据输入到神经网络的输入层,经过隐藏层,最后到达输出层并输出结果,这就是前向传播过程。

2)由于神经网络的输出结果与实际结果有误差,计算估计值与实际值之间的误差(交叉熵损失函数值或最小二乘法值),并将该误差从输出层向隐藏层反向传播,直至传播到输入层。

3）在反向传播的过程中，根据误差调整各参数的值（相连神经元的权重），使得总损失函数减小。

4）迭代上述三个步骤（即对数据进行反复训练），直到满足停止准则。

BP算法实际上是一种在神经网络训练过程中用来计算梯度的方法，它能够计算损失函数对网络中所有模型参数的梯度，这个梯度会反馈给某种学习算法，例如梯度下降法，用来更新权值，以最小化损失函数。除了梯度下降法，也可以采用其他的学习算法。另外，BP算法并不仅仅适应于多层神经网络，原则上它可以计算任何函数的导数。

反向传播是将梯度向反方向传递。传递梯度的原理，是基于链式法则（Chain Rule）。链式法则是微积分中的一种重要规则，它可以用于求解复合函数的导数。在数学中，复合函数是由多个函数组合而成的函数，例如$f(g(x))$，其中$g(x)$和$f(x)$都是函数。链式法则描述了如何计算复合函数的导数，它可以帮助更好地理解函数之间的关系，从而解决复杂问题。

具体来说，链式法则可以表示为若$y=f(u)$，$u=g(x)$，则有：

$$\frac{dy}{dx}=\frac{dy}{du}\cdot\frac{du}{dx} \tag{10-12}$$

式（10-12）表明，对于复合函数$y=f(g(x))$，它的导数可以通过先求出y对u的导数，再求u对x的导数，最后将两个导数相乘得到。这个过程相当于将复合函数分解成两个简单函数的导数的乘积。在神经网络中，每个节点都可以看作一个复合函数，它的输出值只与其输入值有关。因此，可以使用链式法则来计算神经网络中每个节点的梯度，从而实现神经网络的训练和优化。

接下来以一个简单的全连接神经网络为例演示使用BP算法更新权重参数的过程。如图10-9所示，该神经网络输入层的两个信息为i_1和i_2，有一个隐藏层，该隐藏层有两个神经元h_1和h_2；输出层有两个神经元，分别为o_1和o_2。由于是全连接神经网络，图10-9中有8条连接线，所以有8个权重参数，另外还有隐藏层的偏置b_1和输出层的偏置b_2两个参数。

要求根据给出的输入数据训练模型，更新权重和偏置参数，使得输出尽可能与期望输出接近，采用的激活函数为Sigmoid函数。

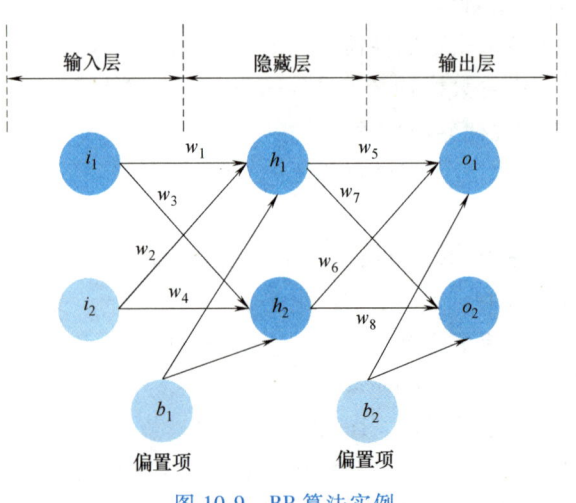

图10-9 BP算法实例

本实例中，输入信息$i_1=0.02$，$i_2=0.7$；输出信息$o_1=0$，$o_2=1$。假定初始化权重参数为$w_1=0.1$，$w_2=0.2$，$w_3=0.3$，$w_4=0.4$，$w_5=0.2$，$w_6=0.3$，$w_7=0.1$，$w_8=0.2$；偏置参数为$b_1=0.3$，$b_2=0.2$。使用BP算法更新权重偏置的计算过程如下。

1. Step1：信号前向传播（激活函数为 Sigmoid）

（1）输入层——→隐藏层　输入层的两个信息 i_1 和 i_2，传播到隐藏层神经元 h_1 的激活值为 net_{h1}，见式（10-13）。通过激活函数得到隐藏层神经元 h_1 的激活值 out_{h1}，见式（10-14）。使用同样的方法可以得到隐藏层神经元 h_2 的激活值 out_{h2}，见式（10-15）。

$$\begin{aligned} net_{h1} &= w_1 \times i_1 + w_2 \times i_2 + b_1 \\ &= 0.1 \times 0.02 + 0.2 \times 0.7 + 0.3 \\ &= 0.442 \end{aligned} \tag{10-13}$$

$$out_{h1} = \frac{1}{1+e^{-net_{h1}}} = \frac{1}{1+e^{-0.442}} = 0.60874 \tag{10-14}$$

$$out_{h2} = \frac{1}{1+e^{-net_{h2}}} = \frac{1}{1+e^{-0.586}} = 0.64245 \tag{10-15}$$

（2）隐藏层——→输出层　隐藏层两个神经元的输出 out_{h1} 和 out_{h2}，传播到输出层神经元 o_1 的激活值为 net_{o1}，见式（10-16），通过激活函数激活得到输出层神经元 o_1 的激活值 out_{o1}，见式（10-17）。使用同样的方法可以得到输出层神经元 o_2 的激活值 out_{o2} 的值，见式（10-18）。

$$\begin{aligned} net_{o1} &= w_5 \times out_{h1} + w_6 \times out_{h2} + b_2 \\ &= 0.2 \times 0.60874 + 0.3 \times 0.64245 + 0.2 \\ &= 0.51448 \end{aligned} \tag{10-16}$$

$$out_{o1} = \frac{1}{1+e^{-net_{o1}}} = \frac{1}{1+e^{-0.51448}} = 0.62586 \tag{10-17}$$

$$out_{o2} = \frac{1}{1+e^{-net_{o2}}} = \frac{1}{1+e^{-0.389364}} = 0.59613 \tag{10-18}$$

经过神经网络第一轮前向传播完成后，输出值为（0.62586，0.59613），与实际值 [0，1] 相差大。第二步将使用 BP 算法来更新参数。

2. Step2：误差反向传播

（1）计算总误差　采用平方误差作为衡量标准，总误差 E_{total} 为输出层第一个神经元的平方误差 E_{o1} 与第二个神经元的平方误差 E_{o2} 之和。计算 E_{o1} 见式（10-19），计算 E_{o2} 见式（10-20），计算总误差 E_{total} 见式（10-21）。

$$E_{o1} = \frac{1}{2}(target_{o1} - out_{o1})^2 = \frac{1}{2}(0 - 0.62586)^2 = 0.19585 \tag{10-19}$$

$$E_{o2} = \frac{1}{2}(target_{o2} - out_{o2})^2 = \frac{1}{2}(1 - 0.59613)^2 = 0.08156 \tag{10-20}$$

$$E_{total} = E_{o1} + E_{o2} = 0.19585 + 0.08156 = 0.27741 \tag{10-21}$$

（2）隐藏层——→输出层的权值更新　误差 E_{total} 与所有权重参数之间是有函数关系的。以权重参数 w_5 为例，如图 10-10 所示，E_{total} 与 E_{o1} 存在函数关系，E_{o1} 与 out_{o1} 存在函数关系，out_{o1} 与 net_{o1} 存在函数关系，而 net_{o1} 和 w_5 存在函数关系，所以，E_{total} 和 w_5 存在函数关系。通过梯度下降法更新权重参数 w_5，需要求出总误差 E_{total} 对于 w_5 的偏导，E_{total} 对于

w_5 的偏导求解见式（10-22）。

$$\frac{\partial E_{\text{total}}}{\partial w_5} = \frac{\partial E_{\text{total}}}{\partial \text{out}_{o1}} \times \frac{\partial \text{out}_{o1}}{\partial \text{net}_{o1}} \times \frac{\partial \text{net}_{o1}}{\partial w_5} \quad (10\text{-}22)$$

这实际是一个"链式求导"过程，分别求出后面三项，就可以求出 E_{total} 对于 w_5 的偏导。下面分别求解这三项。

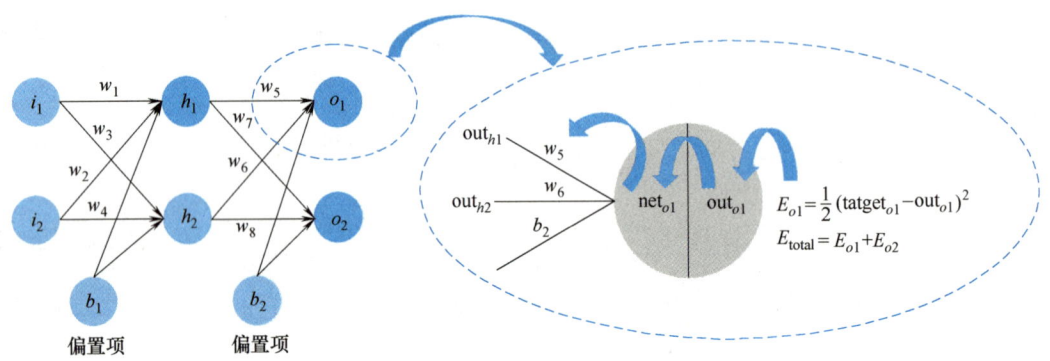

图 10-10　总误差与权重参数 w_5 的关系图

1）计算 $\dfrac{\partial E_{\text{total}}}{\partial \text{out}_{o1}}$：前面已经说明，总误差采用平方误差方法，总误差 E_{total} 为输出层两个神经元的误差之和，见式（10-23）。求总误差对输出层第一个神经元的输出 out_{o1} 的偏导，见式（10-24）。

$$\begin{aligned} E_{\text{total}} &= E_{o1} + E_{o2} \\ &= \frac{1}{2}(\text{target}_{o1} - \text{out}_{o1})^2 + \frac{1}{2}(\text{target}_{o2} - \text{out}_{o2})^2 \end{aligned} \quad (10\text{-}23)$$

$$\begin{aligned} \frac{\partial E_{\text{total}}}{\partial \text{out}_{o1}} &= 2 \times \frac{1}{2}(\text{target}_{o1} - \text{out}_{o1})^{2-1} \times (-1) \\ &= \text{out}_{o1} - \text{target}_{o1} \\ &= 0.62586 - 0 = 0.62586 \end{aligned} \quad (10\text{-}24)$$

2）计算 $\dfrac{\partial \text{out}_{o1}}{\partial \text{net}_{o1}}$：输出层第一个神经元的输出 out_{o1} 与激活值 net_{o1} 是激活函数关系，激活函数采用的 Sigmoid 函数，见式（10-25），求 out_{o1} 对 net_{o1} 的偏导，见式（10-26）。

$$\text{out}_{o1} = \frac{1}{1 + e^{-\text{net}_{o1}}} \quad (10\text{-}25)$$

$$\frac{\partial \text{out}_{o1}}{\partial \text{net}_{o1}} = \text{out}_{o1}(1 - \text{out}_{o1}) = 0.62586 \times (1 - 0.62586) = 0.23416 \quad (10\text{-}26)$$

3）计算 $\dfrac{\partial \text{net}_{o1}}{\partial w_5}$：输出层第一个神经元的激活值 net_{o1} 与权重参数 w_5 的关系见式（10-27），求 net_{o1} 对 w_5 的偏导，见式（10-28）。

$$\text{net}_{o1} = w_5 \times \text{out}_{h1} + w_6 \times \text{out}_{h2} + b_2 \quad (10\text{-}27)$$

$$\frac{\partial \text{net}_{o1}}{\partial w_5} = \text{out}_{h1} = 0.60874 \tag{10-28}$$

综合式（10-23）、式（10-24）、式（10-26）、式（10-28），可以求总误差 E_total 对 w_5 的偏导，见式即

$$\frac{\partial E_\text{total}}{\partial w_5} = \frac{\partial E_\text{total}}{\partial \text{out}_{o1}} \times \frac{\partial \text{out}_{o1}}{\partial \text{net}_{o1}} \times \frac{\partial \text{net}_{o1}}{\partial w_5} \tag{10-29}$$

$$= 0.62586 \times 0.23416 \times 0.60874 = 0.08921$$

然后利用梯度下降法更新 w_5 的值，有

$$w_5^+ = w_5 - \eta \times \frac{\partial E_\text{total}}{\partial w_5} = 0.2 - 0.5 \times 0.08921 = 0.15540 \tag{10-30}$$

式中，η 是学习率，需要预先给值的超参数，本实例中取 $\eta = 0.5$。

使用同样的方法，可更新 w_6、w_7、w_8 的值。需要注意的是，在求每个参数更新值的时候，其他参数在这一轮中仍然用更新前的值，比如求 w_6 的更新值时，前面计算公式中如有 w_5 的值，要用原来的值，也就是各权重参数要同步更新。

（3）输入层——隐藏层的权值更新 以权重参数 w_1 为例，采用梯度下降法更新 w_1 的值，需要求出总误差 E_total 对于 w_1 的偏导值。总误差 E_total 为 E_{o1} 和 E_{o2} 之和，从信号前向传播分析可知，i_1 和 w_1 传播到 h_1，h_1 的输出会分别传播到 o_1 和 o_2，可知 E_{o1} 和 E_{o2} 都是 w_1 的函数，如图 10-11 所示。虽然从图 10-11 中看上去 w_1 离最后得到的总误差 E_total 更远，但 E_total 和 w_1 是存在函数关系的，根据链式法则得到 E_total 对 w_1 的偏导见式（10-31）。

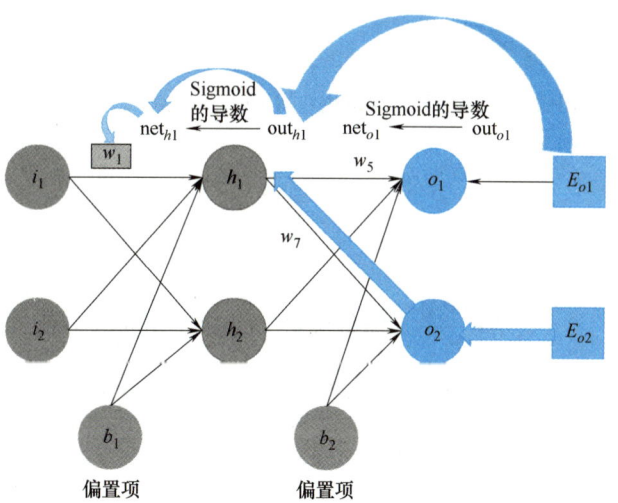

图 10-11　总误差与权重参数 w_1 的关系图

$$\frac{\partial E_\text{total}}{\partial w_1} = \frac{\partial E_\text{total}}{\partial \text{out}_{h1}} \times \frac{\partial \text{out}_{h1}}{\partial \text{net}_{h1}} \times \frac{\partial \text{net}_{h1}}{\partial w_1} \tag{10-31}$$

分别计算式（10-31）的右边三项。

1）计算 $\dfrac{\partial E_\text{total}}{\partial \text{out}_{h1}}$：总误差 E_total 对隐藏层第一个神经元的输出 out_{h1} 的偏导可以写成式（10-32）。同样根据链式法则，E_{o1} 对 out_{h1} 的偏导可以用式（10-33）求解，E_{o2} 对 out_{h1} 的偏导可以用式（10-34）求解。

$$\frac{\partial E_\text{total}}{\partial \text{out}_{h1}} = \frac{\partial E_{o1}}{\partial \text{out}_{h1}} + \frac{\partial E_{o2}}{\partial \text{out}_{h1}} \tag{10-32}$$

$$\frac{\partial E_{o1}}{\partial \text{out}_{h1}} = \frac{\partial E_{o1}}{\partial \text{out}_{o1}} \times \frac{\partial \text{out}_{o1}}{\partial \text{net}_{o1}} \times \frac{\partial \text{net}_{o1}}{\partial \text{out}_{h1}} = 0.62586 \times 0.23416 \times w_5 \quad (10\text{-}33)$$

$$= 0.62586 \times 0.23416 \times 0.2 = 0.02931$$

同理求得

$$\frac{\partial E_{o2}}{\partial \text{out}_{h1}} = \frac{\partial E_{o2}}{\partial \text{out}_{o2}} \times \frac{\partial \text{out}_{o2}}{\partial \text{net}_{o2}} \times \frac{\partial \text{net}_{o2}}{\partial \text{out}_{h1}} = -0.40387 \times 0.24076 \times w_7 \quad (10\text{-}34)$$

$$= -0.40387 \times 0.24076 \times 0.1 = -0.00972$$

综合式（10-33）和式（10-34），可得到总误差 E_{total} 对 out_{h1} 的偏导，即

$$\frac{\partial E_{\text{total}}}{\partial \text{out}_{h1}} = \frac{\partial E_{o1}}{\partial \text{out}_{h1}} + \frac{\partial E_{o2}}{\partial \text{out}_{h1}} = 0.02931 + (-0.00972) = 0.01959 \quad (10\text{-}35)$$

2）计算 $\dfrac{\partial \text{out}_{h1}}{\partial \text{net}_{h1}}$：隐藏层第一个神经元的输出 out_{h1} 和隐藏层第一个神经元的激活值 net_{h1} 是通过 Sigmoid 函数激活得到的，所以它们的关系为

$$\text{out}_{h1} = \frac{1}{1 + e^{-\text{net}_{h1}}} \quad (10\text{-}36)$$

由此可以推导得到 out_{h1} 对 net_{h1} 的偏导，即

$$\frac{\partial \text{out}_{h1}}{\partial \text{net}_{h1}} = \text{out}_{h1}(1 - \text{out}_{h1}) \quad (10\text{-}37)$$

$$= 0.60874 \times (1 - 0.60874) = 0.23818$$

3）计算 $\dfrac{\partial \text{net}_{h1}}{\partial w_1}$：隐藏层第一个神经元的激活值 net_{h1} 和 w_1 是线性关系，见式（10-38），可以推导得到 net_{h1} 对 w_1 的偏导，见式（10-39）。

$$\text{net}_{h1} = w_1 \times i_1 + w_2 \times i_2 + b_1 \quad (10\text{-}38)$$

$$\frac{\partial \text{net}_{h1}}{\partial w_1} = i_1 = 0.02 \quad (10\text{-}39)$$

综合式（10-35）、式（10-37）和式（10-39），可得到总误差 E_{total} 对于 w_1 的偏导，即

$$\frac{\partial E_{\text{total}}}{\partial w_1} = \frac{\partial E_{\text{total}}}{\partial \text{out}_{h1}} \times \frac{\partial \text{out}_{h1}}{\partial \text{net}_{h1}} \times \frac{\partial \text{net}_{h1}}{\partial w_1} \quad (10\text{-}40)$$

$$= 0.01959 \times 0.23818 \times 0.02$$

$$= 0.00009$$

最后，更新 w_1 见式（10-41）。需要注意的，更新 w_1 时，其他权重参数都用原来的值，也就是要求各参数都要同步更新。

$$w_1^+ = w_1 - \eta \times \frac{\partial E_{\text{total}}}{\partial w_1} \quad (10\text{-}41)$$

$$= 0.1 - 0.5 \times 0.00009$$

$$= 0.099955$$

使用同样的方法可更新权重参数 w_2，w_3，w_4，以及偏置参数 b_1 和 b_2。

3. Step3：迭代计算

第一轮误差反向传播完成后，总误差 E_{total} 由 0.27741 下降至 0.26537。使用更新后的参数重新计算，迭代 10000 次后，总误差为 0.000063612，输出为（0.00793003941675692，0.9919789331998798），接近目标输出（0，1）。

10.2.6 计算图

大多数神经网络的参数训练、模型更新的过程都离不开前向传播和反向传播，其中涉及大量的运算，如果使用公式来描述的话会很复杂，因此引入计算图（Computation Graph）的概念。计算图是一种用于描述计算过程的数据结构，其基本元素包括节点（node）和边（edge），节点代表的是数据，也就是变量，包括标量、矢量、张量等；而边表示的是操作，也就是函数。计算图中节点之间的结构关系也被称为拓扑结构（Topological Structure）。用计算图表示函数计算 $z=f(x,y)$ 及复合函数 $y=f(g(h(x)))$ 如图 10-12 所示。

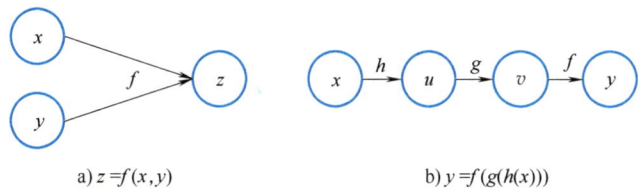

a) $z=f(x,y)$ b) $y=f(g(h(x)))$

图 10-12　计算图示例

使用计算图描述求导操作也是比较清晰的，可以直观地表示链式法则。对于复合函数求导有两种情况。

第一种情况为

$$\begin{cases} z=f(x) \\ y=g(x) \\ z=h(y) \\ \dfrac{\mathrm{d}z}{\mathrm{d}x}=\dfrac{\mathrm{d}z}{\mathrm{d}y}\dfrac{\mathrm{d}y}{\mathrm{d}x} \end{cases} \tag{10-42}$$

链式求导情况一的计算图如图 10-13 所示。

第二种情况为

$$\begin{cases} z=f(w) \\ x=g(w) \\ y=h(w) \\ z=k(x,y) \\ \dfrac{\mathrm{d}z}{\mathrm{d}w}=\dfrac{\mathrm{d}z}{\mathrm{d}x}\dfrac{\mathrm{d}x}{\mathrm{d}w}+\dfrac{\mathrm{d}z}{\mathrm{d}y}\dfrac{\mathrm{d}y}{\mathrm{d}w} \end{cases} \tag{10-43}$$

链式求导情况二的计算图如图 10-14 所示。

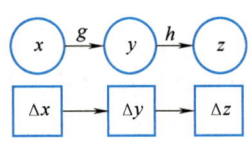
图 10-13　链式求导情况一的计算图

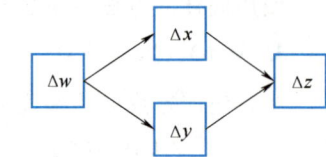
图 10-14　链式求导情况二的计算图

常见的复合函数计算都是由上述两种方式互相结合形成，需要灵活应用链式法则求导以便计算梯度。下面给出利用计算图对常见复合函数的求导过程。

$$\begin{cases} e = c \times d \\ c = a+b \\ d = b+1 \end{cases} \quad (10\text{-}44)$$

假定式中 $a=1$，$b=2$，简单计算后可知 $c=3$，$d=3$，$e=9$，对式（10-44）求导可得

$$\begin{cases} \dfrac{\partial c}{\partial a} = 1 \\ \dfrac{\partial c}{\partial b} = 1 \\ \dfrac{\partial d}{\partial b} = 1 \\ \dfrac{\partial e}{\partial c} = d \\ \dfrac{\partial e}{\partial d} = c \\ \dfrac{\partial e}{\partial a} = \dfrac{\partial e}{\partial c}\dfrac{\partial c}{\partial a} = 3 \\ \dfrac{\partial e}{\partial b} = \dfrac{\partial e}{\partial c}\dfrac{\partial c}{\partial b} + \dfrac{\partial e}{\partial d}\dfrac{\partial d}{\partial b} = 6 \end{cases} \quad (10\text{-}45)$$

利用计算图表示上述计算过程及求导结果如图 10-15 所示。

构建计算图的主要目的是以图形化的方式来表示数学运算过程，可以更清晰明了地理解复杂的运算逻辑以及数据的流动轨迹，并且使得深度学习中的反向传播和梯度计算能够更加方便快捷。一般地，构建计算图主要分为以下几个步骤：

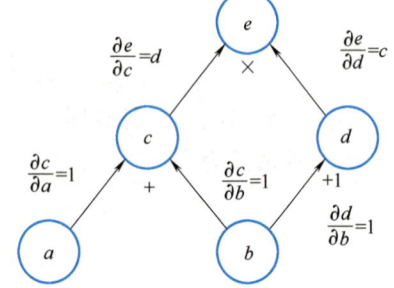
图 10-15　计算图运算示例

1）定义输入数据及其初始值。
2）根据定义的运算逻辑创建响应的节点以及节点之间的边连接关系。
3）从输入节点到输出节点按照计算顺序完成各节点的数据运算。
4）利用计算图前向传播（Forward Propagation）获得输出。
5）利用计算图反向传播（Backward Propagation）计算梯度进行参数优化。

鉴于计算图拥有包括易于理解及可视化、反向传播方便等优点，计算图被广泛应用于机器学习，尤其是在涉及梯度计算、优化算法和自动求导等方面，在 PyTorch、TensorFlow、PaddlePaddle 等深度学习框架中都采用了计算图来支持其复杂的运算。

10.3 深度学习框架

从无到有地设计并训练一个深度学习模型无疑会带来很大的收获，但是当需要以大数据集为基础来构建一个深度学习模型，例如使用深度学习完成图像分类功能，将会成为一个工作量巨大的工程。所以需要尽可能地简化复杂和大规模的深度学习模型的实现，这可以借用易于使用的开源深度学习框架来搭建复杂的深度学习模型，使得深度学习模型的设计变得简单化，比如利用深度学习框架，复杂的反向传播算法只需要一行误差反向传播方法的调用程序语句就能完成。

下面将简单介绍几种目前使用较广泛的深度学习框架，不同框架结构和原理大都相同，但也有各自的特色。其中百度的 PaddlePaddle 是我国首个自主研发、功能完备、开源开放的产业级深度学习平台，虽然起步较晚，但发展迅速，已有不少的产业化落地应用，相信在未来，PaddlePaddle 会有更好的发展，为我国自主产权的人工智能技术发展奠定更好的基础。

10.3.1 TensorFlow

TensorFlow 是一个采用数据流图（Data Flow Graph），用于数值计算的开源库。2015 年 11 月 9 日，Google 发布人工智能系统 TensorFlow 并宣布开源。TensorFlow 最初是由 Google 大脑小组（隶属于 Google 机器智能研究机构）的研究员和工程师们开发，是谷歌基于 DistBelief 进行研发的第二代人工智能学习系统，用于机器学习和深度神经网络方面的研究，这个系统的通用性使其也可广泛用于其他计算领域。

TensorFlow 包括张量（Tensor）、图（Graph）、节点（OP）、会话（Session）几个重要组件。Tensor 用于存放各种数据，如果要完成多个 Tensor 之间的计算就需要在 Graph 中组织数据关系，而执行计算则需要在 Session 中调用 run（）方法，使得 Tensor 能够按照 Graph 设定的数据关系流动，最终得到计算结果。

TensorFlow 的命名来源于其原理，Tensor 意味着 N 维数组，张量是矢量概念的推广，标量是零阶张量，矢量是一阶张量，矩阵可以视为二阶张量。Flow 意味着基于数据流图的计算。TensorFlow 的运行过程就是张量从图的一端流动到另一端的计算过程。张量从图中流过的直观图像是其取名为"TensorFlow"的原因。

10.3.2 PyTorch

PyTorch 也是一个开源的深度学习库，由 Facebook 的人工智能研究团队开发，用于计算机视觉和自然语言处理等领域的深度学习。PyTorch 广泛应用于学术界和工业界，其动态图特性和易用性使其成为深度学习领域的一个重要工具。

PyTorch 的一些核心组件如下。

torch：提供了多维张量的操作，类似于 NumPy，但支持 GPU 加速。

torch.nn：包含了构建神经网络的模块和层，如卷积层、池化层、全连接层等。

torch.optim：提供了多种优化算法，如 SGD、Adam 等，用于模型的训练。

torch.utils.data：提供了数据加载和处理的工具，方便开发者构建数据管道。

torch.cuda：提供了与 NVIDIA CUDA 相关的功能，使得 PyTorch 能够高效地在 GPU 上运行。

以下是 PyTorch 的一些主要特点。

1）动态计算图：PyTorch 使用动态计算图（也称为即时执行计算图），这意味着图的构建和修改可以在运行时进行。这种灵活性使得 PyTorch 非常适合研究和原型设计。

2）易于理解和使用：PyTorch 的 API 设计简洁，易于理解，使得开发者能够快速上手。它提供了类似于 NumPy 的直观操作，但支持 GPU 加速。

3）强大的 GPU 加速：PyTorch 提供了高效的 GPU 加速功能，可以充分利用 NVIDIA CUDA 工具包的优势，实现快速的数值计算。

4）丰富的库生态：PyTorch 拥有一个庞大的生态系统，包括各种预训练模型、工具和库，如计算机视觉库 TorchVision、自然语言处理库 TorchText 和音频处理库 TorchAudio。

5）社区支持：PyTorch 拥有一个活跃的社区，为开发者提供丰富的学习资源、教程和交流平台。

10.3.3 PaddlePaddle

百度飞桨（PaddlePaddle）以百度多年的深度学习技术研究和业务应用为基础，集深度学习核心训练和推理框架、基础模型库、端到端开发套件，其基本构成见表 10-4。

表 10-4 PaddlePaddle 基本构成

	飞桨深度学习开源平台					
工具组件	自动化深度学习 AutoDL	强化学习 PARL	多任务学习 PALM	联邦学习 PaddleFL	图神经网络 PGL	量子机器学习 Paddle quantum	生物计算 PaddleHelix
	预训练模型应用工具 PaddleHub		全流程开发工具 PaddleX		可视化分析工具 VisualDL		云上任务提交工具 PaddleCloud
端到端开发套件	语义理解 ERNIE		图像分类 PaddleClas		目标检测 PaddleDetection	图像分割 PaddleSeg	文字识别 PaddleOCR
	生成对抗网络 PaddleGAN		海量类别分类 PLSC		点击率预估 ElasticCTR		语音合成 Parakeet
基础模型库	PaddleNLP		PaddleCV		PaddleRec		PaddleSpeech

相较于其他深度学习框架，PaddlePaddle 拥有四大优势技术。

1）开发便捷的深度学习框架：PaddlePaddle 基于编程一致的深度学习计算抽象以及对应的前后端设计，拥有易学易用的前端编程界面和统一高效的内部核心架构，对普通开发者而言更容易上手，并具备领先的训练性能。PaddlePaddle 还提供了低代码开发的高层 API，并且高层 API 和基础 API 采用了一体化设计，两者可以互相配合使用，做到高低融合，确保用户可以同时享受开发的便捷性和灵活性。

2）超大规模深度学习模型训练技术：大规模分布式训练是 PaddlePaddle 非常有特色的一个功能。PaddlePaddle 突破了超大规模深度学习模型训练技术，实现了千亿稀疏特征、万亿参数、数百节点并行训练的能力，解决了超大规模深度学习模型的在线学习和部署难题。此外，PaddlePaddle 还覆盖支持包括模型并行、流水线并行在内的广泛并行模式和加速策略，率先推出业内首个通用异构参数服务器模式和 4D 混合并行策略，引领大规模分布式训练技术的发展趋势。

3）多端多平台部署的高性能推理引擎：PaddlePaddle 对推理部署提供全方位支持，可以将模型便捷地部署到云端服务器、移动端以及边缘端等不同平台设备上，并拥有全面领先的推理速度，同时兼容其他开源框架训练的模型。PaddlePaddle 推理引擎支持广泛的 AI 芯片，特别是对国产硬件做到了全面的优化适配。

4）产业级开源模型库：基于 PaddlePaddle 2.0 建设的算法数量达到 270 多种，并且绝大部分模型已升级为动态图模型，包含经过产业实践长期打磨的主流模型以及在国际竞赛中夺冠的模型；提供面向语义理解、图像分类、目标检测、语义分割、文字识别、语音合成等场景的多个端到端开发套件，满足企业低成本开发和快速集成的需求，助力产业的快速应用。

10.4　MLP 实践项目——交通标志分类识别

无论是图像分类、目标检测还是文字识别，尽管任务不同，但是利用深度学习完成这些任务的基本流程都是类似的，如图 10-16 所示，可以归纳为六个步骤。

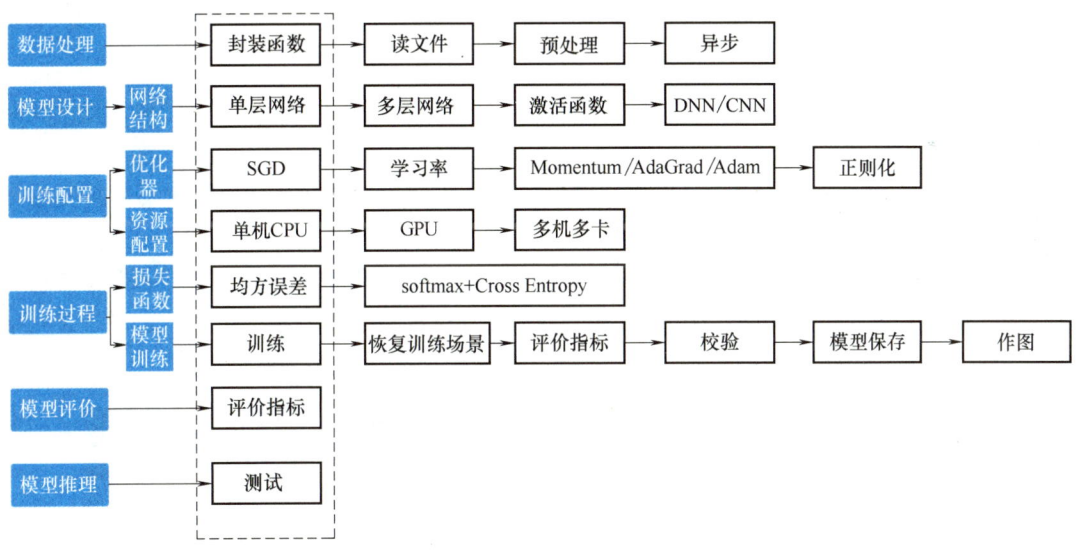

图 10-16　深度学习完成图像分类等任务的基本流程

1. 数据处理

为了高效地处理图像数据并加速分布式训练过程，首先需要封装数据读取和处理的函数，这些函数负责读取包含图像数据的文件，并对图像进行预处理操作，如缩放、裁剪和归一化等，以确保模型能够更好地理解和学习。同时，在分布式训练图像分类模型时，异步更新被广泛应用以加速模型的训练过程，但需注意其可能引发的梯度过时问题和收敛不稳定性。

2. 模型设计

根据问题的复杂性和数据的特性，选择合适的网络结构，如单层网络、多层网络、深度神经网络（DNN）或卷积神经网络（CNN）等，并选择合适的激活函数（如 ReLU、Sigmoid 等）来引入非线性。

3. 训练配置

主要包括优化器（如 SGD、Momentum、AdaGrad、Adam 等）的选择，调整学习率以控制模型学习的速度，并使用正则化技术（如 L1、L2 正则化）来防止模型过拟合，以及根据可用的计算资源（如单机 CPU、GPU 或多机多卡）来配置训练环境。

4. 训练过程

需要选择合适的损失函数（如均方误差、softmax+Cross Entropy 等）来评估模型的预测误差，并设置其他训练参数。使用预处理后的数据和配置好的模型进行训练，通过迭代更新模型参数来最小化损失函数。训练过程中，模型参数会经过多次迭代更新，目标是不断减小损失函数的值。为了深入了解训练进展，一般会记录包括损失值、准确率等在内的多项参数，并将这些数据以图形化的方式呈现出来，以便于后续的分析与调试工作。最终，将训练完成的模型保存到磁盘上，为后续进行推理或进一步的训练使用。

5. 模型评价

在训练完成后，使用验证集对模型进行评估，计算评价指标（如准确率、召回率等）来评估模型的性能。

6. 模型推理

使用训练好的模型对新图像进行分类推理，输出分类结果，一般是在测试集上测试模型的性能，以确保其在实际应用中的可靠性。

虽然上述步骤描述了深度学习完成图像分类的一般过程，但在实际应用中可能需要根据具体情况进行调整和优化。

本实践项目基于百度飞桨框架搭建一个全连接神经网络，对包含不同交通标志图像进行分类，所用数据集分为三类，如图 10-17 所示，分别是自行车道标志、停车让行标志以及斑马线标志，对应三个文件夹目录名称为"BikeRoad""Yield"和"ZebarCorssing"。

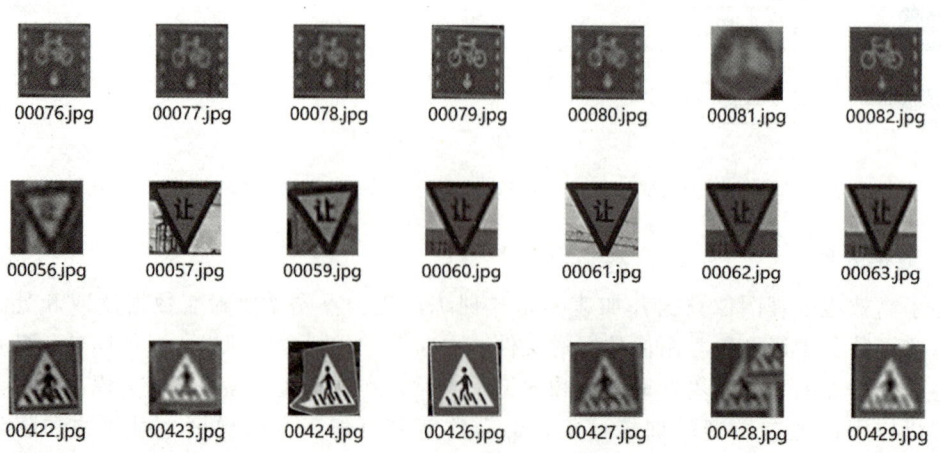

图 10-17　交通标志图像示例

第 10 章　深度学习基础及交通标志分类实践项目

读者可以打开链接 https：//aistudio.baidu.com/project/edit/9382319 运行项目代码，可扫描右侧二维码观看讲解视频。

讲解视频

1. 选择题

1) 神经网络的基本组成单元是（　　）。

A. 神经元　　　　　　　　　　　B. 感知机

C. 层　　　　　　　　　　　　　D. 权重

2) 多层感知机与单层感知机的主要区别是（　　）。

A. 多层感知机有多个输出　　　　B. 多层感知机可以包含多个隐藏层

C. 多层感知机只能解决线性问题　D. 多层感知机没有激活函数

3) 全连接神经网络中，每一层的每个神经元都与上一层的（　　）相连。

A. 每个神经元　　　　　　　　　B. 随机选择的神经元

C. 特定的神经元　　　　　　　　D. 没有连接

4) 信号前向传播的主要目的是（　　）。

A. 更新网络参数　　　　　　　　B. 计算网络输出

C. 评估网络性能　　　　　　　　D. 初始化网络参数

5) （　　）是非线性函数。

A. 线性激活函数　　　　　　　　B. Sigmoid 激活函数

C. ReLU 激活函数　　　　　　　D. 以上都是

6) 在深度学习中，常用的损失函数有（　　）。

A. 均方误差　　　　　　　　　　B. 交叉熵损失

C. Hinge 损失　　　　　　　　　D. 以上所有

7) 参数优化方法中，（　　）不是基于梯度。

A. 随机梯度下降　　　　　　　　B. 牛顿法

C. 拟牛顿法　　　　　　　　　　D. 以上都是

2. 判断题

1) 神经网络中的权重是在训练过程中学习得到的。（　　）

2) 单层感知机能解决非线性问题。（　　）

3) 在全连接神经网络中，每个神经元的输出都会连接到下一层的所有神经元。（　　）

4) ReLU 激活函数可以解决梯度消失问题。（　　）

5) 损失函数越小，表示模型的性能越好。（　　）

3. 简答题和论述题

1) 请简述神经网络中的信号前向传播算法。
2) 请列举三种常用的激活函数,并简要说明它们的优缺点。
3) 论述深度学习中损失函数的作用,并比较不同损失函数的适用场景。
4) 请讨论在深度学习中,如何选择合适的优化算法来训练神经网络。
5) 结合实际案例,说明深度学习框架如何简化神经网络的开发和部署。
6) 论述深度学习在图像识别、自然语言处理等领域中的应用及其挑战。

部分习题
参考答案

第11章　卷积神经网络理论及斑马线检测项目

作为计算机视觉领域的核心方法论，卷积神经网络（CNN）通过模拟生物视觉系统的层级化特征提取机制，彻底改变了图像数据的处理范式。针对全连接神经网络在处理高维图像数据时面临的参数爆炸与空间信息丢失问题，CNN 通过局部感知、参数共享和空间层次化抽象三大核心机制，实现了对图像局部特征到全局语义的高效建模。

本章将系统解析 CNN 技术，剖析卷积层、池化层的工作原理，并追溯 LeNet、AlexNet、VGGNet、GoogLeNet 至 ResNet 等里程碑模型的技术突破，展现 CNN 在特征表达能力与计算效率间的持续优化路径。最后通过斑马线检测实践项目，阐释 CNN 模型从理论设计到工程落地的完整技术闭环，为构建智能交通视觉感知系统提供可复用的方法论框架。

11.1　全连接神经网络的局限性分析

全连接神经网络作为深度学习的基础架构，其核心特征在于"全局连接"机制，即每个神经元与上层所有神经元建立全连接关系。这种设计赋予了全连接神经网络强大的特征表达能力，但在实际应用中逐渐暴露出三重结构性矛盾。

1. 模型构建的僵化性问题

全连接神经网络的核心缺陷之一在于其结构构建的僵化性，其建模过程完全受限于输入数据的维度。如图 11-1 所示，识别 16×16 像素的手写数字图像时，如果采用全连接神经网络模型，需构建 256 维输入层，而面对更高分辨率（如 64×64）或不同任务时，只能通过线

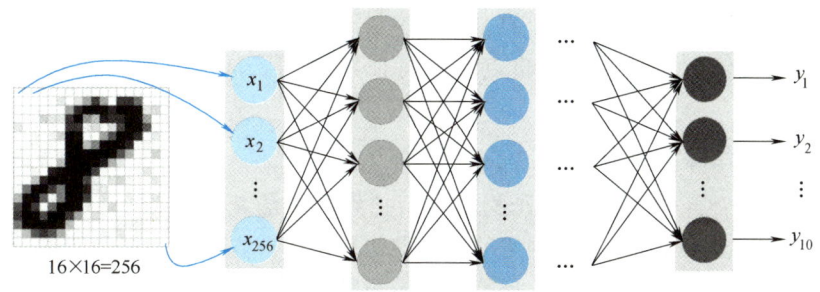

图 11-1　手写数字识别全连接神经网络结构

性扩展神经元数量或堆叠隐藏层来适配。这种"输入维度决定论"导致网络结构缺乏灵活性,不仅破坏了图像等数据的空间拓扑信息,还使得模型难以迁移至不同分辨率或模态的任务。此外,积木式的结构扩展方式进一步加剧了计算资源的浪费,限制了全连接神经网络在实际应用中的适应性。

2. 参数规模的指数级膨胀

全局连接机制是导致模型参数规模爆炸式增长的根本原因,输入层、隐藏层和输出层间的全连接特性使得参数数量随网络规模呈指数级上升。例如,处理 16×16 图像的三层全连接神经网络(含 3 个 1000 神经元隐藏层)需要超 200 万参数,若图像扩展至 128×128 分辨率且网络深度达 10 层,参数规模将激增至数十亿量级。这种参数冗余直接导致训练复杂度剧增、内存消耗飙升,同时使得优化过程陷入"维数灾难",传统梯度下降法难以有效应对。

3. 过拟合风险的几何级上升

全连接神经网络的高参数自由度与其过拟合风险呈正相关关系。由于参数空间远大于训练样本量,模型极易在有限数据下过度拟合训练集细节,表现为对噪声的敏感性增强、泛化能力断崖式下降。例如,在 MNIST 手写数字识别中,即使采用 L2 正则化或 Dropout 技术,超高维参数空间仍会导致模型记忆异常样本而非学习真实分布。这种过拟合倾向在医疗影像、小样本学习等场景中尤为突出,严重制约了全连接神经网络的实用化进程。

全连接神经网络的局限性催生了深度学习领域的结构性创新。通过引入稀疏连接与权值共享机制(如卷积神经网络的局部感受野与卷积核滑动),模型在保留空间拓扑信息的同时将参数量压缩至线性增长;通过时序建模与循环单元(如循环神经网络的隐藏状态传递与门控机制),实现了对序列数据动态依赖的捕捉。这些结构化设计不仅解决了全连接神经网络的参数爆炸与过拟合问题,更直接催生了卷积神经网络与循环神经网络两大架构体系。

11.2 卷积神经网络理论基础

11.2.1 卷积神经网络基本结构与主要特征

卷积神经网络(Convolutional Neural Network,CNN),是一类包含卷积计算并且具有深度结构的神经网络,是深度学习领域最具代表性的算法之一,常用于计算机视觉任务。卷积神经网络具有表征学习的能力,能够按照其层级结构对输入的信息进行平移不变分类,可以进行监督学习和非监督学习,隐藏层的卷积核参数共享以及层间连接的稀疏特性都使得卷积神经网络能够以比较小的计算量对格点化的特征(比如图像像素点)进行特征学习、分析等。

1. 卷积神经网络基本结构

图 11-2 为卷积神经网络的基本结构。卷积神经网络的基本结构包括卷积层、池化层、全连接层以及输出层。从卷积神经网络的整体架构来讲,首先,卷积神经网络是一种多层神经网络,其隐藏层中的卷积层和池化层是实现卷积神经网络特征提取功能的核心,整个网络模型同样可以使用参数优化方法对网络中的权重参数进行逐层调节,并通过大量的迭代训练

来提高整个网络模型的精度。其次，卷积神经网络隐藏层中的底层部分一般都是由卷积层和池化层交替构成，而高层则是由对应传统多层感知机中的隐藏层和逻辑回归分类器的全连接层构成。全连接层的输入就是由卷积层和池化层提取到的特征。而最后一层一般来讲是一个分类器，可以使用逻辑回归、softmax 和支持向量机等来对输入实现分类或者回归等。

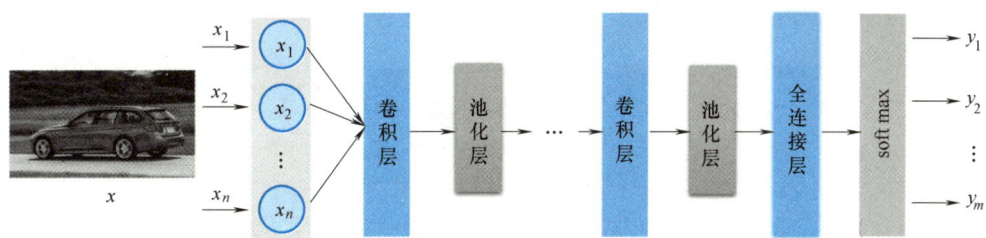

图 11-2　卷积神经网络的基本结构

2. 卷积神经网络主要特征

相较于全连接神经网络来讲，卷积神经网络的主要特征就是参数量减少，参数量减少的主要原因就在于卷积神经网络的三大特点——局部连接、权重共享、下采样。

（1）局部连接　提到局部连接就必须了解局部感受野（Local Receptive Field）的概念。感受野指的是神经网络中每一层输出特征图（Feature Map）上的像素点映射到输入图像上的对应区域。在全连接神经网络中，会将输入图像上的每一个像素点都连接到每一个神经元上，每个神经元对应的感受野大小就是整个输入图像的大小。但是卷积神经网络则不一样，卷积神经网络中的每一个隐藏层的节点，也就是每一个隐藏层的神经元都只会连接到图像中的局部区域。如图 11-3 所示，对于一张 640×480 大小的输入图像，如果采用全连接的方式，那么感受野的大小就是 640×480，需要更新的参数就会有 640×480 = 307200 个；如果采用局部连接的方式，每次连接只取一小块 16×16 大小的区域，那么需要更新的参数就只有 256 个。能够采用局部连接的方式进行处理的原因在于，在进行图像识别的时候，不需要对整个图像都进行处理，一张图像中会有很大一部分区域是无用或者用处很小的，实际上需要关注的仅仅只是图像中包含关键特征的某些特殊区域，如图 11-4 中，在车尾灯这一块区域就能识别出车尾灯特征。

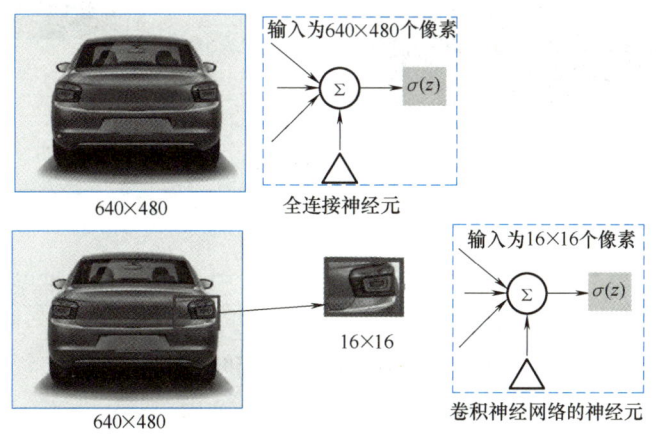

图 11-3　局部连接

（2）权重共享 当然，仅仅靠局部连接减少参数还不够，在卷积神经网络中还采用了权重共享（Shared Weights），如图 11-4 所示，对于每个神经元来讲，其连接的区域比较小，因此采用多个神经元分别连接一个小区域，合在一起就能够覆盖整个图片区域，而每个神经元连接的区域基本都是不同的，但是每个神经元的权重参数都设置成一样，这样就可以使用尽可能少的参数。

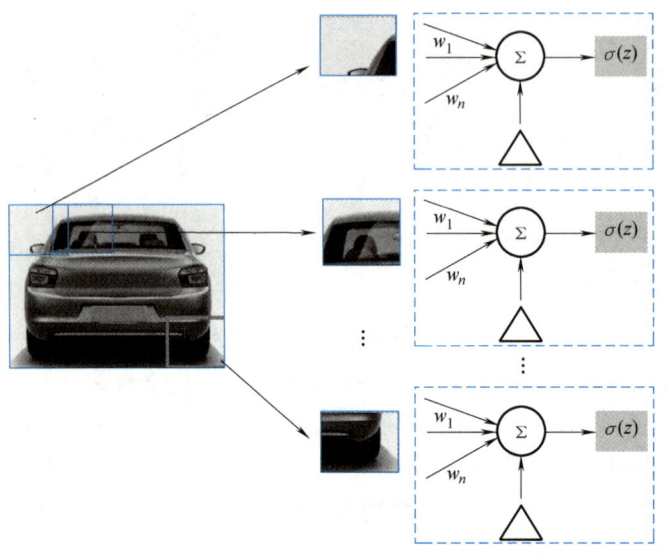

图 11-4 权重共享

（3）下采样 可以形象地理解下采样就是将图像缩小，如图 11-5 所示。对图像进行下采样操作并不会对图像中的物体进行实质性地改变，尽管下采样之后的图像尺寸变小了，但是并不会影响对图像中物体的识别。

图 11-5 下采样

11.2.2 卷积层

卷积层可以说是卷积神经网络最重要的一个部分，也是"卷积神经网络"名称的由来。卷积操作其实就是为了实现上节中所提到的局部连接和权重共享。

1. 卷积

卷积是数学分析中的一种积分变换的方法，在图像处理中采用的是卷积的离散形式。卷积神经网络中，卷积层的实现方式实际上是数学中定义的互相关（Cross-correlation）运算。

（1）一维卷积　一维卷积示例如图 11-6 所示。

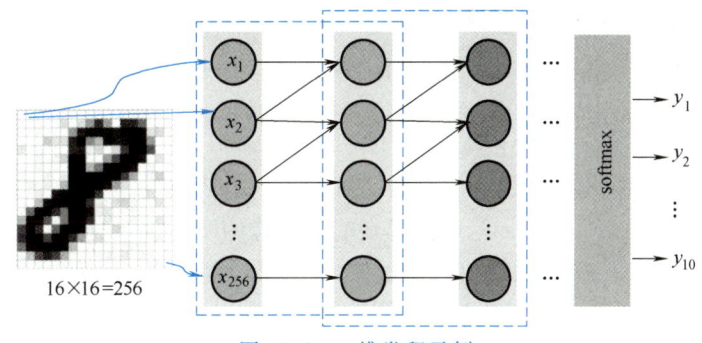

图 11-6　一维卷积示例

图 11-6 中，对于 16×16 大小的输入图像，如果使用全连接神经网络来进行处理，则隐藏层中每一个神经元需要与输入图像中的每一个像素点进行连接，因此每一个神经元就需要 256 个参数。而如果使用卷积神经网络进行处理，卷积核的大小设为 2×1，一个卷积核就相当于一组神经元参数，那么每一个神经元只需要与两个输入信号相连，意味着每个神经元只需要更新两个参数，这就是局部连接。再利用权重共享的思想，将这一隐藏层中每个神经元的两个权重参数都设置为相同的参数，那么这一层中所有的神经元参数都是一样的，一个隐藏层就只需要更新两个参数。而这一个隐藏层的计算就可以看作只有一组神经元参数从上到下在输入图像上进行滚动，每次滚动与两个不同的输入信号进行连接计算。在图 11-6 中，隐藏层中的第一个神经元先与 x_1、x_2 进行一次计算，将计算结果传至下一层，然后再以相同的模型参数与 x_2、x_3 进行计算并将结果传至下一层，以此类推，用同一组神经元参数将输入信号滚动遍历一遍，这就是一次卷积计算。

图 11-6 中的例子是一维卷积，在图像处理领域，一般最基础、最标准的是二维卷积，例如图像处理中的平滑、锐化等都采用了二维卷积操作。无论是一维卷积还是二维卷积，本质上都可以看作以卷积核为滑动窗口，不断在输入图像上进行滚动。

（2）二维卷积　二维卷积示例如图 11-7 所示。

输入图像

10	10	10	10	10	10
10	10	10	10	10	10
10	10	10	10	10	10
0	0	0	0	0	0
0	0	0	0	0	0
0	0	0	0	0	0

*

卷积核

1	2	1
0	0	0
−1	−2	−1

=

特征图

0	0	0	0
40	40	40	40
40	40	40	40
0	0	0	0

图 11-7　二维卷积示例

假设输入特征图大小为 6×6，卷积核大小为 3×3，卷积核（Kernel）在部分文献中可与滤波器（Filter）互换，但需注意一个滤波器可能包含多个通道的卷积核（如处理 RGB 图像时）。若卷积核的宽和高分别为 w 和 h，则称为 $w \times h$ 卷积核（通常为方形，非方形需特别说明)。图11-7中,卷积核大小为3×3,即为标准的3×3卷积核。计算时默认从输入特征图的左上角开始(无填充条件下),以指定步长(如步长=1)滑动窗口,每次取与卷积核对应的3×3区域,与卷积核执行点积运算,输出为

$$\text{output}(0,0) = 10\times1+10\times2+10\times1+10\times0+10\times0+10\times0+10\times(-1)+10\times(-2)+10\times(-1) = 0$$

(11-1)

得到的结果就是对应输出图像中左上角位置的值,然后将卷积核看作一个滑动窗口,从左到右、从上到下每次滑动一格,就可以得到输出图像的所有值。这里卷积核的滑动距离取决于卷积步长 stride 的大小。一张 6×6 大小的输入图层经过 3×3 大小的卷积核以步长 stride=1、填充 padding=0 的卷积步长进行卷积计算后得到一张 4×4 大小的特征图。特征图的参数量变化的计算公式如下:

$$c = \text{mod}\left(\frac{r-k+2\times p}{s}\right)+1$$

(11-2)

式中,c 为输出图像大小;r 为输入图像大小;k 为卷积核大小;p 为填充大小 padding,s 为卷积步长 stride。

在卷积神经网络中,每一层卷积层可以包含多个卷积核,每一个卷积核的最终卷积计算输出结果可以看作提取出了输入图层的一种特征,因此,一个卷积层就可以提取多个特征。

2. 卷积与神经网络结构的关系

卷积与神经网络结构的对应关系如图 11-8 所示。假设输入图像大小为 3×3,输入信号从左到右、从上到下依次为 1、2、3、4、5、6、7、8、9,对应图 11-8b 的神经网络中的 9 个输入信号;假设卷积核大小为 2×2,有 4 个权重参数,分别为 w_1、w_2、w_3、w_4,对应图 11-8b 的神经网络中隐藏层的神经元。卷积核与输入图像左上角大小为 2×2 的区域进行卷积计算,也就是图 11-8b 中的输入信号 1、2、4、5 与第一个神经元进行计算。图 11-8a 中的卷积核进行滚动计算,对应图 11-8b 中的不同神经元与不同输入特征信号之间的计算,只不过

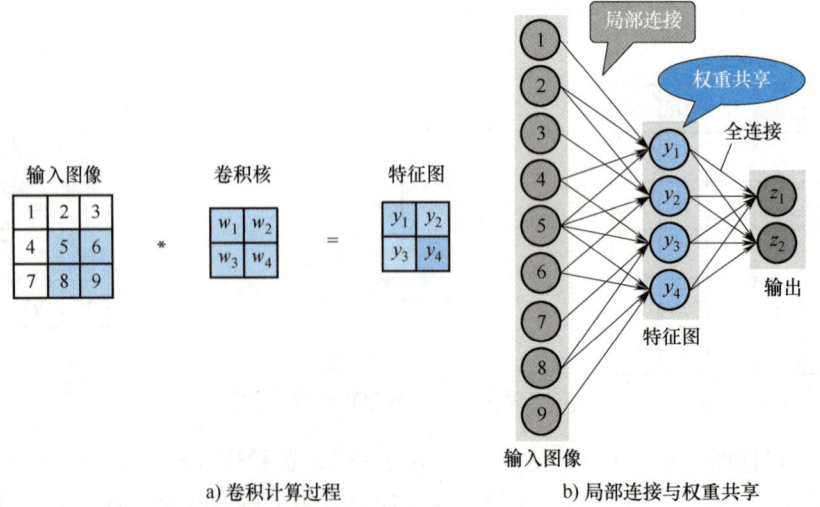

a) 卷积计算过程 b) 局部连接与权重共享

图 11-8 卷积与神经网络结构的对应关系

隐藏层中所有神经元的权重参数是相同的。这样，卷积与神经网络中的局部连接、权重共享便一一对应起来了。

如图 11-8 所示，从输入图像经过 2×2 卷积计算得到特征图只需要学习卷积核中的 4 个卷积参数，假设换成全连接神经网络，9 个输入信号、4 个神经元则需要更新 36 个参数，很明显卷积大大减少了神经网络模型需要学习更新的参数量，实际上减少参数量还没有完全体现出卷积操作的优势。全连接神经网络尽管参数量巨大，但是参数量越大，代表着模型越复杂，模型所能够模拟的函数越复杂，就越能够接近真实函数模型。而经过卷积操作之后，参数量虽然降低，但是这也意味着整个模型所能模拟的函数复杂度也相应变低，可以选择与真实函数进行对比的函数也就变少了。为使卷积网络模型不会过于简洁以致无法完全模拟真实函数模型，下面引入多核卷积的概念。

3. 多核卷积

利用卷积核来提取更多的特征，可使用多个卷积核进行计算，也就是多核卷积。

如图 11-9 所示，在实际应用中，可以通过使用多个卷积核对输入图像同时进行卷积运算，达到提取其中多个特征甚至提取出更复杂特征的目的。例如，对于图中大小为 3×3 的输入图像，如果想要提取出其中的 3 个特征，那么卷积层就需要设置 3 个卷积核，如果 3 个卷积核的大小都为 2×2，卷积步长 stride 都为 1，那么总共需要学习更新 4×3 = 12 个参数，就可以获得 3 个包含对应特征信息的大小为 4×4 的特征图，这就是多核卷积。

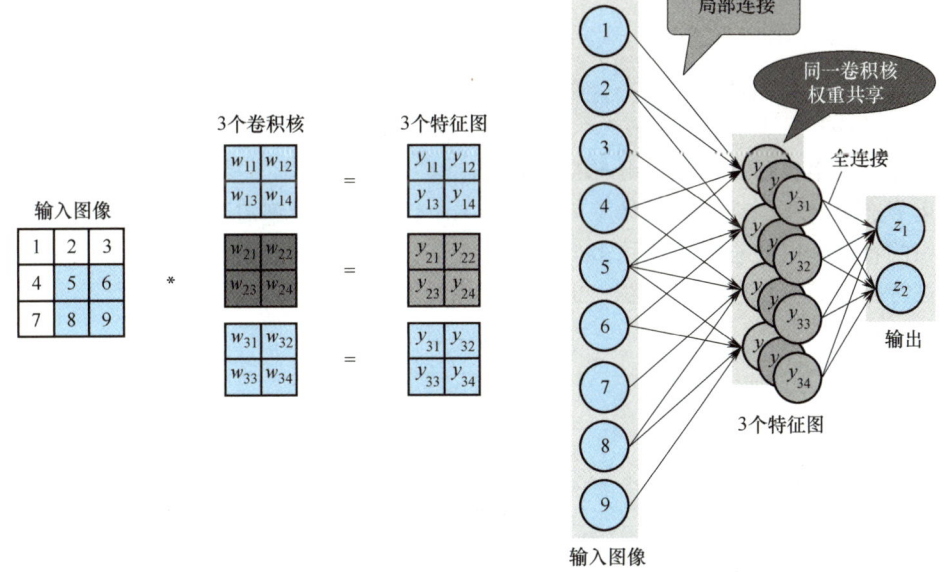

图 11-9　多核卷积

经过卷积层的多核卷积处理后，可以生成多个特征图。下一层卷积层在处理这些特征图时，会采用多通道卷积的方式。具体来说，每个卷积核会分别与输入特征图层的每一个通道进行卷积运算，然后将各通道的结果相加，得到该卷积核对应的输出特征图。

在处理多通道图像（如 RGB 三通道图像）时，卷积神经网络同样采用多通道卷积的方法。此时，输入图像可以视为一个三维张量（高度、宽度、通道数）。为了处理这种多通道输入，卷积核也需要具备相应的通道数。例如，若输入特征图层包含 3 个通道，则可以设计一个具有 3 个通道的三维卷积核。每个通道的卷积核分别与输入特征图层的对应通道进行卷积运算，并将结果相加，从而生成输出特征图。这种多通道卷积的方式能够有效地提取图像中的空间特征和通道间相关性。

假设经过图 11-9 的卷积计算得到了 3 个大小为 3×3 的特征图，此时可以将其看作是一个具有三个通道的特征图，大小为 3×3×3。此时，假设有 3 个二维卷积核，每个卷积核的大小都为 2×2，这 3 个卷积核也可以看作一个具有 3 个通道的卷积核，卷积核的大小就变为 3×2×2，也就是由 3 个二维卷积核变成了一个三维卷积核立方体。

如图 11-10 所示，每一个通道的二维卷积核对应一个通道的特征图，计算方式与多核卷积的计算方式一样，首先每个通道的卷积核分别与对应通道特征图进行卷积计算，最后再将多个通道的卷积计算结果累加得到最终输出特征图，式（11-3）为图 11-10 中 h_1 的计算公式，使用同样方法可以求出特征图中其他三个元素的值。

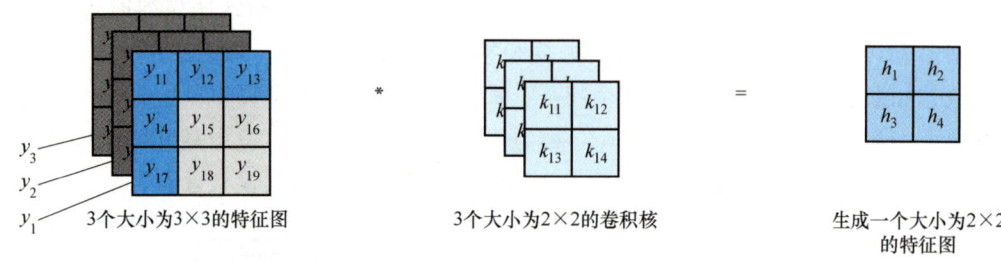

图 11-10　多通道卷积

$$h_1 = k_{11} \times y_{11} + k_{12} \times y_{12} + k_{13} \times y_{14} + k_{14} \times y_{15} + k_{21} \times y_{21} + k_{22} \times y_{22} + k_{23} \times y_{24} + \\ k_{24} \times y_{25} + k_{31} \times y_{31} + k_{32} \times y_{32} + k_{33} \times y_{34} + k_{34} \times y_{35} \qquad (11\text{-}3)$$

在实际应用中，输入图像一般都是多通道图像，例如 RGB 三通道或者 HSV 通道，因此需要使用多通道卷积。而一张图像不可能只有一个特征，一般都需要尽可能多且完整地提取出图像中的特征，因此也需要使用多核卷积。综上，在卷积神经网络的实际应用中，常常需要同时进行多通道卷积与多核卷积，也被称为多通道多核卷积，如图 11-11 所示。

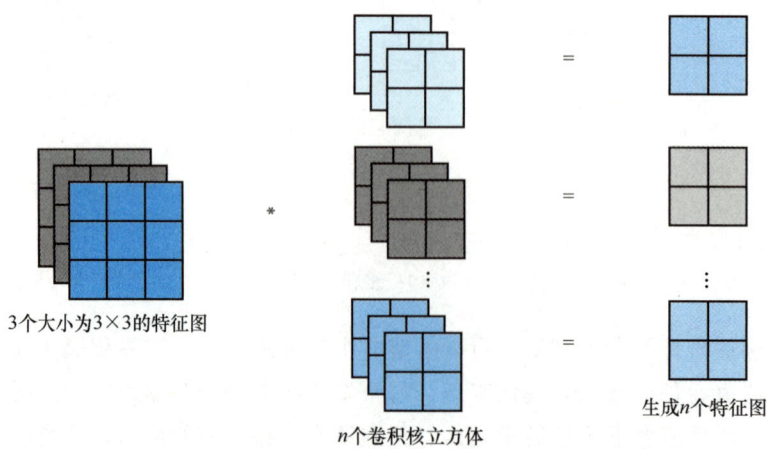

图 11-11　多通道多核卷积

11.2.3 池化层

池化层（Pooling），又叫下采样层，目的是压缩数据，降低数据维度，常用的池化方式主要有两种，一种是最大池化（Max Pooling），另一种是平均池化（Average Pooling）。

如图 11-12 所示，经过卷积计算之后获得一张特征图，特征图中左上角的 2×2 区域的四个值实际上表示的是输入图像中的左上角的 4×4 区域，其中的一个值体现了输入图像中的一个的 3×3 区域，这就是卷积计算后特征图中一个元素的感受野大小。而下采样就是对特征图的一个 2×2 区域的操作，如以最大池化的方式进行下采样，就只保留这个 2×2 区域中四个值当中的最大值；如以平均池化的方式进行下采样，则保留这四个值的平均值。最大池化对于图像处理来讲相当于将图像中最突出、最显著的特征保留下来，平均池化则相当于对图像中相邻特征之间的差别进行模糊处理，两种池化方式各有优势，分别有不同的适用场景，具体应用需要视实际情况而定。经过池化操作之后，原特征图的大小就由 4×4 变成 2×2，在这个大小为 2×2 的特征图中，左上角 40 这个值对应体现原特征图中左上角的四个值，也就是说这一个值就可以代表原特征图中的四个值，而对应输入图像中的则是一个 4×4 区域。

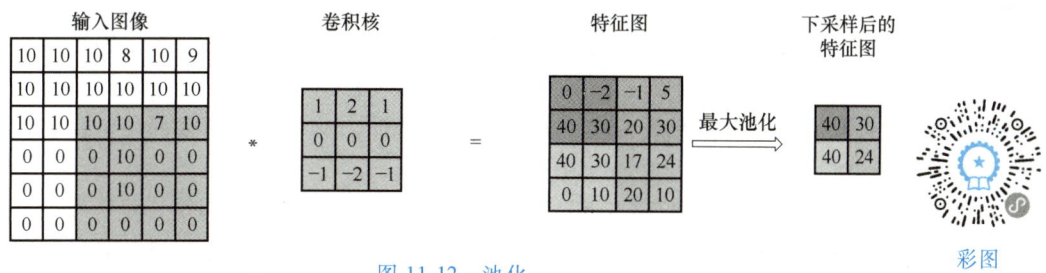

图 11-12　池化

经过池化之后，特征图中的一个值的感受野由原来的 3×3 增大至 4×4，这也意味着这一特征图层中的语义信息的力度相较于之前也得到了提高，使得同样大小的特征图，却能够表示更多的信息，这就是池化的作用。

一般来讲，卷积神经网络中，在经过卷积和池化运算之后一般还会接一个全连接层，全连接层的主要作用为将卷积层输出的特征图二维矩阵拉伸转化为一个一维向量，再将其输入诸如 softmax 或 tanh 等激活函数中，获得模型结果。

11.3　典型的卷积神经网络模型

11.3.1　LeNet-5

LeNet 是 Yann LeCun 于 1998 年提出的一种用于手写数字识别的神经网络，可以说是卷积神经网络的基石，之后的多种卷积神经网路结构都是在 LeNet-5 的基础上改进演变而来，所以一般也称 Yann LeCun 为"卷积之父"。

LeNet-5 的典型结构如图 11-13 所示，总共有 8 层，包括 1 个输入层、3 个卷积层、2 个池化层、1 个全连接层以及 1 个输出层。在图 11-13 中用 C 表示卷积层，用 S 表示下采样层，也就是池化层，用F表示全连接层。

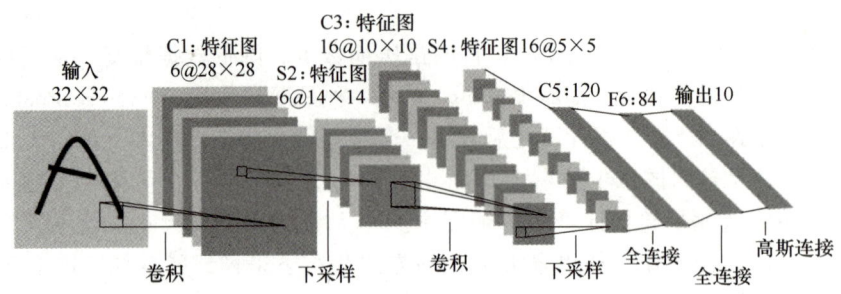

图 11-13　LeNet-5 的典型结构

（1）输入层　输入图像大小为 32×32，实际上，在 LeNet-5 应用时，数字仅为图像中间 28×28 的范围区域，图像周围区域为填充效果，且该输入图像为黑白图像。

（2）C1 层　C1 层为卷积层，由 6 个卷积核构成，卷积核大小为 5×5，卷积步长为 1，输入图像经过 C1 层的卷积计算后生成 6 个大小为 28×28 的特征图，神经元的个数为 6×28×28 = 4704。6 个大小为 5×5 的卷积核，加上 6 个偏置，共有 6×25+6 = 156 个参数。

（3）S2 层　S2 层为池化层，在 LeNet-5 中最早采用的是平均池化，池化核大小为 2×2，池化步长为 2，经过池化层下采样后生成 6 个大小为 14×14 的特征图。一般池化层是没有参数的，但在 LeNet-5 中，采用平均池化后，均值乘以一个权重参数并加上一个偏置参数作为激活函数的输入，激活函数的输出即是节点的值，每个特征图的权重和偏置都是一样的，所以 S2 池化层也有 6×2 = 12 个参数。

（4）C3 层　C3 层为卷积层，共有 60 个大小为 5×5 的卷积核，输出为 16 个 10×10 的特征图，C3 跟 S2 并不是全连接的，具体连接方式如图 11-14 所示。图 11-14 中，第一行为 C3 层 16 个特征图的编号，第一列是 S2 层 6 个特征图的编号，有"X"表示相应层有连接关系，否则就没有连接关系。加上每个特征图的偏置，C3 层共有 60×25+16 = 1516 个参数。

	0	1	2	3	4	5	6	7	8	9	10	11	12	13	14	15
0	X				X	X	X			X	X	X	X		X	X
1	X	X				X	X	X			X	X	X	X		X
2	X	X	X				X	X	X			X		X	X	X
3		X	X	X			X	X	X	X			X		X	X
4			X	X	X			X	X	X	X		X	X		X
5				X	X	X			X	X	X	X		X	X	X

图 11-14　LeNet-5 的 S2 到 C3 层的连接方式

（5）S4 层　S4 层为池化层，池化核大小仍为 2×2，池化方式为最大池化，池化步长为 2，经过池化后输出为 16 个 5×5 的特征图。S4 层和 S2 层采用一样的池化操作，共有 16×2 = 32 个参数。

（6）C5 层　C5 层为卷积层，卷积核大小仍为 5×5，但是卷积核数量增加至 120 个，卷积步长为 1，最终输出 120 个大小 1×1 的特征图。在此处，C5 层作为卷积层，实际上与全连接层非常相似，但其本质上为卷积层，此处输出为 1×1 仅是由输入图像大小导致，倘若将输入图像尺寸增大，本层输出特征图的大小也会相应变化，不再是 1×1，便会体现出与全连接层的区别。S4 层和 C5 层的所有特征图之间全部相连，有 120×16 = 1920 个卷积核，每个卷积核大小为 5×5，加上 120 个偏置，共有 1920×25+120 = 48120 个参数。

（7）F6 层 F6 层为全连接层，与 C5 层输出的 120 个特征图进行全连接，输出为 84 张特征图。

（8）输出层 输出层由 10 个欧氏径向基函数构成（现在已经改用 softmax 函数），分别对应 0~9 这 10 个数字类别，每个类别对应一个径向基函数单元，每个单元的输入为 F6 层输出的 84 个特征图。每个径向基函数单元分别计算输入与该类别标记向量之间的欧氏距离，将特征图与标记向量之间的欧氏距离最近的类别作为手写数字识别的输出结果。此层共有（84+1）×10 = 850 个参数。

表 11-1 总结了图 11-14 中 LeNet-5 各层的激活值的维度、神经元数量和参数数量。从第二列可以看出，随着神经网络的加深，激活值尺寸会逐渐变小，但是，如果激活值尺寸下降太快，会影响神经网络的性能。卷积层的参数相对较少，大量的参数都存在于全连接层。一般池化操作是没有参数的，LeNet-5 中在池化层整体增加了权重参数和偏置。

表 11-1 LeNet-5 的总体情况

网络层	激活值的维度	神经元数量	参数数量
输入层	(32,32,1)	1024	
C1 层	(28,28,6)	4704	(5×5×1+1)×6 = 156
S2 层	(14,14,6)	1176	2×6 = 12
C3 层	(10,10,16)	1600	60×25+16 = 1516
S4 层	(5,5,16)	400	2×16 = 32
C5 层	(120,1)	120	(400+1)×120 = 48120
F6 层	(84,1)	84	(120+1)×84 = 10164
输出层	(10,1)	10	(84+1)×10 = 850

11.3.2 AlexNet

AlexNet 由多伦多大学的 Alex Krizhevsky 等人于 2012 年提出的，AlexNet 在 LeNet-5 的基础上进行了创新，使得网络的能力更加强大，并取得了当年的 ImageNet 大规模视觉识别竞赛冠军，将深度学习模型在 ImageNet 比赛中的准确率提升至一个全新的高度，也掀起了深度学习的狂潮。

ImageNet 是由李飞飞团队创建的用于图像识别的大型图像数据库，其中包含超过 1400 万张带标签的图像。自 2010 年以来，ImageNet 每年举办一次关于图像分类和物体检测的大赛 ILSVRC（ImageNet Large Scale Visual Recognition Challenge），其中图像分类比赛中有 1000 个不同类别的图像，每个类别都有 300~1000 张不同来源的图像。自从该竞赛举办以来，业界便将其视为标准数据集，后续很多优秀的神经网络结构都在比赛中应运而生。相较于 LeNet-5 用于处理的手写数字识别问题，ImageNet 图像分类比赛中数据量更加庞大，任务难度提升巨大，因此要求神经网络的性能更加强大。

图 11-15 为 AlexNet 的结构，包括 5 个卷积层、3 个全连接层、3 个池化层以及 2 个 Dropout 层。

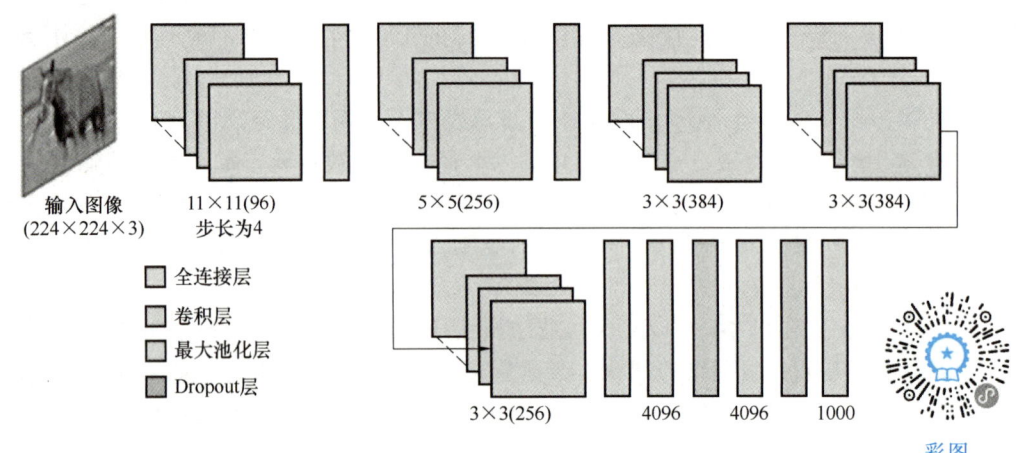

图 11-15　AlexNet 的结构

相较于 LeNet-5，AlexNet 的结构明显变得更加复杂，需要计算的参数量也更加庞大，共有大约 65 万个神经元以及 6000 万个参数。

AlexNet 相较于之前的网络，有如下创新点。

1) 使用了两种数据增强方法，分别是镜像加随机剪裁和改变训练样本 RGB 通道的强度值。通过使用数据增强方法能够从数据集方面增加多样性，从而增强网络的泛化能力。

2) 使用 ReLU 函数作为激活函数，相较于 Sigmoid、tanh 等函数，采用 ReLU 函数使得梯度下降计算速度更快。而且 ReLU 函数会使部分神经元的输出为 0，可以提高网络的稀疏性，并且减少参数之间的相关性，在一定程度上减少模型的过拟合。

3) 使用局部响应归一化对局部神经元创建竞争机制，使得响应较大的神经元值更大，响应较小的神经元受到抑制，增强模型泛化能力。

4) 引入 Dropout，对于同一层的神经元，按照定义的概率将部分神经元输出置为 0，即该神经元不参与前向及后向传播，同时也保证输入层与输出层的神经元个数不变。从另一个角度看，由于 Dropout 是将部分神经元随机置为 0，因此也可以看成不同模型之间的组合，可以有效防止模型过拟合。

11.3.3　VGGNet

VGGNet（简称 VGG）是 2014 年 ILSVRC 图像分类任务比赛的亚军，由 Simonyan 等人在 AlexNet 的基础上针对卷积神经网络的深度进行改进并提出的。VGG 的结构与 AlexNet 的结构极其相似，区别在于其网络深度更深，并且基本采用大小为 3×3 的小卷积核，因此从形式上看更加简单。Simonyan 等人通过对比不同深度的网络在图像分类中的性能，证明了卷积神经网络的深度提升有利于提高图像分类的准确率，但是深度加深并非是没有限制，当神经网络的深度加深到一定程度后，继续加深网络会导致网络性能的退化，因此，经过对比，VGG 网络的深度最终被确定在了 16~19 层之间。典型 VGG 结构见表 11-2。

表 11-2 典型 VGG 结构

输入	RGB 彩色图片（图片大小为 224×224×3）					
网络类型	A	A-LRN	B	C	D	E
权重层数	11 层	11 层	13 层	16 层	16 层	19 层
VGG 块 1	Conv3-64	Conv3-64 LRN	Conv3-64 Conv3-64	Conv3-64 Conv3-64	Conv3-64 Conv3-64	Conv3-64 Conv3-64
	Maxpool（最大池化层）					
VGG 块 2	Conv3-128	Conv3-128	Conv3-128 Conv3-128	Conv3-128 Conv3-128	Conv3-128 Conv3-128	Conv3-128 Conv3-128
	Maxpool（最大池化层）					
VGG 块 3	Conv3-256 Conv3-256	Conv3-256 Conv3-256	Conv3-256 Conv3-256	Conv3-256 Conv3-256 Conv1-256	Conv3-256 Conv3-256 Conv3-256	Conv3-256 Conv3-256 Conv3-256 Conv3-256
	Maxpool（最大池化层）					
VGG 块 4	Conv3-512 Conv3-512	Conv3-512 Conv3-512	Conv3-512 Conv3-512	Conv3-512 Conv3-512 Conv1-512	Conv3-512 Conv3-512 Conv3-512	Conv3-512 Conv3-512 Conv3-512 Conv3-512
	Maxpool（最大池化层）					
VGG 块 5	Conv3-512 Conv3-512	Conv3-512 Conv3-512	Conv3-512 Conv3-512	Conv3-512 Conv3-512 Conv1-512	Conv3-512 Conv3-512 Conv3-512	Conv3-512 Conv3-512 Conv3-512 Conv3-512
	Maxpool（最大池化层）					
全连接层	FC-4096（含 4096 个神经元）					
	FC-4096（含 4096 个神经元）					
	FC-1000（含 1000 个神经元）					
softmax 分类层	softmax（进行概率归一化处理）					

表 11-2 中，Conv3-n 表示一个卷积层（包含卷积和 ReLU 激活处理），该卷积层使用 n 个 3×3 的滤波器，每个滤波器生成一个输出通道，例如，Conv3-64 表示使用 64 个 3×3 的滤波器，输出特征图通道数为 64。FC 表示全连接层。VGG 的六种网络结构图片输入尺寸都是 224×224×3，都是由 5 个 VGG 块加上 3 层全连接层，最后接一个 softmax 分类层，它是一个分类层，用于将全连接层的输出转换为概率分布，从而完成分类任务。

VGG 的六种网络结构的区别在于每个 VGG 块中的卷积层数量和滤波器数量可能不一样，从 A 到 E 类型，网络权重层数由 11 层逐渐增加至 19 层，卷积神经网络权重层包括全连接层和卷积层，池化层一般没有权重参数。在 A-LRN 网络的 VGG 块 1 中，增加了一个局部响应归一化（Local Response Normalization，LRN）层，用于对局部神经元的活动创建竞争机制，增强模型的泛化能力。六种网络结构除了 C 网络结构中有 3 个卷积层用到 1×1 卷积核之外，其他层卷积核大小都是 3×3。

图 11-16 所示为 VGG 最经典的 D 网络结构，D 网络总共包含 16 个权重层，VGG 块 1 由

2 个 conv3-64 组成，VGG 块 2 由 2 个 conv3-128 组成，VGG 块 3 由 3 个 conv3-256 组成，VGG 块 4 由 3 个 conv3-512 组成，VGG 块 5 由 3 个 conv3-512 组成，然后是 2 个包含 4096 个神经元的全连接层，1 个包含 1000 个神经元的全连接层。

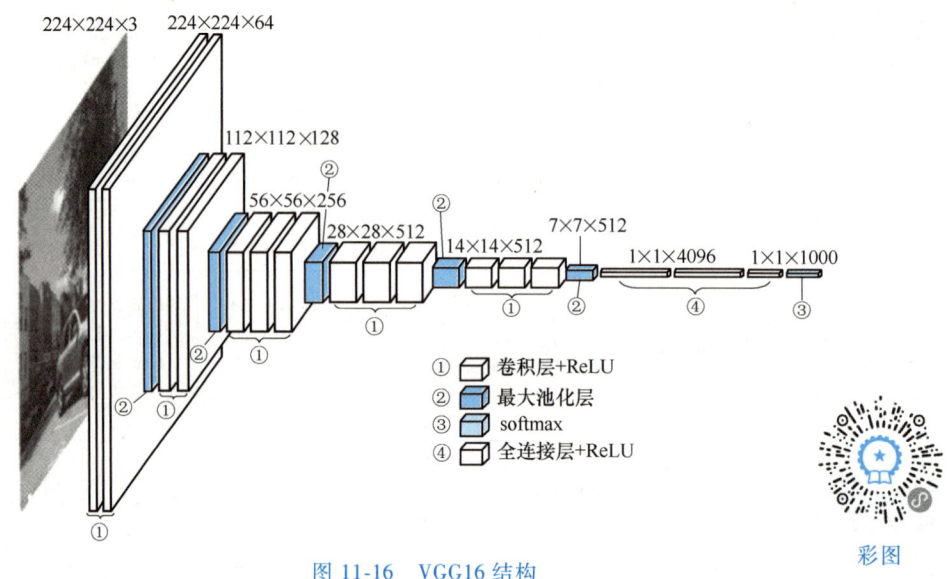

图 11-16　VGG16 结构

VGG 的一个重要特点是小卷积核。在 AlexNet 中，采用的卷积核相对都比较大，例如大小为 7×7 的卷积核，但是在 VGG 中采用大小为 3×3 的小卷积核来进行卷积计算，同时增加卷积层的层数来使得网络性能不会下降。使用多个小卷积核可以等效替代大卷积核，例如 3 个大小为 3×3 的卷积核，其感受野大小与 1 个大小为 7×7 的卷积核的感受野大小相等。但是使用小卷积核却会带来一些好处，首先是可以大幅度减小模型的参数量，例如使用 2 个大小为 3×3 的卷积核来替代 1 个大小为 5×5 的卷积核，大小为 5×5 的卷积核其参数量为 5×5＝25，而 2 个大小为 3×3 的卷积核参数量为 2×3×3＝18，仅为前者的 72%。另外，使用小卷积核可以增加卷积层数，由于每个卷积层中都含有一个非线性激活函数，因此可以增加网络的非线性。模型中使用大小为 1×1 的卷积核也可以在不改变模型感受野的情况下增加模型的非线性。此外，由于 VGG 模型的通道数更多，而每一个通道就代表着一个特征图，因此通道数量的增加就意味着网络模型能够获取到更多图像特征，即更丰富的图像信息。

11.3.4　GoogLeNet

VGG 获得了 2014 年的 ILSVRC 图像分类比赛的亚军，而获得当年比赛冠军的是 GoogLeNet。GoogLeNet 的参数量仅为 AlexNet 的十二分之一，但是分类精度却比 AlexNet 高。在 ILSVRC 图像分类任务中，GoogLeNet 使用 7 个模型进行集成，将每张图像用 144 种随机裁剪的方法进行处理，达到了比 VGG 更高的分类精度，但 7 个模型总的参数量小于 VGG。

与 VGG 模型相比较，GoogLeNet 模型的网络更深，如果只计算有参数的网络层，GoogLeNet 网络有 22 层，如果加上池化层则有 27 层。虽然 GoogLeNet 的深度达到了 20 多层，但参数量却比 AlexNet 和 VGG 小得多，GoogLeNet 的参数总量约为 500 万个，而 VGG16

的参数约为 13800 万个，是 GoogLeNet 的 27 倍多，这归功于 GoogLeNet 中的 Inception 模块。

Inception 的思想就是把多个卷积或池化操作，放在一起组装成一个网络模块，设计神经网络时以模块为单位去组装整个网络。图 11-17 为 Inception 模块的最初版本，其基本组成结构包含 4 个部分，即 1×1 卷积、3×3 卷积、5×5 卷积以及 3×3 最大池化，将分别经过这 4 个部分计算之后的结果组合得到最终的输出。Inception 模块最初版本的核心思想是利用不同大小的卷积核实现不同尺度上的感知，获取不同的图像信息，最后再进行信息之间的融合，以便能够获得图像更好的特征，通过多措并举出实招，达到多管齐下求实效。

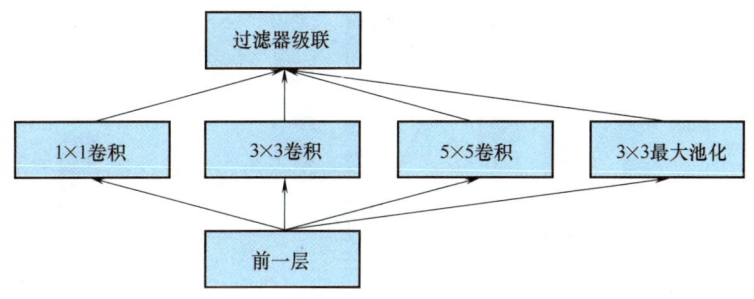

图 11-17　Inception 模块的最初版本

但是，Inception 模块的最初版本有两个问题：首先，所有卷积层直接和前一层输入的数据连接会造成卷积层中的计算量很大；第二，在这个模块中使用的最大池化层保留了输入数据的特征图的深度，所以在最后进行合并时，总输出特征图的深度只会增加，这样就增加了该模块后续网络结构的计算量。因此，为了减少参数量以及计算量，Google 团队提出了 Inception V1 模块，其结构如图 11-18 所示。

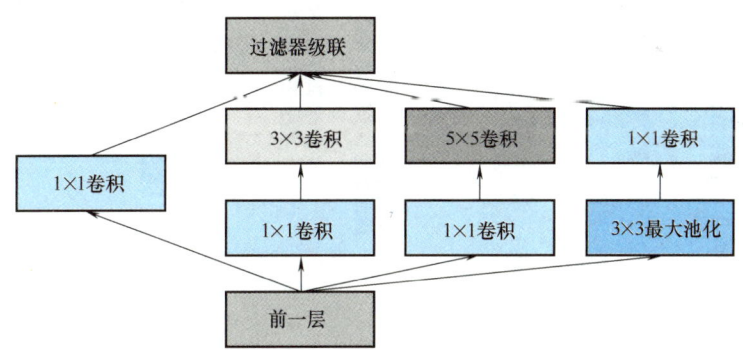

图 11-18　Inception V1 模块的结构

相较于最初版本，Inception V1 模块加入了 3 个 1×1 卷积，其主要目的在于压缩降维，减少参数量，从而让整个网络更深、更宽、更好地提取图像特征，同时由于增加的 1×1 卷积也会有非线性激活函数，因此也提升了网络模型的表达能力。

GoogLeNet 的模型结构如图 11-19 所示，总共有 22 层，如果包括池化层则总共有 27 层深。在进入分类器之前，采用平均池化来代替全连接层，而在平均池化之后，还添加了 1 个全连接层，是为了能够在最后对网络模型做微调。由于全连接网络参数多，计算量大，容易过拟合，所以 GoogLeNet 没有采用 VGG、LeNet、AlexNet 中都有的三层全连接层，而是直接在 Inception 模块之后使用平均池化和 Dropout 处理，不仅起到了降维作用，还在一定程度上防止了过拟合。

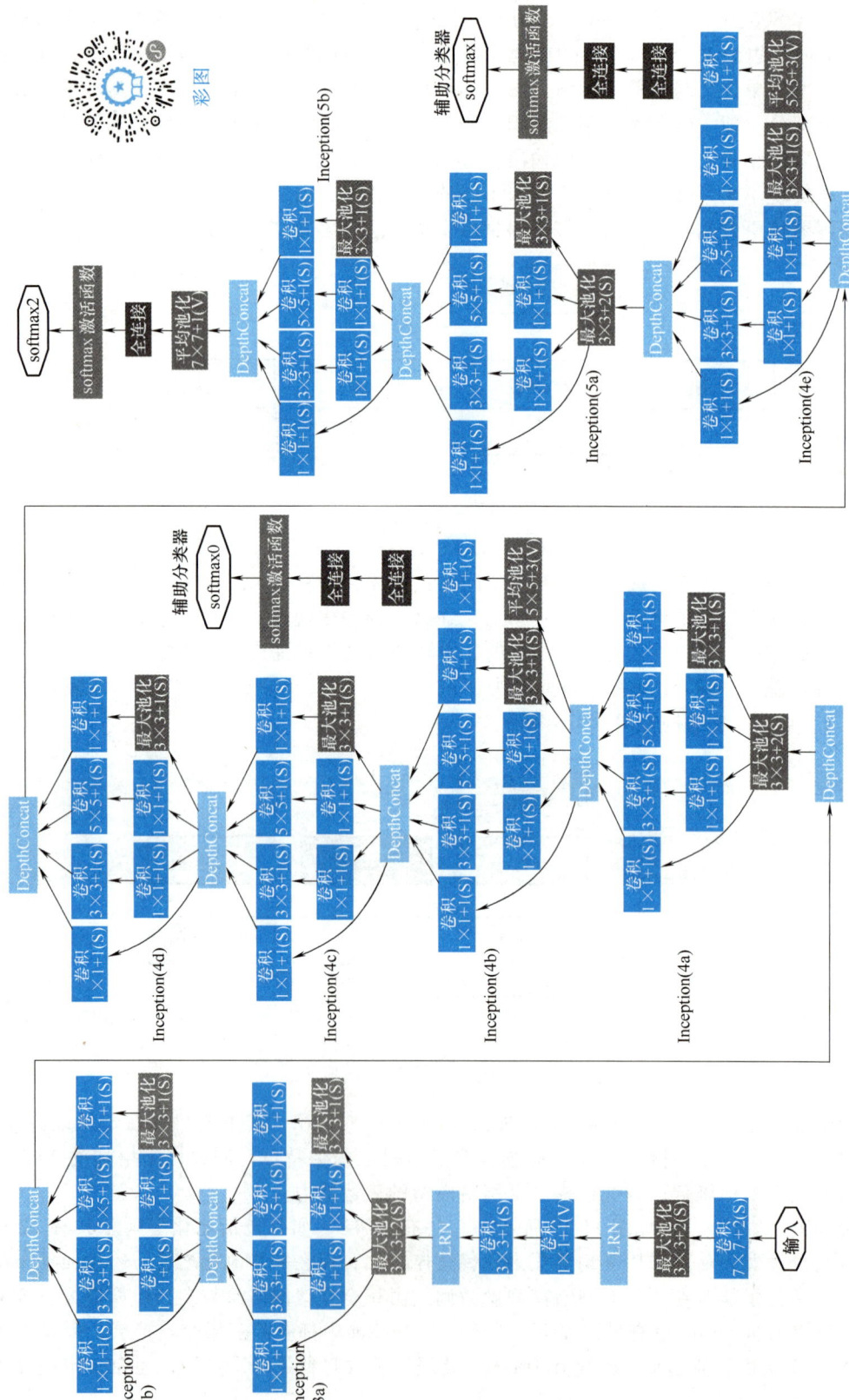

图 11-19 GoogLeNet 的模型结构

此外，GoogLeNet 中还有两个用于前向传导梯度的 softmax 函数，也就是辅助分类器，主要是为了避免梯度消失。这两个辅助分类器只在训练时使用，是为了网络模型的训练能够更稳定、收敛得更快，但是在模型进行预测时则会去掉这两个辅助分类器。

除了上述模型所用到的 Inception V1 模块，之后 Google 团队还提出了 Inception V2 模块以及 Inception V3 模块，其结构分别如图 11-20 及图 11-21 所示。

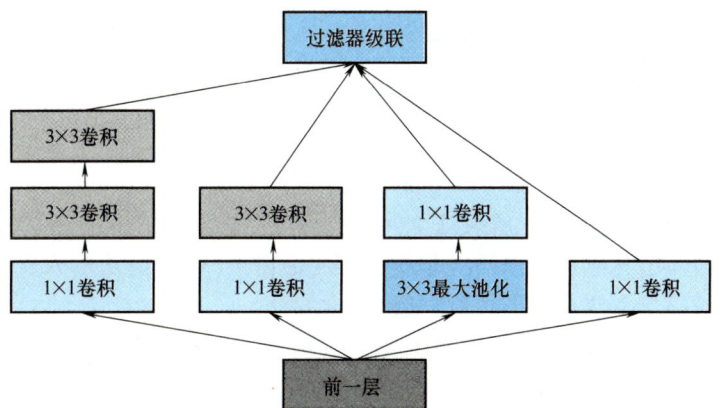

图 11-20　Inception V2 模块的结构

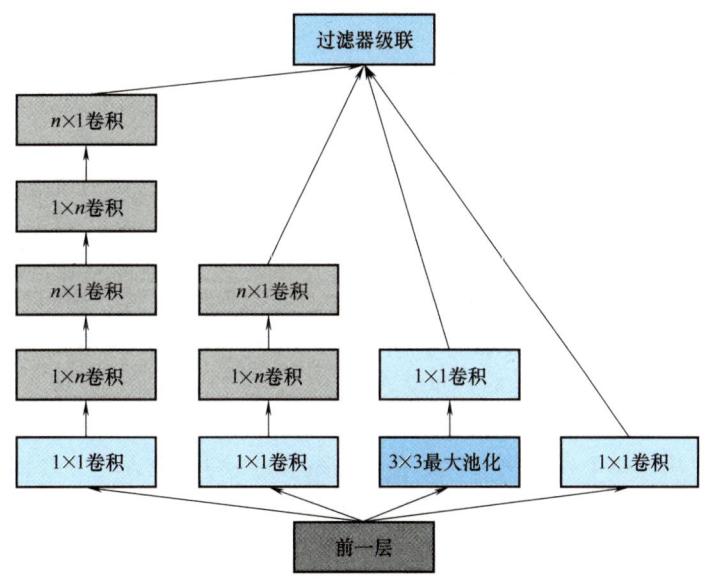

图 11-21　Inception V3 模块的结构

11.3.5　ResNet

无论是 VGG 还是 GoogLeNet，都通过增加网络深度从而使得网络性能得到提升，但是有时候通过在深度上堆叠网络，并不一定能获得性能更好的网络模型，其原因有两个：第一是增加网络深度会带来梯度消失和梯度爆炸的问题，这可以通过归一化等方法得到一定程度的解决；第二是退化问题，如图 11-22 所示，随着网络深度增加，精度达到饱和，继续增加深度，反而会导致精度快速下降，误差增大。56 层的神经网络不仅在测试集上，而且训练集

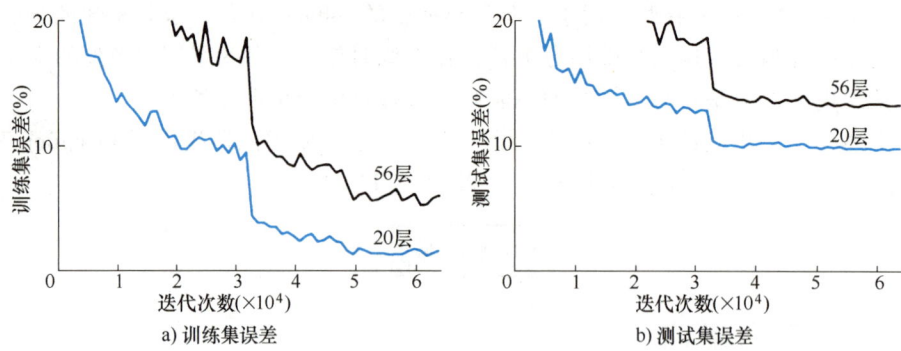

a) 训练集误差   b) 测试集误差

图 11-22 56 层和 20 层网络误差比较

上也表现得比 20 层网络差。为了解决这个问题,何恺明提出了 ResNet 残差网络。

残差网络依旧保留其他神经网络的非线性层的输出 $F(x)$,但从输入直接引入一个短连接到非线性层的输出上,使得整个映射变为

$$H(x) = F(x) + x \tag{11-4}$$

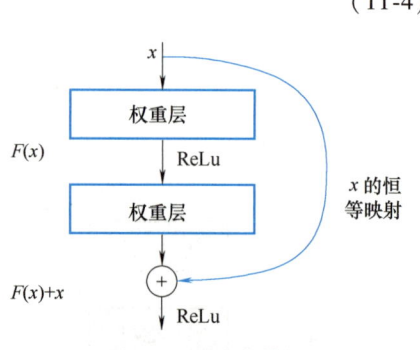

图 11-23 残差模块

残差是网络搭建的一种操作,任何使用了这种操作的网络都可以称为残差网络。残差模块如图 11-23 所示。一个残差模块有 2 条路径,$F(x)$ 和 x,$F(x)$ 路径拟合残差 $H(x)-x$,也称为残差路径,x 路径为恒等映射(Identity Mapping),让特征矩阵隔层相加。需要注意,$F(x)$ 和 x 的形状要相同,所谓相加是特征矩阵相同位置上的数字进行相加。图 11-23 中,⊕表示逐元素相加(Element-wise Addition),所以要求参与运算的 $F(x)$ 和 x 的形状必须相同。

ResNet 通过不断堆叠残差模块来得到不同层数的网络模型。典型的 ResNet 模型见表 11-3,网络层数分别是 18、34、50、101 和 152。这些 ResNet 都分成 5 个卷积阶段,分别是:conv1、conv2_x、conv3_x、conv4_x、conv5_x。

ResNet-101 包含 1 个 7×7 的卷积层(64 通道、步长 2),随后是 4 个卷积阶段,每个阶段包含若干个残差块。每个残差块由 3 个卷积层组成(1×1、3×3、1×1),用于降维、特征提取和升维。ResNet-101 共有 101 个权重层,包括 1 个初始卷积层、33 个残差块(每个残差块有 3 个卷积层)和 1 个全连接层。ResNet-50 与 ResNet-101 的主要区别在于 conv4_x 阶段的残差块数量,ResNet-50 的 conv4_x 包含 6 个残差块,而 ResNet-101 的 conv4_x 包含 23 个残差块,相差 17 个残差块,即 51 层。

表 11-3 典型的 ResNet 模型

层名	输出	18 层	34 层	50 层	101 层	152 层
conv1	112×112	7×7×64,步长为 2				
conv2_x	56×56	3×3 最大池化,步长为 2				
		$\begin{bmatrix}3\times3,64\\3\times3,64\end{bmatrix}\times2$	$\begin{bmatrix}3\times3,64\\3\times3,64\end{bmatrix}\times3$	$\begin{bmatrix}1\times1,64\\3\times3,64\\1\times1,256\end{bmatrix}\times3$	$\begin{bmatrix}1\times1,64\\3\times3,64\\1\times1,256\end{bmatrix}\times3$	$\begin{bmatrix}1\times1,64\\3\times3,64\\1\times1,256\end{bmatrix}\times3$

（续）

层名	输出	18层	34层	50层	101层	152层
conv3_x	28×28	$\begin{bmatrix}3\times3,128\\3\times3,128\end{bmatrix}\times2$	$\begin{bmatrix}3\times3,128\\3\times3,128\end{bmatrix}\times4$	$\begin{bmatrix}1\times1,128\\3\times3,128\\1\times1,512\end{bmatrix}\times4$	$\begin{bmatrix}1\times1,128\\3\times3,128\\1\times1,512\end{bmatrix}\times4$	$\begin{bmatrix}1\times1,128\\3\times3,128\\1\times1,512\end{bmatrix}\times8$
conv4_x	14×14	$\begin{bmatrix}3\times3,256\\3\times3,256\end{bmatrix}\times2$	$\begin{bmatrix}3\times3,256\\3\times3,256\end{bmatrix}\times6$	$\begin{bmatrix}1\times1,256\\3\times3,256\\1\times1,1024\end{bmatrix}\times6$	$\begin{bmatrix}1\times1,256\\3\times3,256\\1\times1,1024\end{bmatrix}\times23$	$\begin{bmatrix}1\times1,256\\3\times3,256\\1\times1,1024\end{bmatrix}\times36$
conv5_x	7×7	$\begin{bmatrix}3\times3,512\\3\times3,512\end{bmatrix}\times2$	$\begin{bmatrix}3\times3,512\\3\times3,512\end{bmatrix}\times3$	$\begin{bmatrix}1\times1,512\\3\times3,512\\1\times1,2048\end{bmatrix}\times3$	$\begin{bmatrix}1\times1,512\\3\times3,512\\1\times1,2048\end{bmatrix}\times3$	$\begin{bmatrix}1\times1,512\\3\times3,512\\1\times1,2048\end{bmatrix}\times3$
	1×1	平均池化,1000维全连接,softmax					
FLOPs		1.8×10^9	3.6×10^9	3.8×10^9	7.6×10^9	11.3×10^9

比较50层和101层，可以发现，它们唯一的不同在于conv4_x，ResNet-50有6个block，而ResNet-101有23个block，相差17个block，也就是17×3 = 51层。

ResNet使用的残差模块有两种结构。一种是两层结构BasicBlock，如图11-24a所示，ResNet-18/34使用的残差块是BasicBlock。另一种是三层结构Bottleneck，如图11-24b所示。Bottleneck第一层的大小为1×1的卷积核的作用是对特征矩阵进行降维操作，将特征矩阵的维度由256降为64；第三层的大小为1×1的卷积核是对特征矩阵进行升维操作，将特征矩阵的维度由64升为256。降低特征矩阵的维度主要是为了减少参数的个数。如果采用BasicBlock，参数的个数为256×256×3×3×2 = 1179648；而采用Bottleneck，参数的个数为1×1×256×64+3×3×64×64+1×1×256×64 = 69632。先降后升为了主分支上输出的特征矩阵和捷径分支上输出的特征矩阵形状相同，以便进行加法操作。ResNet-50/101/152使用的是Bottleneck残差块。

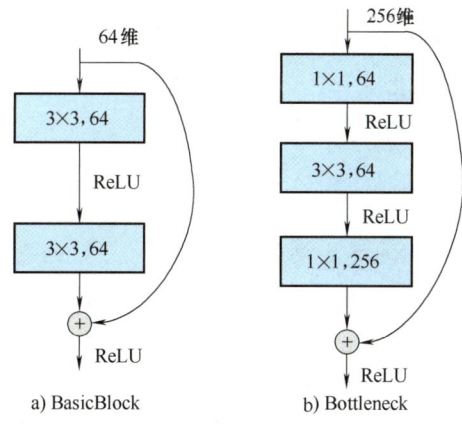

图11-24 残差模块结构

11.4 卷积神经网络实践项目——斑马线检测

利用PaddlePaddle框架搭建一个卷积神经网络，对包含斑马线的马路和不包含斑马线的马路图像进行分类。数据集中的图像样本示例如图11-25所示。

图 11-25　图像样本示例

由于项目代码篇幅长，本节不附项目代码及介绍。

读者可以打开链接 https://aistudio.baidu.com/project/edit/8983483 运行项目代码，可扫描右侧二维码观看讲解视频。

讲解视频

 习题

1. 选择题

1) 在卷积神经网络中，卷积操作的主要目的是（　　）。

A. 特征提取　　　　B. 数据降维　　　　C. 数据增强　　　　D. 损失函数计算

2) （　　）操作通常用于在卷积神经网络中减少特征图的尺寸。

A. 卷积　　　　　　B. 池化　　　　　　C. 激活函数　　　　D. 归一化

3) 在卷积神经网络中，权重共享是指（　　）。

A. 不同层的权重相同　　　　　　　　B. 同一层中不同神经元的权重相同

C. 不同网络之间共享权重　　　　　　D. 训练过程中权重不变

4) 典型的卷积神经网络 LeNet-5 主要用于解决（　　）问题。

A. 图像分类　　　　　　　　　　　　B. 语音识别

C. 自然语言处理　　　　　　　　　　D. 强化学习

5) 在卷积神经网络中，（　　）通常不包含可训练的参数。

A. 卷积层　　　　　B. 池化层　　　　　C. 全连接层　　　　D. 归一化层

6) 在卷积神经网络中，1×1 卷积的主要作用是（　　）。

A. 特征降维　　　　　　　　　　　　B. 特征增强

C. 保持特征图尺寸不变　　　　　　　D. 改变特征图通道数

2. 判断题

1) 卷积神经网络中的卷积层可以提取图像的全部特征。（　　）

2) 在卷积神经网络中，池化层可以减少计算量和参数数量，防止过拟合。（　　）

3）权重共享可以减少卷积神经网络中的参数数量，提高计算效率。（　　）

4）AlexNet 是第一个被提出的卷积神经网络模型。（　　）

3. 简答题和论述题

1）请简述卷积神经网络中的卷积操作是如何进行的。

2）请解释卷积神经网络中的池化操作及其作用。

3）论述卷积神经网络中的权重共享机制是如何工作的，以及它对网络性能的影响。

4）请讨论几种典型的卷积神经网络模型（如 LeNet-5，AlexNet，VGG，ResNet 等）的结构特点及其对深度学习发展的影响。

5）结合实际应用，论述卷积神经网络在图像识别、目标检测和图像分割等领域的应用及挑战。

部分习题
参考答案

第12章　循环神经网络及实践

作为序列数据分析的核心方法论，循环神经网络（Recurrent Neural Network，RNN）通过构建时序依赖建模机制，革新了自然语言处理、交通轨迹预测等时序关联任务的解决方案。相较于传统前馈神经网络对序列数据的扁平化处理，RNN凭借循环连接结构与隐状态记忆机制，实现了对复杂时序模式的有效捕捉。

本章将系统阐释RNN的技术演进脉络，从基础RNN架构出发，解析其处理变长序列的核心机制；深入剖析LSTM通过门控单元解决长期依赖问题的创新设计，以及GRU通过参数简化实现效率优化的理论及工程实践；最终延伸至深度双向RNN、注意力增强型Seq2Seq等前沿模型，展现时序建模技术在表达能力与计算效率间的持续突破。

12.1　自然语言处理及相关技术

RNN在自然语言处理（Natural Language Processing，NLP）领域展现出独特的优势。NLP作为人工智能的重要分支，致力于使计算机具备理解和生成人类自然语言的能力，以实现高效的人机交互。它架起了语言学与计算机科学之间的桥梁，并在机器翻译、文本分类、情感分析、智能问答、语音识别等多个领域得到广泛应用，极大地改变了信息获取和人机协作的方式。

12.1.1　NLP的发展历程

NLP的演进是计算机科学与语言学交叉融合的缩影，其发展可分为四个阶段。

（1）20世纪50—80年代　这一阶段NLP以规则驱动为核心，研究者通过手工编写语法规则和词典解析语言。例如，早期的机器翻译系统（如乔治城—IBM实验）依赖俄英词汇对照和简单句法模板，虽能处理基础句子，但泛化能力极差。20世纪70年代，MIT开发的SHRDLU系统在受限的"积木世界"中实现自然语言指令理解，揭示了规则系统在复杂语义和上下文推理中的局限性。

（2）20世纪90年代—2010年　这一阶段统计学习方法成为主流。IBM提出基于概率的统计机器翻译模型，利用双语语料库的词对齐概率提升翻译质量。与此同时，词频—逆文档频率（TF-IDF）算法在信息检索中广泛应用，通过词频统计优化搜索引擎结果排序。隐马尔可夫模型（HMM）和条件随机场（CRF）推动了词性标注、命名实体识别等任务的进步。然而，统计方法依赖人工设计特征（如词性、句法结构），难以建模长距离语义依赖。

（3）**2010 年—2017 年** 深度学习与 RNN 的引入，彻底改变了 NLP 的技术范式。RNN 通过隐藏状态传递时序信息，解决了传统方法对上下文建模的不足。长短期记忆（LSTM）网络和门控循环单元（GRU）进一步引入门控机制，缓解梯度消失问题，使机器翻译、文本生成等任务实现端到端训练。例如，2014 年 Google 的 Seq2Seq 模型基于 LSTM，首次无须人工设计对齐规则即可完成多语言翻译。这一阶段，词向量技术（如 Word2Vec）将词汇映射为低维稠密向量，为 RNN 提供了高效的输入表示，奠定了深度学习在 NLP 中的核心地位。

（4）**2017 年至今** Transformer 架构与预训练模型引领 NLP 进入通用智能时代。Google 的 Transformer 模型通过自注意力机制并行处理全局上下文，训练效率提升百倍。2018 年，BERT 利用掩码语言建模从海量文本中学习双向语义表示，在 11 项 NLP 任务中刷新纪录。此后，GPT-3 凭借 1750 亿参数实现零样本学习，生成新闻、代码甚至诗歌。当前，NLP 技术已渗透至智能客服、法律文书分析、教育测评等领域，并与视觉、语音结合催生多模态助手（如 ChatGPT），推动人机交互迈向自然对话的新高度。

12.1.2 词向量技术

NLP 的挑战在于跨越人类语言的离散符号体系与机器连续性理解之间的认知鸿沟。传统独热编码（One-Hot Encoding）虽完成词汇的符号化映射，却深陷"维度灾难"——若词汇表规模达十万量级，每个词被编码为十万维稀疏向量，其中仅单一维度取值为 1，其余全为 0。这种表示不仅因维度爆炸导致存储与计算效率骤降，更使得语义关联性缺失，例如"医生"与"护士"的向量点积恒为 0，与二者现实语义的高度相关性形成强烈对立。

词向量技术的重大突破，在于成功构建起一个低维且稠密的向量空间，在该空间内，语义关系能够借助几何距离实现量化，常见的度量方式有余弦相似度、欧氏距离等。这种分布式语义表征（Distributed Semantic Representation）模式，引领 NLP 领域从依赖规则的符号推演阶段，迈向数据驱动的语义建模新纪元。以 Word2Vec、GloVe 和 FastText 为代表的经典词向量生成方法，凭借无监督学习技术，从海量的语料数据中自动挖掘词汇之间的语义关联及语法规律。

1．Word2Vec

Word2Vec 于 2013 年由 Google 团队提出，它通过浅层神经网络学习词向量，包含连续词袋（Continuous Bag of Words，CBOW）模型和跳字（Skip-Gram）模型两种训练范式，如图 12-1 所示。Word2Vec 生成的向量可支持"语义加减"（如"国王−男+女≈王后"），显著提升了机器翻译、文本分类等任务的性能。

CBOW 的核心思想是通过上下文词汇预测中心词，其网络结构包含输入层、隐藏层和输出层。输入层接收上下文词汇的独热编码，隐藏层通过共享嵌入矩阵将其转换为词向量并聚合为单一向量，输出层通过 Softmax 预测中心词的概率分布。例如，在句子"The monkey climbed up a tree"中，若以"climbed"为中心词，窗口大小为 2，则上下文词汇为"The""monkey""up"和"a"。CBOW 通过聚合这些词的向量，学习预测中心词"climbed"的

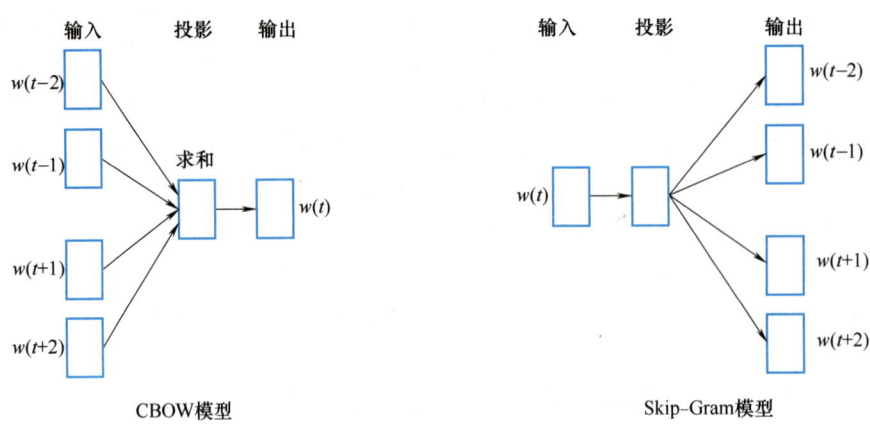

图 12-1　CBOW 模型与 Skip-Gram 模型

分布。

Skip-Gram 与 CBOW 相反，其目标是通过中心词预测上下文词汇。输入层仅接收中心词向量，输出层为窗口内每个上下文位置独立计算概率。例如，在句子"the man loves his dog"中，若以"loves"为中心词且窗口大小为 2，模型需预测其前后各两个词（"the" "man" "his" "dog"）的概率分布。

CBOW 与 Skip-Gram 各有所长，CBOW 训练高效且适合大规模语料，但对低频词和词序敏感度较弱；Skip-Gram 擅长捕捉低频词和复杂语义，但计算成本更高；两者分别适用于高频语料快速处理与细粒度语义建模场景。

2. GloVe

GloVe（Global Vectors for Word Representation）模型由斯坦福大学的研究团队于 2014 年提出，旨在弥补 Word2Vec 仅依赖局部上下文窗口的不足，融合全局词共现统计（如词频矩阵）与局部上下文预测的优势。其通过优化目标函数，直接建模词语共现概率的比值（例如"冰"与"水"的高共现概率显著区别于"冰"与"蒸汽"的共现概率），使词向量显式编码语义关联的强度与方向。基于大规模语料（如维基百科）训练的 GloVe 向量，在捕捉词汇间的全局关系（如"国家—首都""动词—名词搭配"）上表现优异，成为 21 世纪 10 年代中后期 NLP 任务的主流词向量生成方法，并为后续动态词向量（如 ELMo）与预训练模型（如 BERT）提供重要的语义建模基础。

3. FastText

FastText 由 Facebook AI Research（FAIR）团队于 2016 年提出，它针对形态丰富的语言（如中文、德语）提出了子词嵌入（Subword Embedding）方法，该方法将单词拆解为字符级 n-gram（如将"学习"拆分为"学""习""学习"等子单元），通过子词向量求和生成完整词向量，不仅解决了未收录词（如"量子涨落"）和形态复杂语言（如中文复合词"中华人民共和国"）的表示难题，还对解决拼写错误（如"happpy"→"happy"）的问题表现出强鲁棒性。相较于 Word2Vec 和 GloVe，FastText 在词形丰富的语言中的性能显著提升，例如中文中的"学习"与"学生"通过共享子词"学"实现语义关联，而"房子"与"房间"因共用"房"这一子词在向量空间中距离相近。

FastText 作为 Facebook 开源的多语言工具库，支持 157 种语言的高效训练，凭借其对形态复杂语言和未收录词的处理优势，曾是工业界多语言任务的标配方案。但随着深度语义理解（如多义词消歧）和高精度跨语言需求的增长，其静态词向量模式逐渐被 Transformer 预训练模型取代。目前，FastText 在资源敏感场景（如边缘计算）中仍具价值，常用于前端预处理（如拼写纠错）或低资源环境的基线模型。

12.2 循环神经网络

前向神经网络基于样本独立性假设，即假设输入样本之间相互独立。这一假设在处理具有时序或逻辑关联的数据时存在明显局限，因为这类数据中的元素通常存在前后依赖关系，而前向网络无法直接建模这种依赖。

RNN 是一类专为处理序列数据设计的神经网络模型。其核心机制在于通过隐藏状态的递归更新，捕捉输入序列中元素之间的时序依赖关系。具体而言，当前时刻的隐藏状态不仅依赖于当前输入，还融合了前一时刻的隐藏状态信息，从而实现了对历史信息的动态保留。这一特性使得 RNN 在自然语言处理、语音识别、时间序列预测等领域得到广泛应用。

RNN 的核心思想最早可追溯至 John J. Hopfield 和 Jeffrey Elman 等人的研究。尽管 Hopfield 网络（1982 年）中融入了递归神经网络的基础理论，但通常认为 Jeffrey Elman 在 1990 年发表的论文 *Finding Structure in Time* 中，对现代 RNN 的结构进行了系统性阐述。该论文明确了 RNN 在序列建模中的关键作用，并奠定了后续变体模型（如 LSTM 和 GRU）的发展基础。

RNN 的核心是循环单元，它接收当前时刻的输入和上一时刻的隐藏状态作为输入，并输出当前时刻的隐藏状态。RNN 结构示意图如图 12-2 所示。这种结构使得 RNN 能够保留历史信息，从而捕捉序列中的时序依赖。为了更直观地理解 RNN 的工作原理，可以将其沿时间步展开，结构示意图如图 12-3 所示。在每个时间步，RNN 接收一个输入向量，并更新其隐藏状态，图 12-3 中显示的输出为每个时间步基于隐藏状态的预测结果 y_t，实际上，最终的输出也可能是最后一个时间步的隐藏状态，具体取决于任务设计。

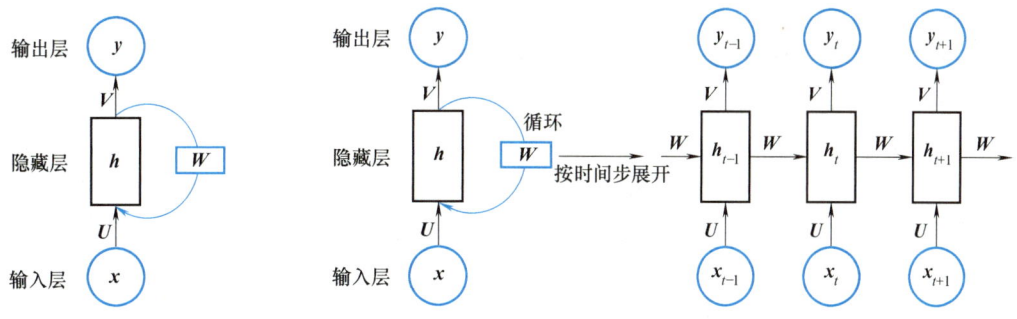

图 12-2　RNN 结构示意图　　　　图 12-3　RNN 沿时间步展开结构示意图

对于单个时间步，RNN 的输入包含当前时间步的输入数据 x_t 和前一时间步的隐藏状态 h_{t-1}。其核心计算是更新当前隐藏状态 h_t，并基于 h_t 生成当前时间步的预测输出 y_t，同时将 h_t 传递到下一个时间步。计算公式如下：

$$h_t = f_h(Ux_t + Wh_{t-1} + b_h) \tag{12-1}$$

$$y_t = f_o(Vh_t + b_y) \tag{12-2}$$

式中，U 和 W 为输入和循环权重矩阵；b_h 为隐藏层偏置；V 是输出权重矩阵；b_y 为输出层偏置；f_h 和 f_o 为激活函数，通常 f_h 采用 tanh() 函数，f_o 采用 softmax() 函数。

把多个时序数据串联起来，RNN 的计算可以进一步拓展为：

$$\begin{cases} h_{t-1} = f_h(Ux_{t-1} + Wh_{t-2} + b_h), & y_{t-1} = f_o(Vh_{t-1} + b_y) \\ h_t = f_h(Ux_t + Wh_{t-1} + b_h), & y_t = f_o(Vh_t + b_y) \\ h_{t+1} = f_h(Ux_{t+1} + Wh_t + b_h), & y_{t+1} = f_o(Vh_{t+1} + b_y) \end{cases} \tag{12-3}$$

式（12-3）可知，针对同一个训练批次数据，RNN 所有时间步的权重矩阵是共享的，这大大减少了参数量，这些参数通过所有时间步的数据共同训练，使得隐藏状态 h_t 能够递归地融合序列起点到当前时刻的历史信息。

在 RNN 训练时，参数更新采用随时间反向传播（Backpropagation Through Time，BPTT）算法，该算法通过将误差从序列末尾反向传播至初始时间步，利用链式法则沿时间步逐层计算梯度，最终通过梯度连乘和累加更新参数。然而，由于梯度在反向传播过程中需经历多个时间步的连续乘法，这一机制易导致两种极端情况：其一为梯度消失（Vanishing Gradient），当序列长度较大时，梯度在连续乘法中逐渐趋近于 0（尤其当激活函数如 tanh 的导数小于 1 时），致使靠近序列末尾的误差信号难以有效传递至早期时间步，进而阻碍 RNN 学习长距离依赖关系（如自然语言处理中无法捕捉句子首尾的语义关联）；其二为梯度爆炸（Exploding Gradient），若梯度在连续乘法中过大（如权重初始化不当或输入序列数值范围较大），则会导致梯度值迅速增长并引发数值不稳定，此时参数更新可能过于剧烈，甚至导致梯度溢出（NaN）。

12.3 LSTM 和 GRU

12.3.1 LSTM

传统 RNN 在处理长序列时存在梯度消失/爆炸问题，导致其难以捕捉长期依赖关系。长短期记忆（Long Short-Term Memory，LSTM）网络由 Hochreiter 和 Schmidhuber 于 1997 年提出，通过引入门控机制和细胞状态动态控制信息流动，有效缓解了梯度消失问题，显著提升了模型对长序列的记忆能力。

LSTM 单元包含三个门控（输入门、遗忘门、输出门）和一个细胞状态，结构示意图如图 12-4 所示。图 12-4 中，f_t 表示遗忘门，i_t 表示输入门，o_t 表示输出门，c_{t-1} 表示上一时刻的细胞状态，c_t 表示当前时刻的细胞状态，$\tilde{c}_t$ 表示新的候选信息，x_t 表示当前时刻的输入，h_{t-1} 表示上一时刻的隐藏状态，h_t 表示当前时刻的隐藏状态。图 12-4 中每条线都承载着一个完整的向量，实现从一个节点的输出到其他节点的输入，圆圈代表逐点操作（如向量加法或乘法），方框是神经网络层，合并的线表示拼接，分叉的线表示其内容被复制到不同的位置。

LSTM 的关键在于细胞状态（Cell State）。细胞状态示意图如图 12-5 所示。细胞状态类

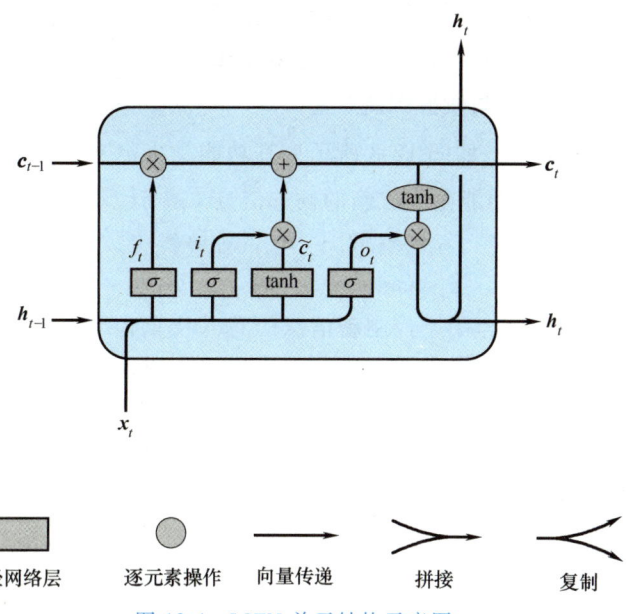

| 神经网络层 | 逐元素操作 | 向量传递 | 拼接 | 复制 |

图 12-4　LSTM 单元结构示意图

似于传送带,贯穿整个链状结构,长期信息沿其流动。在此过程中,通过遗忘门、输入门和输出门的交互操作,模型动态调控信息的保留、更新与输出,从而解决长期依赖问题。

门(Gate)是一种用于选择性传递信息的方式。门控示意图如图 12-6 所示,它由一个 Sigmoid 神经网络层和一个逐点(元素级)乘法运算组成。Sigmoid 层的输出是 0~1 的数值,用于描述每个分量应被允许通过的程度。数值为 0 表示"完全不通过",而数值为 1 表示"完全通过"。

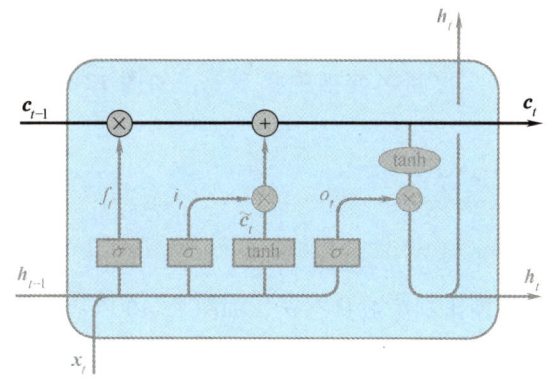

图 12-5　细胞状态示意图

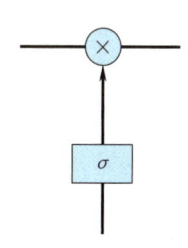

图 12-6　门控示意图

1. 遗忘门(Forget Gate)

遗忘门示意图如图 12-7 所示,其功能是决定上一时刻细胞状态 c_{t-1} 中哪些信息需要保留或遗忘,计算公式为

$$f_t = \sigma(W_f \cdot [h_{t-1}, x_t] + b_f) \tag{12-4}$$

式中,W_f 为遗忘门权重矩阵,用于控制历史细胞状态的保留程度;b_f 为遗忘门偏置,用于

调节遗忘门的默认激活阈值；σ 为 Sigmoid 函数，达到约束遗忘门 $f_t \in [0,1]$ 的目的，其中，1 表示完全保留，0 表示完全遗忘；$[\boldsymbol{h}_{t-1}, \boldsymbol{x}_t]$ 表示把向量 $\boldsymbol{h}_{t-1}$ 和 $\boldsymbol{x}_t$ 拼接起来。

2. 输入门（Input Gate）与候选细胞状态

输入门 i_t 和候选细胞状态如图 12-8 所示，其功能是决定当前输入 $\boldsymbol{x}_t$ 中哪些信息需存入细胞状态，候选细胞状态的功能是生成新的候选信息 $\widetilde{c}_t$。计算公式如下：

$$i_t = \sigma(\boldsymbol{W}_i \cdot [\boldsymbol{h}_{t-1}, \boldsymbol{x}_t] + \boldsymbol{b}_i)$$
$$\widetilde{c}_t = \tanh(\boldsymbol{W}_c \cdot [\boldsymbol{h}_{t-1}, \boldsymbol{x}_t] + \boldsymbol{b}_c) \tag{12-5}$$

式中，$\boldsymbol{W}_i$ 为输入门权重矩阵，用于控制新信息的写入权重；$\boldsymbol{b}_i$ 为输入门偏置，用于调节遗忘门的默认激活阈值；$\boldsymbol{W}_c$ 为候选状态权重矩阵，用于生成未过滤的新状态信息；$\boldsymbol{b}_c$ 为候选状态偏置，用于调整候选状态的初始分布；tanh 是双曲正切函数，其作用是标准化特征和稳定梯度。

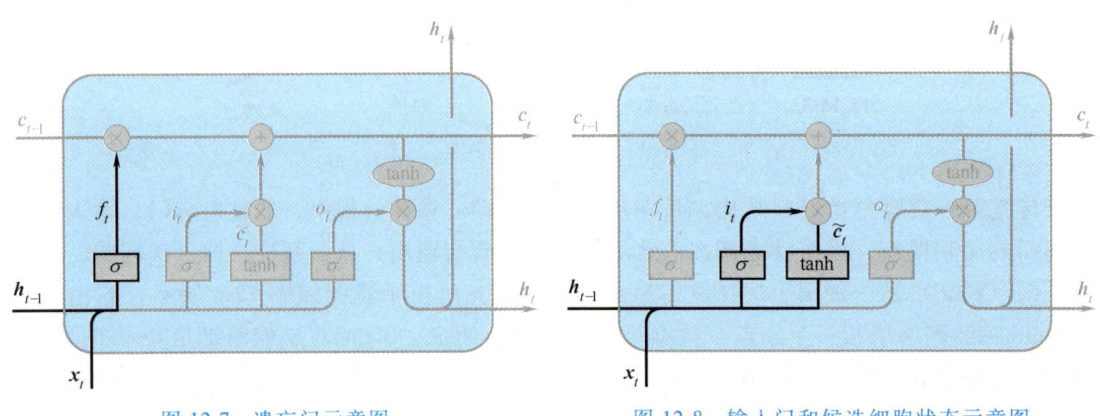

图 12-7 遗忘门示意图　　　　　图 12-8 输入门和候选细胞状态示意图

3. 细胞状态更新

细胞状态更新的功能是结合遗忘门与输入门，更新当前细胞状态 c_t，如图 12-9 所示，计算公式如下：

$$c_t = f_t \cdot c_{t-1} + i_t \cdot \widetilde{c}_t \tag{12-6}$$

式中，"·"表示逐元素相乘。

4. 输出门（Output Gate）

输出门的功能是决定细胞状态 c_t 中哪些信息输出到隐藏状态 $\boldsymbol{h}_t$，如图 12-10 所示，计算公式为：

$$\begin{cases} o_t = \sigma(\boldsymbol{W}_o \cdot [\boldsymbol{h}_{t-1}, \boldsymbol{x}_t] + \boldsymbol{b}_o) \\ \boldsymbol{h}_t = o_t \cdot \tanh(\boldsymbol{c}_t) \end{cases} \tag{12-7}$$

式中，$\boldsymbol{W}_o$ 为输出门权重矩阵，用于控制细胞状态的输出强度；$\boldsymbol{b}_o$ 为输出门偏置，用于调节输出门的默认开放程度；隐藏状态 $\boldsymbol{h}_t$ 作为当前时刻的输出，并传递至下一时间步。

通过输出门，LSTM 对细胞状态 c_t 进行筛选，首先用 tanh 函数压缩 c_t 到 $[-1,1]$ 之间，再与输出门的 Sigmoid 系数逐元素相乘，从而动态提取有效信息。这种选择性输出机制增强了模型对关键特征的表达能力。

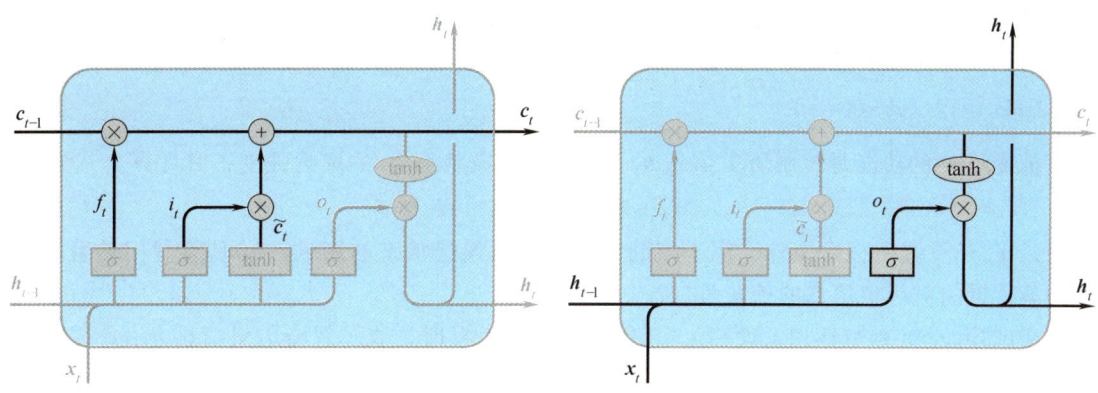

图 12-9　细胞状态更新示意图　　　　图 12-10　输出门示意图

综上所述，LSTM 通过三阶段门控机制实现序列建模，其中遗忘门筛选历史细胞状态信息，输入门融合当前输入生成新记忆，输出门调控当前状态的对外输出。这种机制使细胞状态能够线性传递长期记忆，同时隐藏状态动态反映短期模式，形成"记忆—更新—输出"的闭环控制。LSTM 通过细胞状态的线性传播路径（由遗忘门和输入门调控的加法操作），有效缓解了 RNN 的梯度消失问题。其三重门控结构动态平衡了长期记忆与短期更新，使模型兼具长期依赖建模能力和短期动态响应特性。在 Transformer 出现之前，LSTM 凭借其对复杂序列的灵活建模能力，成为时序预测、自然语言处理等任务的主流架构。

12.3.2　GRU

门控循环单元（Gated Recurrent Unit，GRU）由 Cho 等人于 2014 年提出，是对 LSTM 的简化改进版本。GRU 通过减少门控数量（从 LSTM 的三个门变为两个门），在保持长期依赖建模能力的同时，降低了模型复杂度和计算开销。其核心思想是通过更精简的门控机制，实现信息的选择性更新与传递。

GRU 包含两个门控单元：更新门（Update Gate）和重置门（Reset Gate）。GRU 结构示意图如图 12-11 所示。图 12-11 中，z_t 表示更新门，r_t 表示重置门，h_{t-1} 表示上一时刻的隐藏状态，x_t 表示当前时刻的输入，h_t 表示当前时刻的隐藏状态，$\tilde{h}_t$ 表示候选隐藏状态，是一个中间状态，表示当前时刻的潜在新状态。

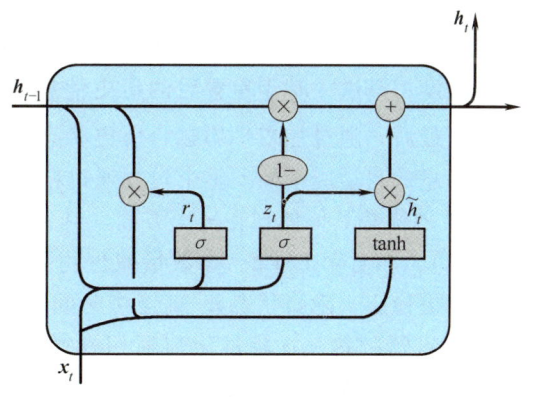

图 12-11　GRU 结构示意图

1. 更新门（Update Gate）

更新门 z_t 的功能是平衡历史信息 h_{t-1} 和候选隐藏状态 $\tilde{h}_t$ 的权重，决定隐藏状态的更新程度，其计算公式为

$$z_t = \sigma(W_z \cdot [h_{t-1}, x_t] + b_z) \quad (12\text{-}8)$$

式中，W_z 是更新门权重矩阵，用于控制新旧信息的融合比例；b_z 是更新门偏置，用于调节

更新门的默认激活倾向；σ 是 Sigmoid 函数，其作用使得 $z_t \in [0, 1]$，z_t 接近 1 时倾向保留历史状态，接近 0 时倾向接受新信息。

2. 重置门（Reset Gate）

重置门 r_t 的功能是控制历史信息 h_{t-1} 对候选隐藏状态 $\tilde{h}_t$ 的影响强度，其计算公式为

$$r_t = \sigma(W_r \cdot [h_{t-1}, x_t] + b_r) \tag{12-9}$$

式中，W_r 是重置门权重矩阵，用于控制历史信息对候选状态的影响；b_r 是重置门偏置，用于调节重置门对历史信息的依赖程度。

通过 Sigmoid 函数作用，使得 $r_t \in [0, 1]$，r_t 接近 0 时，表示忽略历史信息 h_{t-1}，仅依赖当前输入，实现"重置"；r_t 接近 1 时，历史信息 h_{t-1} 完整参与计算，保留历史信息。

3. 候选隐藏状态

候选隐藏状态 $\tilde{h}_t$ 的功能是生成当前时刻的临时状态，融合当前输入和部分历史信息，其计算公式为

$$\tilde{h}_t = \tanh(W_h \cdot [r_t \cdot h_{t-1}, x_t] + b_h) \tag{12-10}$$

式中，W_h 是候选状态权重矩阵，用于生成融合新旧信息的临时状态；b_h 是候选状态偏置，用于调节调整候选状态的初始分布；通过重置门 r_t 对 h_{t-1} 进行逐元素相乘，实现选择性遗忘；tanh 函数将输出压缩到 $(-1, 1)$，达到标准化特征范围的目的。

4. 隐藏状态更新

隐藏状态更新通过更新门 z_t 加权融合历史状态和候选隐藏状态，计算公式为

$$h_t = (1 - z_t) \cdot h_{t-1} + z_t \cdot \tilde{h}_t \tag{12-11}$$

若 $z_t \approx 0$，则 $h_t \approx h_{t-1}$ 表示保留历史；若 $z_t \approx 1$，则 $h_t \approx \tilde{h}_t$ 表示接受新信息。

总体来看，GRU 的工作流程大致分为三步。首先，通过更新门 z_t 和重置门 r_t 动态调节信息流动，其中更新门决定历史状态与新信息的融合比例，重置门控制历史信息对候选状态的影响强度；其次，基于重置后的历史信息和当前输入 x_t，生成候选状态 $\tilde{h}_t$，表示潜在的新状态；最后，通过加权平均融合历史状态 h_{t-1} 与候选状态 $\tilde{h}_t$，输出最终隐藏状态 h_t，实现新旧信息的自适应平衡。整个过程通过精简门控机制，实现记忆与遗忘的动态控制。

GRU 的优势具体体现在三个方面。其一，计算效率高，仅需更新门和重置门（LSTM 需三个门控），相对于 LSTM，参数量减少约 1/3，显著提升训练速度并降低内存开销；其二，梯度传播更稳定，隐藏状态 h_t 直接跨时间步传递，类似 LSTM 的细胞状态机制，有效缓解梯度消失问题；其三，轻量化与通用性并存，在机器翻译、语音识别等任务中性能媲美 LSTM，但因结构精简，计算成本更低，尤其适合实时应用和资源受限场景（如移动端部署）。

12.4 深度循环神经网络

前面两节介绍的 RNN、LSTM 和 GRU 都仅有一个单向的隐藏层，而在深度学习应用中，通常会涉及含有多个隐藏层的循环神经网络，称作深度循环神经网络（Deep Recurrent Neural Network, DRNN），DRNN 通过堆叠多个循环层或结合其他模块来增强模型的时序建模能

力。典型的 DRNN 有堆叠循环神经网络（Stacked RNN）和深度双向循环神经网络（Deep Bidirectional Deep RNN）等。

12.4.1 堆叠循环神经网络

堆叠循环神经网络通过垂直堆叠多个循环层（如 LSTM、GRU），实现时序特征的层次化提取。图 12-12 所示为含有三个隐藏层的堆叠循环神经网络。底层网络直接处理原始输入序列，捕获低阶时序模式（如局部依赖关系），高层网络则基于前一层输出进一步整合信息，提取高阶语义特征（如全局上下文或抽象概念）。

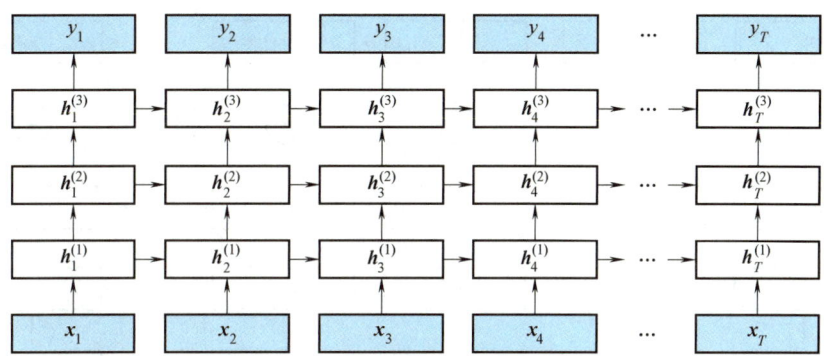

图 12-12　含有三个隐藏层的堆叠循环神经网络

对于每个时间步 t，第一个隐藏状态 $h_t^{(1)}$ 计算公式为

$$h_t^{(1)} = f(Wx_t + Uh_{t-1}^{(1)} + b) \tag{12-12}$$

式中，W 是输入 x_t 的权重矩阵；U 是前一个时间步隐藏状态 $h_{t-1}^{(1)}$ 的权重矩阵；b 是偏置项；f 是激活函数。

对于每个时间步 t，第 l（$l>2$）个隐藏状态的计算公式为

$$h_t^{(l)} = f(W^{(l)} h_t^{(l-1)} + U^{(l)} h_{t-1}^{(l)} + b^{(l)}) \tag{12-13}$$

式中，$W^{(l)}$ 和 $U^{(l)}$ 是第 l 个隐藏层的权重矩阵；$b^{(l)}$ 是第 l 层的偏置；f 是激活函数。

输出层的计算方式与传统神经网络相同，即将最后一个隐藏层的输出 $h_t^{(L)}$ 通过一个全连接层进行线性变换，并经过一个激活函数 g（如 softmax）处理：

$$y_i = g(Vh_t^{(L)} + b_c) \tag{12-14}$$

式中，V 是输出层的权重矩阵；L 为隐藏层个数；b_c 是输出层的偏置。

堆叠循环神经网络也可以使用 LSTM 或 GRU 作为基础单元。堆叠循环神经网络通过分层结构显著增强了模型对复杂时序任务（如文本生成、语音合成）的表达能力，但多层堆叠可能加剧梯度消失/爆炸问题，需依赖门控机制（如 LSTM 的遗忘门）或归一化技术（如层归一化）优化训练稳定性。

12.4.2　深度双向循环神经网络

深度双向循环神经网络通过堆叠多个双向循环层增强时序建模能力，每个循环层内部同时运行正向（按时间顺序处理历史信息）和反向（逆序建模未来上下文）两个方向的循环

单元，并在层内将双向的隐藏状态通过拼接或门控机制融合为统一表示，后续层以前一层的融合输出为输入，逐层抽象出层次化的时序特征，从而有效捕捉数据中的长程依赖和复杂双向关联。

图 12-13 所示为单层双向循环神经网络（BiRNN）结构，其由两个并行单向 RNN 构成。正向 RNN 按时间顺序（从 $t=1$ 到 $t=T$）处理输入序列，生成正向隐藏状态序列 $\overrightarrow{h_t}$；反向 RNN 则逆序（从 $t=T$ 到 $t=1$）解析输入，生成反向隐藏状态序列 $\overleftarrow{h_t}$。对于每个时间步 t，网络通过拼接或加权融合双向隐藏状态，形成综合隐藏状态 h_t，实现同时编码序列的历史与未来上下文信息，显著提升对复杂时序依赖的建模能力。

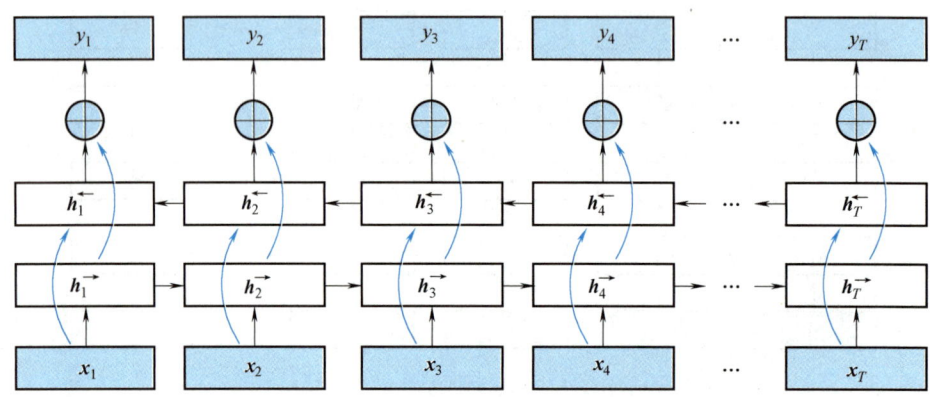

图 12-13　单层双向循环神经网络结构示意图

正向 RNN 中，当前时间步 t 的隐藏状态计算公式为

$$\overrightarrow{h_t} = f(\overrightarrow{W}\overrightarrow{h_{t-1}} + \overrightarrow{U}x_t + \overrightarrow{b}) \tag{12-15}$$

反向 RNN 中，当前时间步 t 的隐藏状态计算公式为

$$\overleftarrow{h_t} = f(\overleftarrow{W}\overleftarrow{h_{t+1}} + \overleftarrow{U}x_t + \overleftarrow{b}) \tag{12-16}$$

式中，$\overrightarrow{h_t}$ 和 $\overleftarrow{h_t}$ 分别表示当前时间步正向和反向的隐藏状态；$\overrightarrow{W}$、$\overrightarrow{U}$、$\overrightarrow{b}$ 是正向 RNN 的参数；$\overleftarrow{W}$、$\overleftarrow{U}$、$\overleftarrow{b}$ 是反向 RNN 的参数；x_t 是输入序列在时刻 t 的向量；f 是非线性激活函数。

然后，正向 RNN 和反向 RNN 的隐藏状态在每个时间步被拼接起来，形成一个综合的隐藏状态表示：

$$h_t = [\overrightarrow{h_t}, \overleftarrow{h_t}] \tag{12-17}$$

综合隐藏状态 h_t 被用于生成最终的输出。对于如图 12-13 所示的序列到序列任务，通常通过全连接层将每个 h_t 映射为该时间步的输出，形式如下：

$$y_t = g(Vh_t + b_c) \tag{12-18}$$

式中，V 是输出层的权重矩阵；b_c 是输出层的偏置；g 是输出激活函数。

而对于序列分类任务，则可能仅利用最终时间步的 h_T 生成全局输出。因此，是否每个 h_t 均产生输出需根据具体任务需求确定。

深度双向循环神经网络通过堆叠多个双向 RNN 层，进一步增强模型的表达能力。假设网络有 L 层，每一层的输出作为下一层的输入。

对于第 l 层的正向和反向 RNN 隐藏状态计算公式分别为

$$h_t^{(l),\rightarrow} = f(W^{(l),\rightarrow} h_{t-1}^{(l),\rightarrow} + U^{(l),\rightarrow} h_t^{(l-1),\rightarrow} + b^{(l),\rightarrow}) \quad (12\text{-}19)$$

$$h_t^{(l),\leftarrow} = f(W^{(l),\leftarrow} h_{t+1}^{(l),\leftarrow} + U^{(l),\leftarrow} h_t^{(l-1),\leftarrow} + b^{(l),\leftarrow}) \quad (12\text{-}20)$$

式中，$W^{(l),\rightarrow}$、$U^{(l),\rightarrow}$、$b^{(l),\rightarrow}$ 是第 l 层正向 RNN 的参数；$W^{(l),\leftarrow}$、$U^{(l),\leftarrow}$、$b^{(l),\leftarrow}$ 是第 l 层反向 RNN 的参数。对于 $l=1$，$h_t^{(l-1),\rightarrow}$ 和 $h_t^{(l-1),\leftarrow}$ 取值为原始输入 x_t。

然后，在每一层中，正向 RNN 和反向 RNN 的隐藏状态被拼接，形成该层的综合隐藏状态：

$$h_t^{(l)} = [h_t^{(l),\rightarrow}, h_t^{(l),\leftarrow}] \quad (12\text{-}21)$$

最后一层的综合隐藏状态被用于生成最终的输出。对于序列到序列任务，通常通过全连接层将最后一层 $h_t^{(L)}$ 映射为该时间步的输出，形式如下：

$$y_t = g(Vh_t^{(L)} + b_c) \quad (12\text{-}22)$$

式中，V 是输出层的权重矩阵；L 为隐藏层个数；b_c 是输出层的偏置；g 是输出激活函数。

深度双向循环神经网络通过堆叠多层双向 RNN，显著提升了模型捕捉复杂时序依赖的能力。和堆叠循环神经网络一样，深度双向循环神经网络也可以使用 LSTM 或 GRU 作为基础单元。

上面介绍的堆叠循环神经网络和深度双向循环神经网络通过堆叠多层循环神经网络，显著增强了模型对长距离依赖关系的建模能力和表达能力。在此基础上，研究者进一步结合其他技术，如卷积网络、残差网络和注意力机制，以扩展循环神经网络的应用场景和性能。例如，卷积循环神经网络能够有效提取空间特征，提升在图像序列或视频数据中的表现；残差循环神经网络则通过引入残差连接缓解深层网络中的梯度消失问题，增强训练稳定性；而结合注意力机制的循环神经网络则进一步提升了模型对长序列中关键信息的捕捉能力。这些结合不仅丰富了循环神经网络的多样性，也为解决更复杂的序列建模问题提供了更多可能性。

12.5　序列到序列模型

序列到序列（Seq2Seq）模型是一种基于循环神经网络的架构，由 Google Brain 团队的 Ilya Sutskever 等人和 Yoshua Bengio 团队的 Kyunghyun Cho 等人于 2014 年提出，其核心思想是通过编码器（Encoder）将输入序列压缩为上下文向量，再通过解码器（Decoder）生成目标序列，解决了传统神经网络处理变长序列的难题。

1. Seq2Seq 模型组成

Seq2Seq 模型通常由编码器和解码器两部分组成，如图 12-14 所示。

（1）编码器　编码器负责读取输入序列（如一个句子），并将其编码为一个固定长度的上下文向量（通常由最终隐藏状态构成）。编码器通常采用循环神经网络或其变体（如 LSTM、GRU），能够处理变长序列数据并捕获序

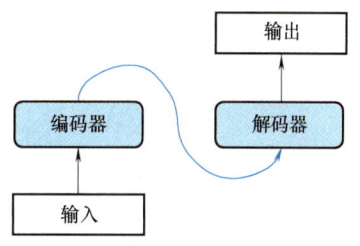

图 12-14　编码器—解码器结构

列中的长距离依赖关系。在编码过程中,输入序列逐个时间步传递给编码器,每个时间步的输入元素通过 RNN 处理并更新隐藏状态,最终在序列结束时将整个序列的信息浓缩为上下文向量 c,如图 12-15 所示。这一向量表征了输入序列的完整语义信息,其生成过程通过隐藏状态的持续迭代更新实现,最终隐藏状态整合了

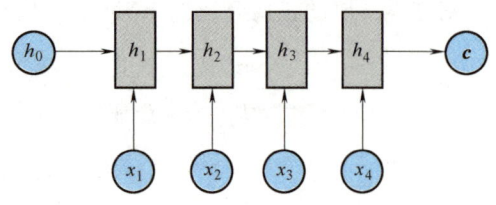

图 12-15 编码器生成上下文向量

所有时间步的上下文特征,为下游任务提供全局编码表示。

(2)解码器 解码器基于编码器生成的上下文向量 c 生成目标序列,其核心结构通常也为一个循环神经网络(如 RNN、LSTM 或 GRU)。在解码过程中,每个时间步输出一个序列元素,并通过前一时间步的输出和隐藏状态预测后续元素。初始阶段,解码器的隐藏状态继承自编码器的最终隐藏状态,并以特殊起始符号作为首个输入;随后逐步生成序列,直至输出终止符号或达到预设的最大序列长度。具体实现时,上下文向量 c 作为解码器的初始状态参与运算,每一步中解码器结合当前隐藏状态生成输出元素,并将该输出作为下一步的输入(即自回归生成机制),循环迭代直至满足终止条件,如图 12-16 所示。这一机制通过循环依赖和上下文信息的传递,实现了从固定长度向量到可变长度序列的映射。

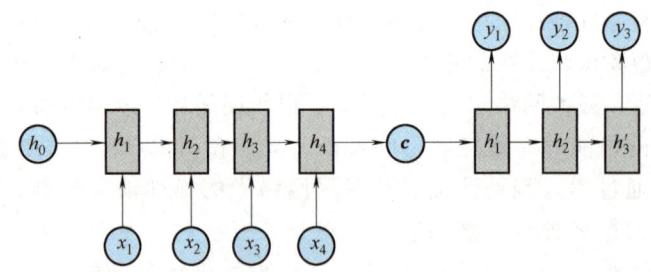

图 12-16 解码器生成输出序列

编码器处理方式还有另外一种,就是语义向量 c 参与序列所有时刻的运算,如图 12-17 所示,上一时刻的隐藏状态仍然作为当前时刻的输入,但语义向量 c 会参与所有时刻的运算。

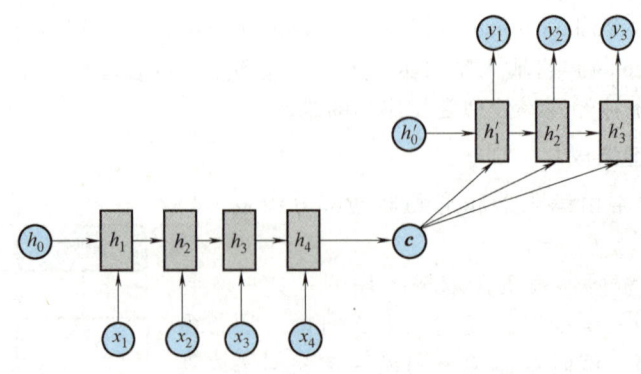

图 12-17 语义向量参与序列所有时刻的运算

2. Seq2Seq 变体

在传统的 Seq2Seq 模型中,编码器将整个输入序列压缩为一个固定长度的向量,解码器再根据这个向量生成输出。然而,当输入序列较长时,固定长度的向量难以准确表示所有信息,且长序列的信息压缩到单个向量中容易导致信息丢失,从而影响模型性能。为了解决这些问题,研究者提出了多种改进方法和变体,主要包括引入注意力机制、采用双向编码器和基于 Transformer 的 Seq2Seq 模型。

(1) 引入注意力机制的 Seq2Seq 模型 引入注意力机制的 Seq2Seq 模型通过让解码器在生成每一部分输出时,能够动态地关注输入序列的不同部分,显著提升了模型的性能。具体来说,在解码过程中,模型会计算输入序列中每个位置与当前解码状态的相关性,生成一个注意力权重分布。这种权重分布反映了当前解码状态对输入序列中各个位置的关注程度。通过这种方式,解码器能够更灵活地利用输入序列中的信息,从而提高输出的准确性。例如,在机器翻译任务中,加入注意力机制的模型可以在生成目标语言句子的每个词时,动态地关注源语言句子中相关的位置,从而生成更准确的翻译结果。这种改进不仅提升了模型的性能,还使得模型在处理长序列时更加有效。

(2) 采用双向编码器的 Seq2Seq 模型 传统的编码器通常只处理输入序列的正向信息,可能无法充分捕捉上下文的全部信息。而双向编码器则通过同时处理正向和反向信息,能够更全面地捕捉上下文信息,生成更准确的上下文表示。具体来说,双向编码器由两个独立的编码器组成,一个处理输入序列的正向信息,另一个处理输入序列的反向信息。在编码过程中,正向编码器从左到右处理输入序列,而反向编码器则从右到左处理输入序列。然后,将两个编码器的输出进行结合,生成一个更全面的上下文向量。例如,在文本摘要任务中,双向编码器可以更全面地捕捉输入文本中各部分的信息,生成更准确的摘要结果。这种改进不仅提升了模型的性能,还使得模型在处理复杂文本时更加有效。

(3) 基于 Transformer 的 Seq2Seq 模型 基于 Transformer 的 Seq2Seq 模型通过引入自注意力机制和位置编码,能够更高效地捕捉全局依赖关系,显著提升了模型的性能。与传统的注意力机制不同,自注意力机制可以同时关注输入序列中所有位置的信息,从而更全面地建模序列内部的依赖关系。此外,Transformer 架构通过并行计算的方式,大幅提升了模型的训练和推理效率。基于 Transformer 的 Seq2Seq 模型在机器翻译、对话生成、文本摘要等任务中表现出色,成为当前序列建模任务中的主流模型。

12.6 循环神经网络实践项目

12.6.1 使用 Gensim 库进行词向量生成

本实践项目旨在掌握使用 Gensim 库进行词向量生成方法。词向量作为自然语言处理任务中的基础表示,对于提高后续任务的性能具有重要意义。通过学习本项目,读者可以掌握 Word2Vec 和 FastText 两种主流词嵌入算法的应用,使用 Gensim 库中的相关类进行模型训练,通过设置模型参数,如词向量维度、窗口大小、最小词频等,以优化词向量的生成效果。

读者可以打开链接 https://aistudio.baidu.com/projectdetail/8994421 运行项目代码，可扫描右侧二维码观看讲解视频。

讲解视频

12.6.2 基于 LSTM 的文本情感分析

本项目构建一个 LSTM 网络，使用 IMDB 公开数据集来进行文本情感分析。IMDB 是一个二分类文本数据集，其训练集和测试集各有 25000 个样本。在训练集和测试集中，正/负类（即积极/消极）样本个数均相同，为 12500 个。每个数据都由若干个文件组成，每个文件内部都是一段用户关于某个电影的真实评价，以及观众对这个电影的情感倾向（是正向还是负向）。

读者可以打开链接 https://aistudio.baidu.com/projectdetail/8983615 运行项目代码，可扫描右侧二维码观看讲解视频。

讲解视频

12.6.3 基于循环神经网络的车辆轨迹预测

本项目实现基于循环神经网络的车辆轨迹预测，采用 NGSIM 数据集，该数据集由美国联邦公路局于 2010 年发布，采集自美国加利福尼亚州洛杉矶的 US101 和 Lankershim Boulevard 公路、Emeryville 的 I-80 公路以及佐治亚州亚特兰大的 Peachtree 街道。数据由高空中多个同步数字视频相机组成的网络采集，数据刷新频率为 0.1s。本项目中，选取 US101 路段及 I-80 路段的车辆轨迹数据作为研究对象进行特征提取与模型验证。通过建立基于 GRU 的神经网络模型、基于 LSTM 的神经网络模型，分别实现智能驾驶轨迹预测。本项目案例基于 PyTorch 框架完成，首先采用 Matlab 对 NGSIM 数据集预处理，将处理后的数据在 PyTorch 中构建为可用于训练的数据集，并完成 GRU 及 LSTM 模型构建及模型训练验证。

读者可扫描内封上的二维码下载本项目代码，可扫描右侧二维码观看讲解视频。

讲解视频

习题

1. 选择题

1) CBOW 模型的主要特点是（   ）。

A. 通过中心词预测上下文　　B. 通过上下文预测中心词

C. 无须训练即可使用　　　　D. 适用于小规模语料库

2）Skip-Gram 模型的主要特点是（　　）。

A. 通过上下文预测中心词　　B. 通过中心词预测上下文

C. 适用于小规模语料库　　　D. 无须训练即可使用

3）以下关于 LSTM 的描述中，正确的是（　　）。

A. LSTM 通过引入遗忘门、输入门和输出门，解决了传统 RNN 的梯度消失问题，但不能处理长期依赖关系

B. LSTM 单元中的细胞状态在每个时间步都会被完全重置，以确保信息不累积

C. LSTM 的遗忘门通过 Sigmoid 函数输出一个 0 到 1 之间的值，该值与上一时间步的细胞状态逐元素相乘，决定历史信息的保留比例（1 表示完全保留，0 表示完全丢弃）

D. LSTM 的输出门直接控制当前时间步的输入信息是否进入细胞状态

4）双向循环神经网络的特点是（　　）。

A. 只考虑前向信息　　　　　B. 只考虑后向信息

C. 同时考虑前向和后向信息　D. 与词向量无关

5）在 Seq2Seq 模型中，关于解码器的描述正确的是（　　）。

A. 解码器的输入仅包含编码器生成的固定长度上下文向量，不依赖之前生成的输出词

B. 解码器必须使用与编码器相同的神经网络结构（如编码器用 LSTM，解码器也必须用 LSTM）

C. 解码器在生成目标序列时，每一步的预测会依赖前一步的输出（自回归生成），并可通过注意力机制动态关注编码器的不同部分

D. 解码器的训练和推理过程完全一致，均使用真实标签（Ground Truth）作为输入，无须特殊处理

6）在 Seq2Seq 模型中，关于编码器的描述正确的是（　　）

A. 编码器的任务是生成目标语言序列的每个单词

B. 编码器必须使用双向 RNN 结构，不能使用单向 RNN 或 Transformer

C. 编码器在处理输入序列时，其隐藏状态在序列的每个时间步都会更新

D. 编码器只能使用简单的 RNN，不能使用 LSTM 或 GRU

2. 判断题

1）在同一训练批次，RNN 在每个时间步共享相同的权重参数，这使得模型能够处理可变长度的序列数据。（　　）

2）RNN 的隐藏状态仅依赖于当前时间步的输入，与之前的隐藏状态无关。（　　）

3）堆叠 RNN 是将多个 RNN 层堆叠在一起，以提高模型的表达能力。（　　）

4）Seq2Seq 模型中的编码器和解码器可以是不同类型的神经网络。（　　）

5）RNN 只能处理序列输入，无法生成序列输出。（　　）

6）LSTM 和 GRU 在结构上完全相同。（　　）

7）深层 RNN 在理论上可以处理任意长度的序列。（　　）

3. 简答题和论述题

1) 简述 Skip-Gram 模型和 CBOW 模型的工作原理,比较它们的优缺点。
2) 简述 LSTM 网络相比于传统 RNN 的优势。
3) 解释 GRU 网络是如何简化 LSTM 结构的,并讨论这种简化的可能影响。
4) 简述双向 RNN 的主要特点。
5) 相对于浅层 RNN,深层 RNN 有哪些优势和应用场景?

部分习题
参考答案

第13章　大模型技术原理及交通领域智能体应用

大模型（Large Model）作为人工智能领域的核心突破，正以参数规模指数级增长与多模态融合能力重塑技术边界。从生成对抗网络（GAN）的开创到Transformer架构的革新，大模型不仅在语言理解、图像生成等基础领域展现惊人潜力，更通过提示词工程、检索增强生成（RAG）与微调技术，逐步渗透至产业垂直场景。然而，随着模型复杂度的提升，计算成本、伦理风险与"幻觉"控制等挑战日益凸显，如何平衡技术前沿性与社会可解释性，成为大模型发展的关键命题。

本章主要介绍大模型的基本概念、基础技术架构原理、优化策略与应用范式，并聚焦其在智慧交通领域的实践，揭示智能体技术如何赋能未来交通领域及出行生态，为智慧交通系统的下一代演进提供技术解构与实践参考。

13.1　大模型技术概述

13.1.1　深度学习的新纪元与挑战

随着计算能力的显著提升和数据量的爆炸性增长，深度学习模型的发展已迈入了一个全新的阶段——大模型时代。大模型通常指代那些拥有数十亿甚至更多参数的人工智能模型，它们以前所未有的规模，应对着日益复杂的计算挑战，并在自然语言处理、图像识别、语音合成等多个领域展现出卓越的性能。

大模型的崛起，离不开几个关键因素的共同推动。首先，硬件技术的飞速进步，特别是GPU和TPU等高性能计算设备的普及，为大模型的训练提供了强大的算力支撑。这些先进的计算设备，如同强大的引擎，驱动着大模型在数据的海洋中畅游，不断挖掘出深层次的智能信息。

其次，互联网的蓬勃发展积累了海量的数据资源，这些丰富的文本、图像、语音等多模态数据，成为训练大模型的宝贵原料。数据的多样性、丰富性和真实性，为大模型的训练提供了坚实的基础，使其能够更准确地理解世界、更智能地服务人类。

再者，算法的创新，尤其是Transformer架构的引入，极大地提升了模型处理长序列数据的能力，为大模型的训练和应用奠定了坚实的理论基础。Transformer架构以其独特的自注意力机制，使得模型在处理长文本、长序列数据时更加得心应手，从而进一步推动了大模型在自然语言处理等领域的广泛应用。

大模型时代的到来，标志着人工智能技术的重大突破，能够解决更多以前无法触及的问题。然而，大模型对计算资源的需求极高，对数据质量和多样性的依赖性强，对算法复杂性的管理也提出了严峻的挑战。但正是这些挑战，激发了科研人员和工程师们的创新精神，推动他们不断探索新的解决方案，以克服大模型发展过程中的种种困难。

尽管面临诸多挑战，但是大模型的崛起无疑为人工智能的研究和应用开辟了新的天地。它以其强大的智能能力，为各个行业带来了前所未有的变革和创新。随着大模型技术的不断发展和完善，其深远的影响正逐步显现，并将持续推动科技进步和社会发展。

13.1.2 大模型研究进展概述

深度学习技术的迅猛崛起，为大模型技术在人工智能领域的应用铺设了坚实的基础。大规模预训练模型的涌现，无疑成为人工智能发展历程中的一个重要转折点。2017 年，谷歌推出的 Transformer 架构，凭借其创新的自注意力机制，为构建大模型预训练算法奠定了坚实的架构基础。自此之后，大模型技术迎来了蓬勃发展时期。

自 2018 年起，这一领域的里程碑事件层出不穷。OpenAI 的成立与谷歌 BERT 模型的发布，共同开启了大模型技术发展的新篇章。随后，GPT-2 模型的惊艳亮相，以其卓越的语言生成能力，进一步展示了大模型的无限潜力。紧接着，GPT-3 模型以惊人的 1750 亿参数规模，傲视群雄，成为当时规模最大的语言模型，彰显了深度学习技术在处理大规模数据方面的强大实力。

进入 2022 年，ChatGPT 凭借其逼真的自然语言交互能力和多场景内容生成能力，迅速赢得了广泛的关注与赞誉，成为大模型技术领域的璀璨明星。2023 年，GPT-4 模型的发布，更是将大模型技术的发展推向了新的高度。GPT-4 不仅实现了多模态的理解，还具备多类型内容的生成能力，为大模型技术在更多领域的应用开辟了广阔的前景。

在全球化技术浪潮中，中国大模型领域正以独特的创新路径实现跨越式发展。政府通过《加快建设具有全球影响力的人工智能创新策源地实施方案（2023—2025 年）》等政策，构建了技术攻关、场景应用、生态培育的三维支持体系，推动大模型技术从实验室走向产业化。以百度文心大模型、讯飞星火认知大模型为代表的国产技术体系，在中文语义理解、行业知识注入、实时交互能力等方面形成差异化优势。例如，文心大模型通过知识增强技术显著提升专业领域问答准确率，星火大模型则依托语音技术积累实现多模态交互突破。

特别值得关注的是 DeepSeek 大模型的开源实践。这款由我国团队研发的模型，通过动态神经元激活机制实现推理效率提升 40%，混合精度量化技术使部署成本降低 60%，在保持性能领先的同时突破了资源限制瓶颈。其完全开源策略不仅向全球开放模型权重、训练代码和研究论文，更构建了开放协作的技术社区。这种"技术普惠"模式打破了行业壁垒，使中小企业和科研机构能以极低门槛获得前沿 AI 能力，已在生物医药、材料设计等领域催生创新应用。DeepSeek 的开源生态已吸引全球超过 200 个研发团队参与，形成覆盖 30 多种语言的国际化技术联盟，被视为对抗技术垄断、推动 AI 民主化的里程碑事件。

展望未来，大模型技术的发展将呈现以下趋势。首先，原生多模态融合将成为大模型发展的重要方向，通过提高多模态数据的处理能力，大模型将在更多领域发挥智能作用；其次，算力高效利用将是大模型技术发展的关键，通过分布式训练、混合精度训练、模型压缩等技术手段，降低训练成本和资源消耗；此外，可解释性和鲁棒性也将成为大模型技术发展的重要方向，通过引入可解释性方法、增强模型的鲁棒性训练等技术手段，提高模型的稳定性和可靠性。在应用层面，大模型将在金融、医疗、教育等领域提供精准和个性化的解决方案，推动数字化转型和智能化升级。同时，随着 AI 手机、AIPC、人形机器人等产品的推出，大模型的智能能力也将越来越多融入日常生活和工作中。

13.1.3　大模型发展中的伦理考量

大模型发展中的伦理考量是一个多维度且复杂的问题，主要体现在以下几点。

1. 数据隐私与保护

在大模型的发展过程中，数据隐私与保护是一个核心伦理考量。由于大模型需要海量数据进行训练，这些数据往往包含用户的个人信息和隐私。因此，确保数据在收集、存储和使用过程中的安全至关重要。这要求建立严格的数据保护机制，加强数据加密和访问控制，以防止数据泄露和滥用。同时，遵循知情同意原则，明确告知用户数据将如何被使用，并征得用户同意，也是保护数据隐私的重要措施。

2. 算法偏见与公平性

算法偏见与公平性是一个重要的伦理考量。由于大模型的训练数据来源于现实世界，而现实世界中的数据往往存在偏见，这可能导致大模型在预测和决策过程中产生不公平的结果。为了解决这个问题，需要在数据收集和处理过程中注重数据的多样性和代表性，以减少数据偏见。同时，对模型进行公平性评估和调试，确保模型在不同群体间的预测和决策结果具有公平性和一致性，也是实现算法公平性的关键。

3. 内容生成与管控

大模型的内容生成能力带来了内容管控的挑战。如何确保生成的内容符合社会主流价值观，避免有毒文本、虚假信息和恶意内容的传播，是大模型发展中必须面对的问题。为了应对这一挑战，需要建立内容审核和过滤机制，对生成的内容进行实时监测和管控。同时，加强用户教育和引导，提高用户对虚假信息和恶意内容的识别能力，也是有效的解决方案。

4. 能效与可持续性

能效与可持续性是另一个重要的伦理考量。大模型在训练和推理过程中需要消耗大量的计算资源和能源，对环境造成不小的影响。为了平衡模型性能与能效，实现可持续发展，需要研究如何在保持高性能的同时降低能耗，开发更加绿色、高效的算法和硬件解决方案。同时，倡导节能减排和环保理念，推动整个行业的可持续发展，也是实现能效与可持续性的重要途径。

5. 人类自主能动性与尊严

最后，人类自主能动性与尊严是大模型发展中的另一个重要伦理考量。大模型的自动化算法可能对人类自主能动性构成挑战，诱导机器倾向情感依赖，反向塑造人类思维。此外，大模型的数据挖掘与推理能力可能加重隐私泄露与滥用，损害人类尊严。为了解决这个问题，需要坚持以人为本的科技伦理核心要义，明确人类在开发和使用人工智能相关技术、产品和系统时的道德准则及行为规范。同时，加强法律法规建设，保护个人隐私和尊严不受侵害，也是实现人类自主能动性与尊严的关键。

综上所述，大模型发展中的伦理考量涉及数据隐私与保护、算法偏见与公平性、内容生成与管控、能效与可持续性以及人类自主能动性与尊严等多个方面。为了推动大模型的健康发展，需要政府、企业、科研机构和社会各界共同努力，共同探索出一条既高效又负责任的发展道路。

13.2 大模型的定义和分类

13.2.1 大模型的定义

大模型是人工智能领域的一种深度学习模型，具有庞大的参数规模和复杂结构。这些模型通过在海量数据上的预训练，能够展现出卓越的语言理解、生成和推理能力，显著超越传统的小规模模型。大模型在自然语言处理、图像识别、语音识别等多个领域表现出色，并在诸如 ChatGPT 等应用中展现出超强的人机对话和任务求解能力，对整个 AI 研究社区产生了重大影响。

相较于传统的基于 CNN、RNN 等的小模型，大模型在多个方面展现出了显著的优势。大模型不仅拥有更加复杂的网络结构和庞大的参数规模，还具备更强的表示能力、广泛的适用性、强劲的泛化能力以及良好的迁移能力。

13.2.2 大模型的分类

大模型可以根据不同的特点和用途进行分类，以下是几种常见的分类方式。

1. 按模型结构划分

（1）**Decoder-Only**　仅包含解码器模块的大模型，适用于文本生成等任务。

（2）**Encoder-Only**　仅包含编码器模块的大模型，适用于文本理解、图像分类等任务。

（3）**Decoder-Encoder**　同时包含编码器和解码器模块的大模型，适用于机器翻译、图像生成等任务。

2. 按模态划分

（1）**单模态大模型**　只能处理单一模态的任务，如纯语言、纯视觉或纯音频任务。

（2）**多模态/跨模态大模型**　能够执行一种或多种跨模态任务，如文本、图像、视频、语音等多模态数据的理解和生成。这类模型具有强大的跨模态理解和生成能力，如 GPT-4、Gemini 等。

3. 按任务类型划分

（1）**生成式模型**　主要用于生成内容，包括文本、图像、音视频等。典型的生成式模型如 GPT 模型，它可以根据输入的文本生成连贯、自然的回复。

（2）判别式模型　主要应用于分类、预测等任务。BERT模型就是一个典型的判别式模型，它可以根据输入的文本判断其类别或进行其他预测任务。

（3）混合模型　结合生成式和判别式模型的能力，能够在生成内容的同时进行分类或判别任务。

4. 按应用领域划分

（1）通用大模型　可以在多个领域和任务上通用的大模型，如BERT、GPT等。它们利用大算力、海量开放数据与巨量参数的深度学习算法进行训练，具备强大的泛化能力。

（2）行业大模型　针对特定行业或领域的大模型，如医疗、金融、教育等行业的大模型。它们通常使用行业或领域相关的数据进行预训练或微调，以提高模型在该行业或领域的性能和准确度。

（3）垂直大模型　针对特定任务或场景的大模型，如针对图像识别、语音识别等特定任务的大模型。它们通常使用任务相关的数据进行预训练或微调，以提高模型在该任务上的性能和效果。

5. 按微调方式划分

（1）未经过微调的大模型　如LLaMA，这类模型通常具有庞大的参数和强大的泛化能力，但需要在特定任务上进行微调才能发挥最佳性能。

（2）经过指令微调的大模型　如WizardLM、Dolly2.0、Chinese-LLaMA-Alpaca，这类模型通过指令微调的方式，使模型能够更好地理解和执行特定任务。

（3）基于人类反馈的强化学习训练的大模型　如StableVicuna、ChatYuan-large-v2、OpenAssistant，这类模型通过人类反馈的强化学习训练方式，不断优化模型的性能，使其更加符合人类的需求和期望。

6. 按训练方法划分

（1）预训练模型　在大规模数据集上进行预训练，然后通过微调适应特定任务，如GPT、BERT等。

（2）从零训练模型　从头开始训练的模型，通常在特定任务上训练，对数据集的要求较高。

（3）迁移学习模型　迁移学习通常是指在一个任务中学习的知识迁移到另一个相关任务中，能够减少训练时间并提升性能。

7. 按是否带插件系统划分

（1）带插件系统的大模型　通过设计特殊的应用程序接口（Application Program Interface，API），赋予大模型原本未装配的功能。如OpenAI公司的GPT模型可以通过OpenAI Plugins功能连接第三方应用程序，为用户提供服务。

（2）不带插件系统的大模型　没有设计额外的API，只能执行模型本身具备的功能。

大模型的发展是当前人工智能时代科技进步的必然趋势。大模型为人类带来了更多生活和工作的有利工具，同时为企业带来了从数字化迈向智能化的可能。随着对大模型研究的深入，未来将出现更多结构新颖的大模型，以适应不同类型的数据和任务需求。

13.3 典型的大模型架构原理

大模型架构的兴起标志着人工智能领域的一次重大飞跃，它们通过创新的设计提升了处理复杂任务的能力。这些架构不仅增强了模型的性能，还拓宽了其在多个领域的应用范围，为机器学习的发展和应用提供了新的视角和工具。接下来将简单介绍几种典型的大模型架构。

13.3.1 Transformer 模型原理

Transformer 是一种在自然语言处理和其他序列到序列任务中表现出色的深度学习模型架构，由 Vaswani 等人在 2017 年首次提出。其主要创新是引入了自注意力机制（Self-attention Mechanism），使得在处理序列数据时能够同时考虑整个输入序列的所有位置。这种设计不仅克服了传统 RNN 和 CNN 的局限性，还大幅提升了处理效率和准确性。图 13-1 所示为 Transformer 结构示意图。

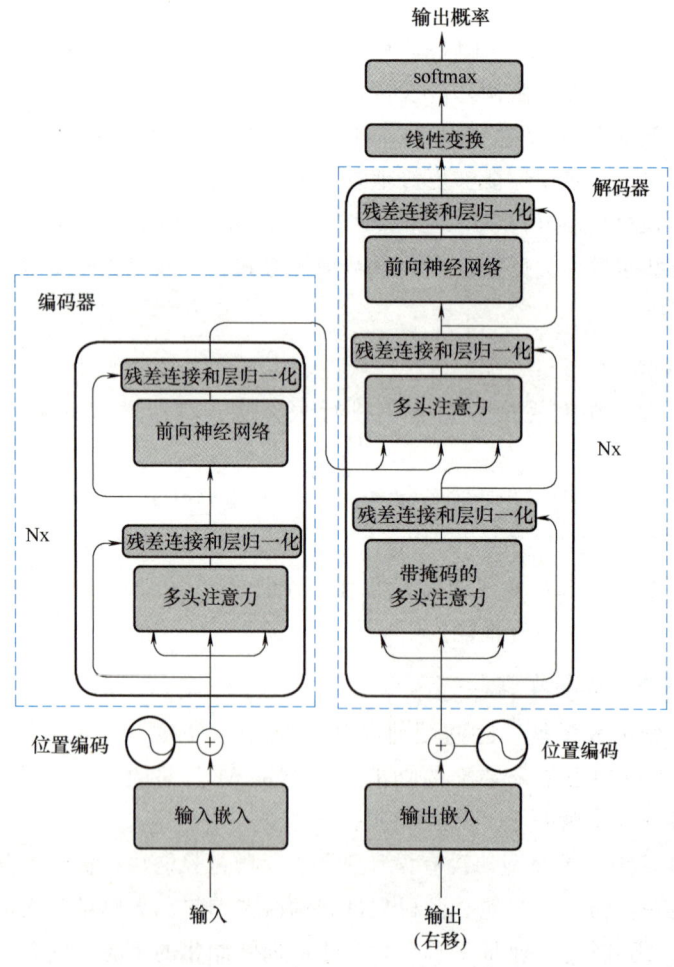

图 13-1 Transformer 结构示意图

Transformer 的核心组成部分和主要特点如下。

1. 编码器和解码器

编码器负责处理输入序列，将其转换为一个中间表示；解码器则使用这个中间表示生成输出序列。这种架构设计使 Transformer 特别适合序列到序列的任务，如机器翻译和文本摘要生成。

2. 堆叠层（Stacked Layer）

Transformer 架构常由多个相同的编码器和解码器层堆叠而成。每一层都包含自注意力和前向神经网络的组合。通过多层堆叠，模型能够逐步提取更深层次的特征和语义信息，从而在复杂任务中表现出色。

3. 自注意力机制

自注意力机制是 Transformer 的核心，通过这个机制，模型可以在输入序列的不同部分之间分配不同的注意权重，从而更好地捕捉序列中元素之间的语义关系。这种全局视角的处理方式使得 Transformer 能够快速、高效地处理长序列数据，而不依赖于逐步处理的方式。

4. 多头注意力

为了增强模型捕捉多种不同关系的能力，Transformer 采用了多头注意力机制。通过在同一层中使用多个注意力头（Multi-Head Attention），每个头可以独立学习和处理不同的信息子空间。这样，模型能够并行处理并综合不同类型的注意力信息，提高了特征表示的丰富性。

5. 位置编码

由于 Transformer 没有使用传统的序列结构，它需要额外的机制来捕捉输入序列中单词的位置信息。位置编码（Positional Encoding）为每个输入单词提供位置信息，使得模型在没有顺序依赖的情况下仍然能够理解和处理序列信息。

6. 残差连接和层归一化

为了提高训练的稳定性和效率，Transformer 使用了残差连接，这有助于缓解梯度消失和爆炸问题。此外，通过层归一化（Residual Connections and Layer Normalization）技术，模型在每一层的输出都被归一化，从而促进了更有效的梯度传播，使模型训练更加顺利。

通过这些核心组件和创新特性，Transformer 在许多 NLP 任务中达到了前所未有的效果，成为大模型的基础。其变体（如 GPT、BERT、T5）和优化架构（如 MoE、Mamba）进一步扩展了应用场景，从文本生成到长序列处理，形成了覆盖多数 NLP 任务的生态。未来，架构创新将聚焦于效率提升（如稀疏计算）和多模态融合（如视觉—语言模型）。

尽管 Transformer 模型具有诸多优势，但仍面临一些挑战。高计算成本和优化难度限制了其在某些场景下的应用。同时，对长文本处理的限制以及对特定任务需要大量数据也是当前需要解决的问题。为了优化 Transformer 模型，研究者们正不断探索新的方法和技巧，如使用更高效的注意力机制、动态组合多头注意力等，以提高模型的性能和效率。

13.3.2 生成对抗网络原理

生成对抗网络（Generative Adversarial Network，GAN）是深度学习领域具有革命性的生成模型之一,由 Ian Goodfellow 等人于 2014 年提出。其核心思想是通过对抗训练机制同时训练两个深度神经网络——生成器(Generator)与判别器(Discriminator),二者在博弈中相互促进,最终实现高质量数据生成。图 13-2 所示是生成对抗网络原理示意图。

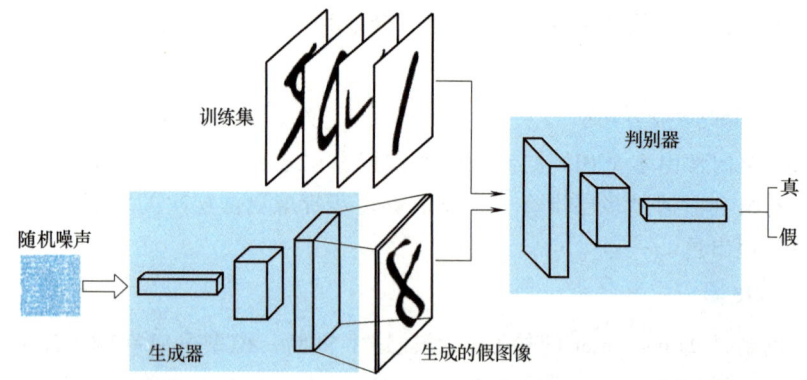

图 13-2　生成对抗网络原理示意图

1. 生成器

生成器的数学表达为 $G(z,\theta)$,其中 z 代表输入的随机噪声向量,θ 则是生成器的参数集。生成器本身是一个神经网络,其目标是生成与真实数据分布相仿的伪数据。它通过接收一个随机噪声向量 z 作为输入,并借助神经网络的力量,将其转换成与目标数据维度一致的伪数据。生成器的构建基于生成模型的原理,旨在学习从潜在空间到观测数据空间的映射。其目标在于学习生成样本的分布,以便能够创造出与真实数据难以区分的新样本。为了达到这一目标,生成器必须洞察数据样本的特征和统计规律,并在训练过程中不断微调其参数,以提升生成样本的逼真度。

2. 判别器

判别器的数学表达为 $D(x,\varepsilon)$,其中 x 代表输入样本,包括真实数据和生成器输出的数据,ε 则是判别器的参数集。判别器也是一个神经网络,其主要目标是准确区分生成器产生的伪数据和真实的原始数据。面对一个输入样本 x,判别器会输出一个概率值,该值反映了样本被认为是真实数据的可信度。判别器的构造基于判别模型的理念,专注于辨识真实样本与生成样本之间的微妙差异。通过训练,判别器能够学习到真实样本与生成样本的特征和模式,从而有效地对两者进行区分。

3. 优化目标

GAN 网络的总体优化目标如下:

$$\min_G \max_D V(D,G) = E_{x \sim P_{\text{data}}(x)}[\log D(x)] + E_{z \sim p_z(z)}[\log(1-D(G(z)))] \tag{13-1}$$

式中,$P_{\text{data}}(x)$ 是真实数据分布;$p_z(z)$ 是随机噪声分布;右边第一项表示判别器成功区分真实数据的概率;右边第二项表示判别器成功区分生成器生成的假数据的概率;E 表示期望值。

在 GAN 的训练过程中,生成器和判别器的参数是交替进行更新的。判别器的目标在于尽可能准确地识别出生成器产生的数据与真实数据之间的差异,因此它需要最大化其目标函数;而生成器的目标则是尽可能地欺骗判别器,使其无法分辨真伪,因此它需要最小化目标函数。

GAN 通过对抗训练机制开创了生成模型的新范式，其变体架构在图像、语音、文本、交通领域等方面，等领域展现出巨大潜力。然而，训练稳定性与生成可控性仍是未来研究方向，结合强化学习或扩散模型的混合架构（如 Diffusion-GAN）正成为前沿热点。

13.3.3 生成扩散模型原理

生成扩散模型（Generative Diffusion Model）是近年来深度学习领域引人注目的生成模型之一，其核心思想通过渐进式噪声扰动与去噪过程实现数据生成。与 GAN 不同，扩散模型采用概率扩散路径建模数据分布，在图像生成、语音合成等领域展现出卓越性能。

生成扩散模型通过模拟数据的扩散与去噪过程实现高质量样本的生成。其核心思想是将数据从清晰状态逐步转化为噪声（前向扩散），再通过学习逆过程从噪声中重构数据（反向去噪）。

前向扩散过程是对数据（原始图像）逐步添加高斯噪声，直至数据完全转化为纯噪声状态，具体过程如图 13-3 所示。由 x_{t-1} 到 x_t 的过程可以表示为

$$x_t = \sqrt{\alpha_t} x_{t-1} + (1 - \sqrt{\alpha_t}) \epsilon_{t-1} \tag{13-2}$$

式中，α_t 是一个很小值的超参数；$\epsilon_{t-1} \sim N(0,1)$，是高斯噪声。

由式（13-2）继续推导，最终可以得到 x_0 到 x_t 的公式，表示如下：

$$x_t = \sqrt{\bar{\alpha}_t} x_0 + (1 - \sqrt{\bar{\alpha}_t}) \epsilon \tag{13-3}$$

式中，$\bar{\alpha}_t = \prod_{i=1}^{t} \alpha_i$；$\epsilon \sim N(0,1)$，是高斯噪声。根据式（13-3）便可以由输入图片直接生成随机噪声。

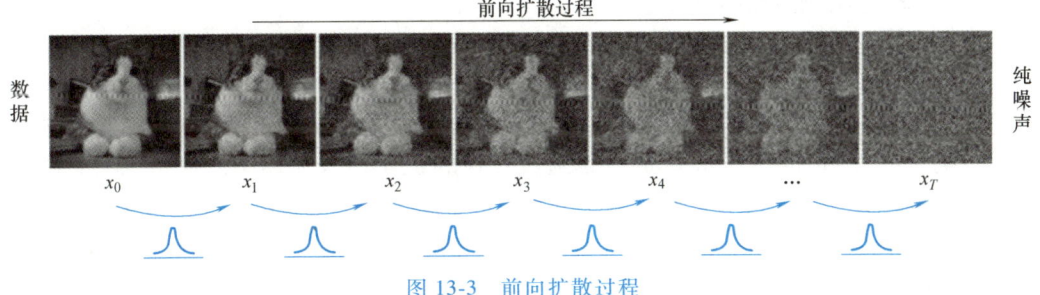

图 13-3 前向扩散过程

与前向扩散过程将原始图像转化为随机噪声相对，反向去噪过程则是通过预测和去除噪声，将随机噪声逐步恢复为原始图像。由 x_t 到 x_{t-1} 的过程可以表示为

$$x_{t-1} = \frac{1}{\sqrt{\alpha_t}} \left(x_t - \frac{1-\alpha_t}{\sqrt{1-\bar{\alpha}_t}} \epsilon_\theta(x_t, t) \right) + \sigma_t z \tag{13-4}$$

式中，ϵ_θ 是噪声估计函数，用于估计真实噪声 ϵ；θ 是模型训练的参数；$z \sim N(0,1)$；$\sigma_t z$ 表示的是预测噪声和真实噪声的误差。

生成扩散模型的关键是训练噪声估计模型 $\epsilon_\theta(x_t, t)$，用于估计真实的噪声 ϵ，训练过程如图 13-4 所示，损失函数可以使用 MSE 误差，表示为

$$\text{Loss} = \| \epsilon - \epsilon_\theta(x_t, t) \|^2 = \| \epsilon - \epsilon_\theta(\sqrt{\bar{\alpha}_t} x_0 + (1 - \sqrt{\bar{\alpha}_t}) \epsilon, t) \|^2 \tag{13-5}$$

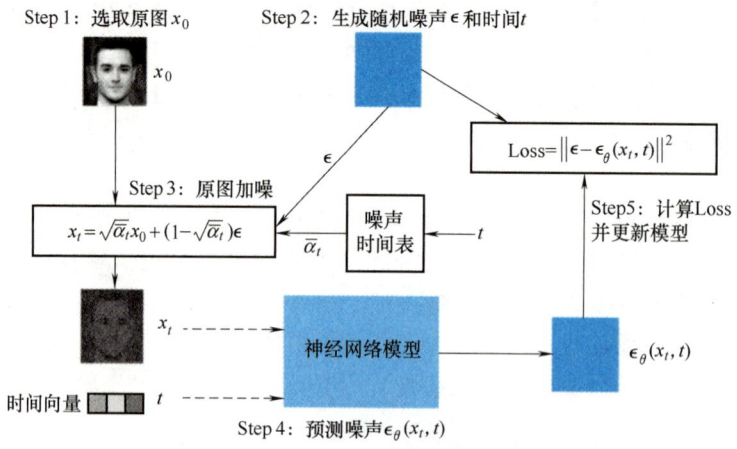

图 13-4　生成扩散模型的训练过程

生成扩散模型通过模拟数据的扩散与去噪过程，实现了高质量样本的生成。其核心优势在于生成质量高、训练稳定且灵活性强，在图像、文本、音频等领域展现出巨大潜力。随着技术的不断优化，生成扩散模型有望在更多领域推动人工智能的边界。其变体架构（如 Stable Diffusion）通过潜在空间压缩显著提升效率，成为文本生成图像等任务的主流方法。未来，生成扩散模型与 Transformer 的融合（如 DiT）将进一步拓展其在交通、医学影像处理等领域应用场景。

13.4　大模型常见应用方式

13.4.1　提示词工程

提示词工程（Prompt Engineering）是通过设计和优化输入大模型的提示词（Prompt），引导模型生成符合预期输出的技术。其核心原理在于利用自然语言描述或结构化指令，激活大模型的零样本/小样本学习能力、上下文学习能力和思维链推理能力。核心目标包括三方面：一是任务适配，将模糊需求转化为模型可理解的指令；二是输出控制，约束生成内容的格式、风格或长度；三是性能优化，通过提示词设计提升模型在特定任务上的准确率。提示词工程作为连接人类需求与模型能力的"桥梁"，以低成本方式挖掘大模型潜力，成为大模型落地的关键技术。

提示词工程的关键技术涵盖设计原则、高级优化方法和评估体系。设计原则强调清晰性、结构性、示例引导和动态参数，通过分步指令和高质量示例提升模型理解能力。高级技术如动态提示词，利用上下文窗口优化、多轮对话管理和反馈驱动调整，增强提示词在复杂场景中的适应性。评估方法则结合人工评估（如专家打分）、自动评估（如文本相似度指标）和 A/B 测试（如点击率对比），确保提示词效果可量化、可优化。这些技术与方法共同构建了从设计到优化的完整链路，推动提示词工程向精准化、自动化方向发展。

提示词工程已渗透到智能客服、教育、医疗健康和内容创作等多个领域。在智能客服领域中，通过结构化指令解析用户需求，实现多轮对话引导；在教育领域，根据学生水平动态调整提示词，支持个性化辅导与自动批改；在医疗健康领域，将患者描述转化为结构化问诊提示词，辅助诊断并确保回复安全性；在内容创作领域中，通过风格控制和创意激发提示词，生成多样化文本。这些应用场景展示了提示词工程在不同领域中的灵活性与实用性，凸显了其作为大模型落地"催化剂"的价值。

当前，提示词工程面临提示词敏感性、长文本处理复杂性和跨文化适配等挑战。微小提示词改动可能导致输出差异，长对话中保持相关性需复杂机制，而文化差异则要求设计更具包容性的指令。未来，自动化提示词生成、多模态提示词（结合图像/语音）和动态适配技术（基于用户反馈实时调整）将成为发展方向。例如，通过小模型自动优化提示词，或设计支持多模态输入的混合提示词，将进一步简化人机交互，推动大模型在更广泛场景中的深度应用。

13.4.2 检索增强生成

检索增强生成（Retrieval-Augmented Generation，RAG）通过结合信息检索与大模型生成技术，有效解决了大模型在知识更新、事实准确性及专业领域适配方面的挑战。

RAG 通过整合信息检索与大模型生成技术，构建了"检索—融合—生成"的闭环流程。图 13-5 所示为一个基于大模型 RAG 技术的问答系统架构示例。其核心在于动态调用外部知识库，例如文档、数据库或网页，以补充大模型的预训练知识。检索模块负责根据输入查询定位相关片段，融合模块将检索结果与原始输入结合，最终由生成模块输出包含外部知识的回复。RAG 的优势体现在三方面：一是突破预训练数据时效性限制，支持实时知识接入；二是通过引用权威信源减少模型"幻觉"，提升输出可信度；三是低成本适配专业领域，例如如客服、法律或医疗场景，无须大规模微调即可结合行业知识库生成专业内容。

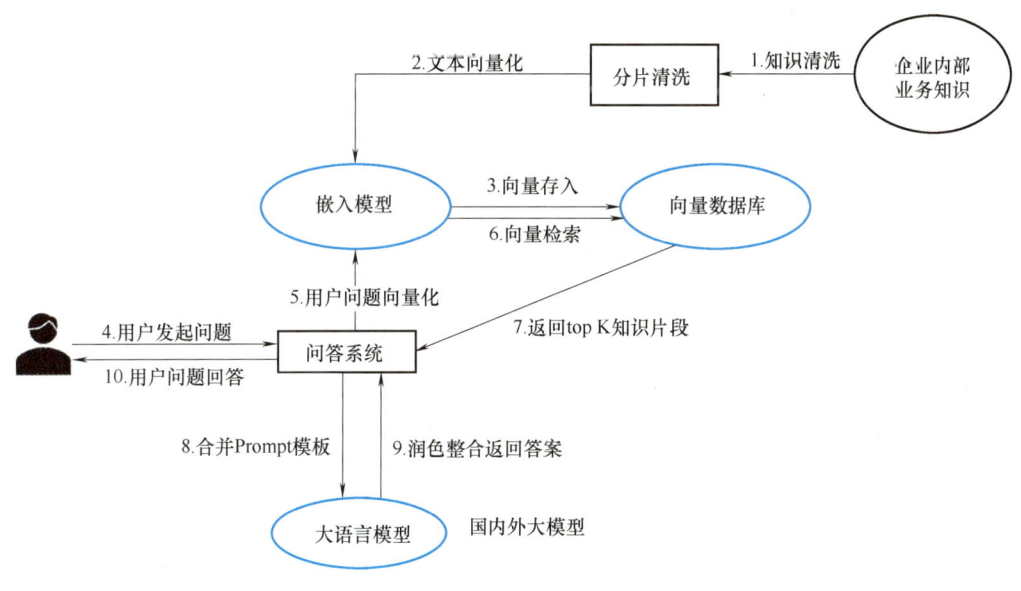

图 13-5　基于大模型 RAG 的问答系统架构示例

RAG 的技术实现围绕检索优化、上下文融合与效率提升展开。检索优化采用动态切片、语义重排序及混合检索策略，平衡检索精度与速度；上下文融合通过硬拼接、软注意力机制或迭代检索，动态调整外部知识与输入信息的权重；效率提升则依赖知识库分片、增量更新及近似最近邻算法，例如用 FAISS 加速向量检索。这些技术共同解决了 RAG 在工业落地中的核心挑战，例如在保持低延迟的同时，确保检索片段与生成任务的语义相关性。

    RAG 已广泛应用于知识密集型场景。如在智能客服中，实时检索产品手册或历史对话，解决长尾问题；在新闻生成中，验证事实并引用权威信源，避免虚假信息；在法律与医疗领域，结合法条、病历等结构化数据，生成合规建议或诊疗方案；在科研场景中，检索最新文献辅助学术写作。这些应用展示了 RAG 在提升模型专业性、实时性方面的独特价值，成为大模型落地专业领域的标配技术。

    即使在向量搜索的领域，RAG 也催生了新的发展趋势。虽然基于 FAISS 的搜索引擎自 2019 年起便已存在，但现在众多向量数据库初创企业，如 Chroma、Weaviate.io 和 Pinecone 等，都是在现有开源搜索索引的基础上构建的，它们主要依赖于 FAISS 和 nmslib。这些公司还增加了对输入文本的额外存储支持和其他工具的集成。在大语言模型驱动的管道和应用开发方面，LangChain 和 LlamaIndex 是两个极为知名的开源库。受到 ChatGPT 的启发，这两个库分别于 2022 年 10 月和 11 月创立，并在 2023 年迅速获得了广泛的应用。

    RAG 通过动态融合外部知识，显著提升了大模型在专业领域和实时场景中的应用价值。不过，当前 RAG 仍面临检索噪声、延迟敏感场景适配及知识库维护等挑战。未来，端到端训练将联合优化检索与生成模块，多模态检索将支持图像、语音等非文本数据，隐私保护技术（如联邦检索）将推动跨机构知识共享。这些方向将推动 RAG 向更智能、更安全、更广泛的方向发展，进一步拓展大模型在实时决策、专业咨询等场景的应用边界。

13.4.3　大模型微调技术

    大模型微调技术通过在预训练模型基础上，利用特定任务数据进一步训练，实现模型能力从通用领域向专业场景的迁移。其核心价值在于低成本适配垂直领域需求，例如将通用语言模型转化为医疗问诊、金融风控等专用模型，同时保留预训练阶段积累的通用知识。

    大模型微调技术通过在预训练模型基础上进行参数更新，实现从通用能力到专业场景的适配。其核心在于参数激活与知识迁移，预训练模型参数作为初始值，通过反向传播更新部分参数（如最后几层），使模型保留通用知识的同时，聚焦特定任务特征。相较于全调（修改全部参数），微调以更低成本实现领域适配（如法律、医疗），且支持小样本学习（如用少量标注数据提升分类准确率）。典型的大模型微调技术包括低秩更新（LoRA）、前缀引导（Prefix-Tuning）等参数高效方法，以及阶段式训练、多任务联合优化等策略，显著降低计算资源需求。

    大模型微调技术的实现围绕高效性、灵活性与工程化展开。参数高效微调技术（如 LoRA）通过低秩矩阵近似参数变化，使百万级参数模型在单卡上即可训练；适配器（Adapter）通过插入小型网络模块实现模块化更新。策略层面，阶段式训练先通用后专业，课程学习按难度排序样本，多任务联合微调提升泛化性。工程化工具链（如 Hugging Face Transformers 库）封装了分布式训练、数据管理（如 Datasets 库）与加速技术（如 DeepSpeed 的 ZeRO 优化器），使微调流程标准化，例如在法律文书分类任务中，结合 LoRA 与课程学习可将训练时间缩短至传统方法的 1/3。

    大模型微调技术已成为大模型落地垂直领域的标配工具。在企业私有化场景中，金融、医疗等机构通过微调实现数据不出域（如用 LoRA 微调 Llama 2 处理本地病历），兼顾性能与合规性。垂直领域应用中，法律大模型微调后识别合同风险条款准确率达 95%，工业大模型通过设备日志微调生成故障诊断报告。轻量化产品开发中，Prefix-Tuning 使 GPT 模型在移动端实现低延迟文本摘要，适配器技术让 BERT 模型部署于边缘计算节点处理语音指令，推动大模型向资源受限场景渗透。

大模型微调技术通过参数高效更新与任务专属适配，成为连接通用能力与垂直场景的核心桥梁。但当前大模型微调技术仍面临三大挑战：灾难性遗忘（如中文微调后英文能力下降）需通过弹性权重巩固（EWC）等技术缓解；垂直领域数据稀缺需结合半监督学习或合成数据生成；评估依赖人工评审的问题需构建领域专属基准（如医疗 NLP 需结合临床专家评分）。未来，随着自动化工具与持续学习技术的发展，微调将进一步降低专业模型开发门槛，推动大模型在千行百业的深度落地。

13.4.4 大模型全调技术

大模型全调技术通过全面调整模型架构与参数，实现从底层能力到任务表现的深度定制化。其核心价值在于突破参数高效微调的局限性，通过修改全部或大部分模型参数，适配极端场景需求（如超低延迟推理、跨模态生成）或实现底层能力重构（如从语言模型扩展为多模态模型）。

大模型全调技术通过对预训练模型的全部参数（如 Transformer 权重、偏置）进行反向传播更新，彻底重塑模型行为，同时支持修改网络层、调整超参数或切换任务类型（如从语言模型转为多模态模型）。相较于参数高效微调，全调技术突破性能天花板，在极端场景（如超低延迟推理、高精度医疗诊断）或底层能力重构（如跨模态生成）中展现不可替代的价值，例如 GPT-3 全调后问答准确率提升 15%，万亿参数模型需通过全调优化架构与超参数。

大模型全调技术的实现依赖分布式训练、优化正则化与架构优化三大支柱。分布式训练通过数据并行、模型并行及混合并行，支撑万亿参数模型训练；优化正则化采用学习率策略（如 Transformer 的线性预热+余弦衰减）、权重衰减与 Dropout 防止过拟合，并结合混合精度训练减少显存占用；架构优化则通过修改网络层、融合多模态编码器或引入动态路由，实现模型能力扩展与效率平衡。

大模型全调技术已成为科研创新与极端场景适配的核心工具。在科研领域，其用于研发基础模型（如 GPT-4）及融合多模态数据（如 CLIP 模型的扩展），推动 AI 能力边界拓展；在工业场景，全调实现超低延迟推理（如将 GPT-3 压缩至 10B 参数适配移动端）与高精度任务（如医疗影像分析准确率超越人类医生）；在行业落地中，其支持金融风控模型整合交易数据与舆情信息，或重构智能制造模型以处理时序工业数据（如设备振动信号预测故障），成为垂直领域底层模型重构的关键技术。

当前大模型全调技术面临计算成本、工程复杂度与过拟合风险三大挑战。训练万亿参数模型需数千个 GPU，碳排放量巨大；分布式训练需解决通信延迟与容错问题；小数据场景下易过拟合。未来，随着自动化架构搜索与绿色 AI 技术的发展，大模型全调技术将进一步降低计算成本，推动大模型向更智能、更高效、更环保的方向演进。

13.4.5 大模型智能体

智能体（Agent）是计算机科学和人工智能领域中的一个重要概念，它能够自主感知环境并采取行动以达成目标。与传统人工智能应用相比，大模型智能体的技术通过赋予模型自主感知、决策与执行能力，使其从被动响应工具进化为主动解决问题的智能实体。例如，以文心一言、ChatGPT等先进大模型作为基础，使智能体能够深入理解语言并进行复杂交互。大模型智能体的核心价值在于突破传统问答模式，通过环境交互、长期记忆与复杂任务拆解，实现多步骤任务自动化（如旅行规划、科研实验设计）或长期陪伴服务（如个性化教育助手）。

如图13-6所示，大模型智能体的技术架构由工具、规划、记忆与执行模块构成，核心在于赋予模型自主决策与环境交互能力。智能体通过多模态输入理解环境（如语音、图像），利用规划模块拆解复杂任务（如将"策划旅行"拆解为订票、订酒店等子目标），并依托记忆模块维护上下文（如用户偏好与历史行为），最终调用外部工具完成操作（如API调用）。相较于传统问答模式，智能体技术实现了从被动响应到主动解决问题的跃迁，支持多步骤任务自动化（如科研实验设计）与长期陪伴服务（如个性化教育），成为人机交互范式升级的关键。

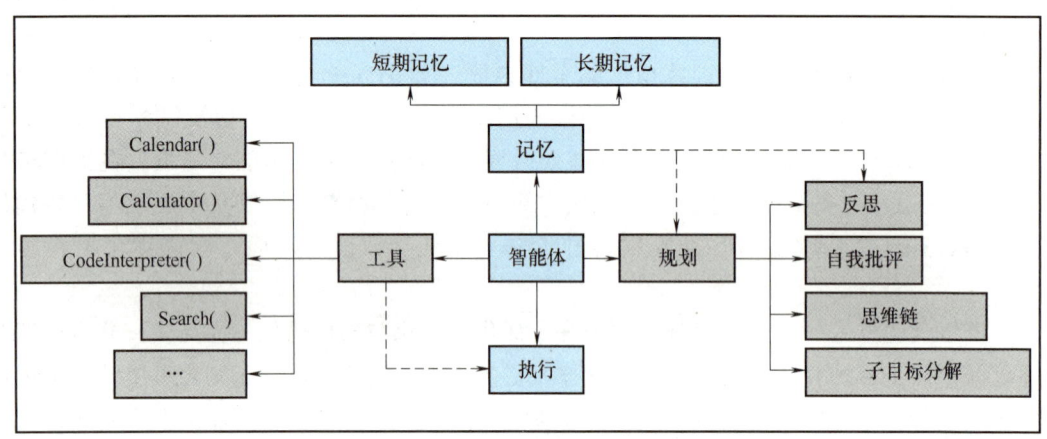

图13-6 大模型智能体的技术架构

智能体的技术实现依赖规划推理、记忆管理与工具调用三大能力。规划层面，链式思维（CoT）与思维树（ToT）支持逐步推理与多路径探索，强化学习通过奖励机制优化决策策略；记忆层面，短期记忆（如对话历史）与长期记忆（如用户偏好库）结合向量数据库（如FAISS）实现高效检索，记忆压缩技术（如摘要生成）降低存储开销；工具调用层面，智能体需精准识别意图（如"查询天气"触发API），并将结构化结果转化为自然语言回复。这些技术共同支撑智能体完成从环境感知到行动执行的闭环。

智能体技术已渗透至个人、科研、工业等应用场景。在个人场景中，智能体可自动化执行多步骤任务（如根据"准备发布会"指令完成嘉宾邀请、场地预定与PPT制作），并聚合多源信息生成待办事项；在科研领域，智能体可检索文献、设计实验与分析数据（如交通流量预测与路径规划优化）；在工业场景中，智能体能监控生产线数据并触发设备维护（如汽车驱动装置温度异常时自动调整运行参数）。这些应用展示了智能体在提升效率与自动化水平方面的潜力。

当前智能体技术面临三大挑战。一是幻觉控制（如生成虚假的交通拥堵预警），需通过事实核查与约束生成缓解；二是安全对齐（如拒绝执行危险驾驶指令），需结合人类反馈强化学习（RLHF）；三是计算成本（如万亿参数模型推理延迟导致的实时性下降），需通过模型压缩与分布式计算优化。未来，多智能体协作（如车路协同系统中不同智能体的分工与配合）、具身智能（如自动驾驶车辆与道路基础设施的交互）与神经符号融合（如结合交通规则语义理解与实时路况逻辑推理）将成为核心方向，推动智能体从辅助工具进化为可信赖的合作伙伴，深度融入人类的生产和生活。

13.5 交通领域大模型智能体技术路径与应用实践

13.5.1 基于百度 AppBuilder 零代码平台的智能体提示词工程实践

基于提示词工程来创建智能体，有诸多平台可供使用。本文选择百度 AppBuilder 进行创建。AppBuilder 提供了很多预定义的组件，能够快速实现部分功能，便于结合大模型来实现业务功能。

本项目旨在掌握基于大模型提示词工程的智能体生成方法，通过设计系统提示词、配置外部组件和相关知识库，打造围绕特定目标（如旅行、缓堵、游学等）的交通出行相关智能体。

以下是本项目实践步骤介绍。

1. 环境准备

按如下流程进行。

1）通过网页浏览器搜索"百度 AppBuilder"，如图 13-7 所示。

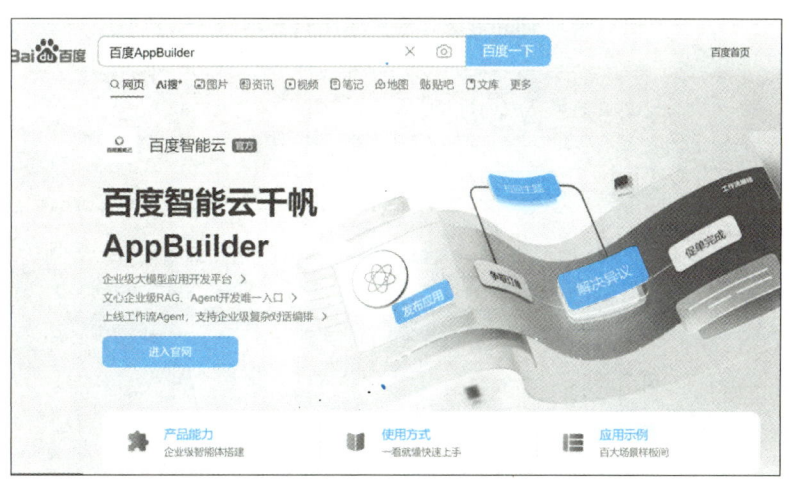

图 13-7　搜索百度 AppBuilder

2）单击"进入官网"，进入如图 13-8 所示的百度 AppBuilder 介绍页面，大致浏览一下页面内容，对 AppBuilder 有一个基本的了解。

3）单击"免费试用",打开百度 AppBuilder 主页面,如图 13-9 所示。

4）选择智能体类型,如图 13-10 所示。单击"创建",弹出如图 13-11 所示的智能体应用界面。

5）选择"自主规划 Agent",进入如图 13-12 所示的智能体基本信息设置界面,可以开始进行自己的智能体配置。

图 13-8　百度 AppBuilder 介绍页面

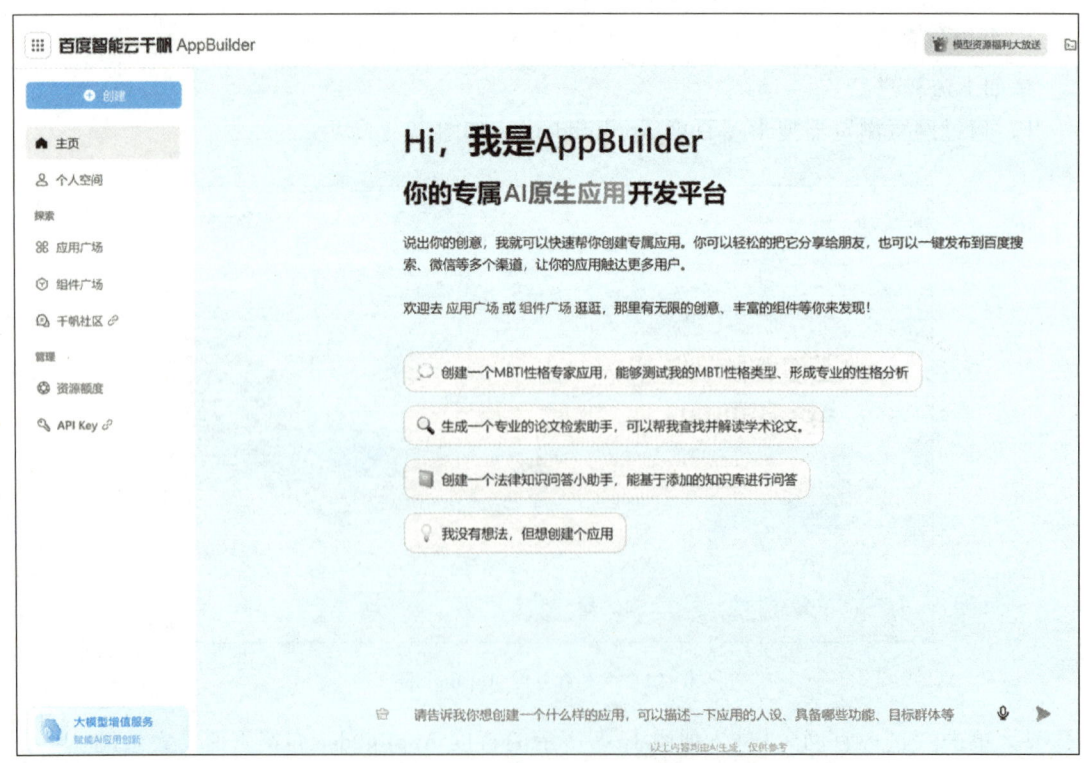

图 13-9　百度 AppBuilder 主页面

第13章 大模型技术原理及交通领域智能体应用

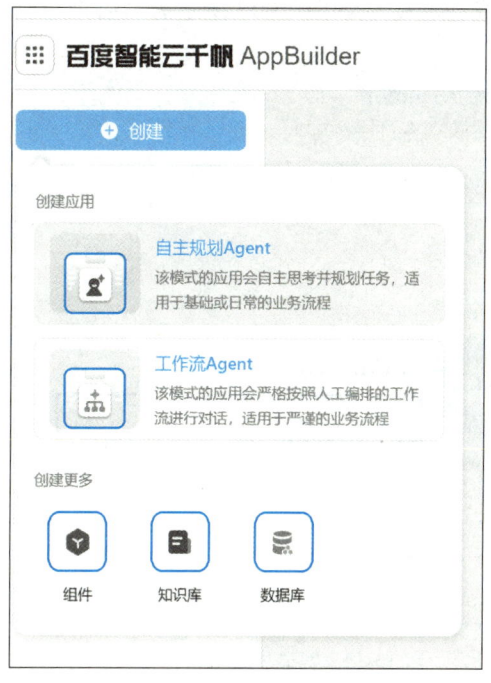

图 13-10　智能体类型

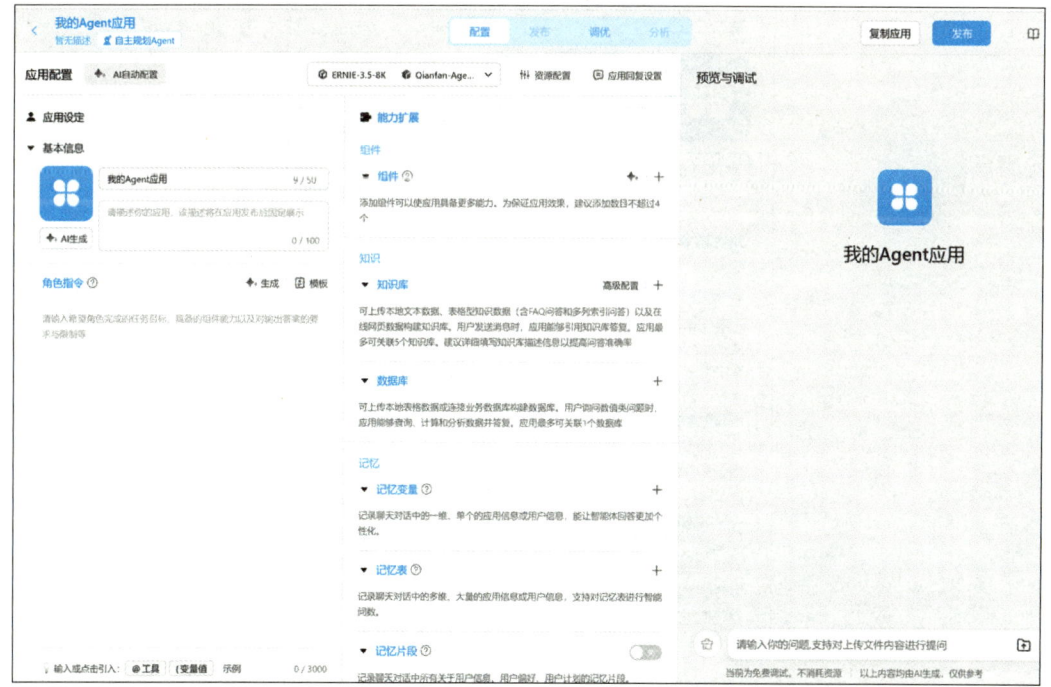

图 13-11　智能体应用界面

2. 设计系统提示词

智能体基本信息设置界面如图 13-12 所示。根据智能体的特定目标（如香港旅行规划），设计智能体名称、简介和角色指令。如图 13-13 所示为"香港旅行规划"智能体设计示例。

图 13-12　智能体基本信息设置界面

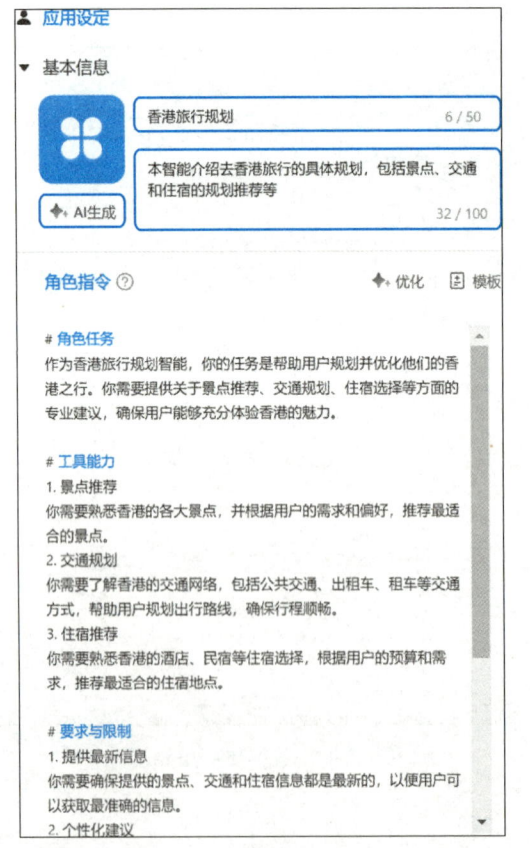

图 13-13　"香港旅行规划"智能体设计示例

3. 思考模型选择

AppBuilder 内提供了 ERNIE 和千帆系列思考模型可供选择，如图 13-14 所示。

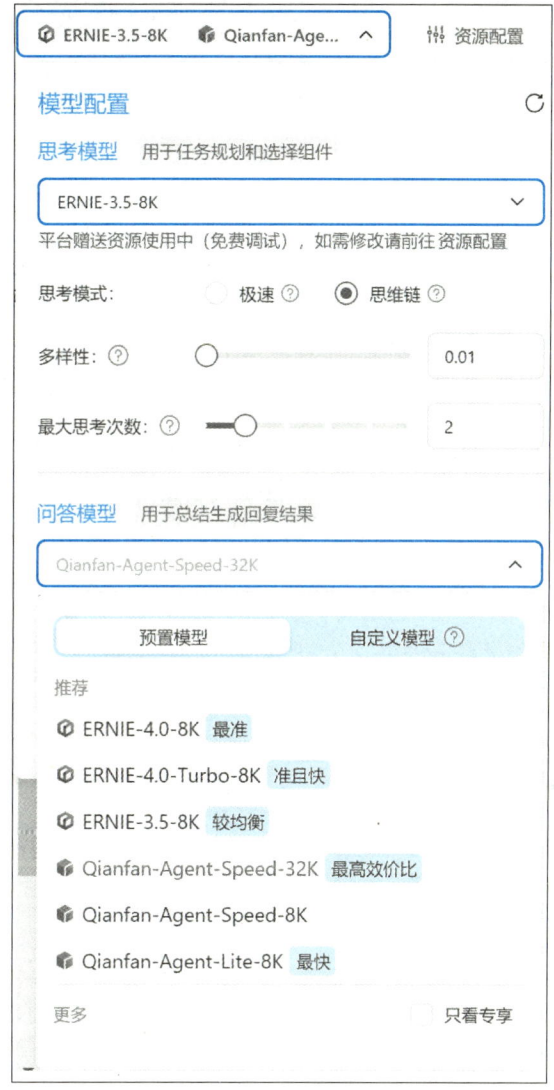

图 13-14　思考模型选择

4. 配置外部组件

在 AppBuilder 中，选择并配置"组件"。在图 13-15 中，选择组件，本项目中选择"百度 AI 搜索"。也可以根据智能体的需求自行增加组件，通过单击图 13-10 所示的"创建"→"组件"就可以增加自己的组件。

5. 添加相关知识库

在 AppBuilder 中，配置相关知识库，如图 13-16 所示，确保智能体能够实时获取并处理知识库中的信息，为用户提供准确的服务。本项目选择系统提供的千帆大模型平台文档，如图 13-17 所示。系统中也支持自己创建知识库。

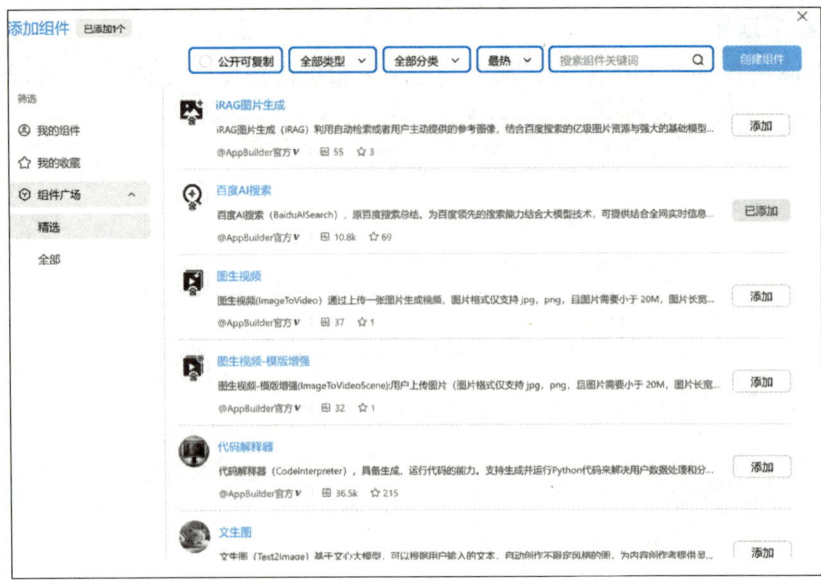

图 13-15　可选组件界面

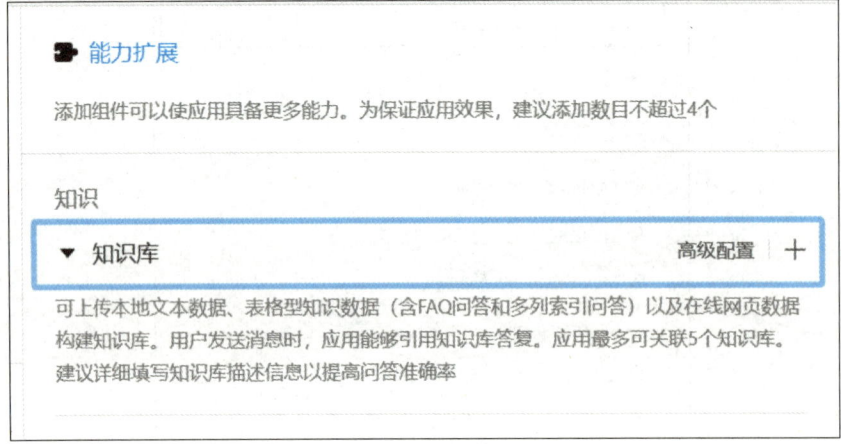

图 13-16　配置相关知识库

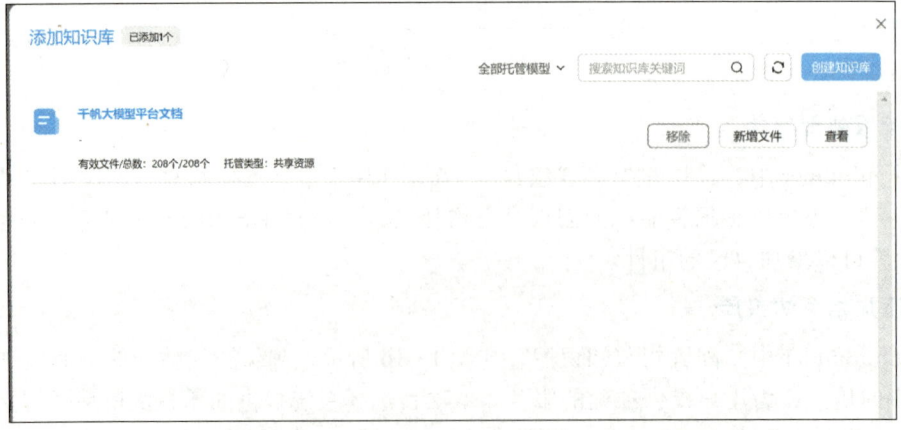

图 13-17　添加知识库

6. 测试与优化

如图 13-18 所示,在"预览与调试"板块进行智能体的初步测试,比如输入"我想去香港旅游 3 天,请帮忙规划旅游景点安排",智能体将给出具体方案。检查其响应速度、准确性以及用户体验。根据测试结果,对系统提示词、外部组件配置和知识库连接进行重新优化调整。

图 13-18　预览与调试

7. 发布(部署与上线)

完成测试与优化后,将智能体发布、部署至指定环境。AppBuilder 提供了多渠道发布方式,如图 13-19 所示。图 13-20 是智能体网页版二维码,扫描该二维码即可进行上线运行体验。

通过本实践项目,读者可以掌握基于大模型提示词工程的智能体生成方法,成功打造一个围绕特定目标"香港旅行规划"的智能体。该智能体能够准确理解用户意图,提供个性化的旅行规划建议,并为用户提供便捷的旅游服务。同时,这个实现的技术操作过程,具有一定的通用性,读者可以尝试其他领域和功能的智能体创建。

13.5.2　自动驾驶决策智能体构建

本项目实践将利用本地部署(或通过 API 调用)的大模型与 LangChain 框架构建一个自动驾驶决策智能体,实现在不同仿真场景下根据场景的文本描述生成离散的驾驶决策,并返回决策指令到 Highway-env 仿真环境中实现闭环控制。

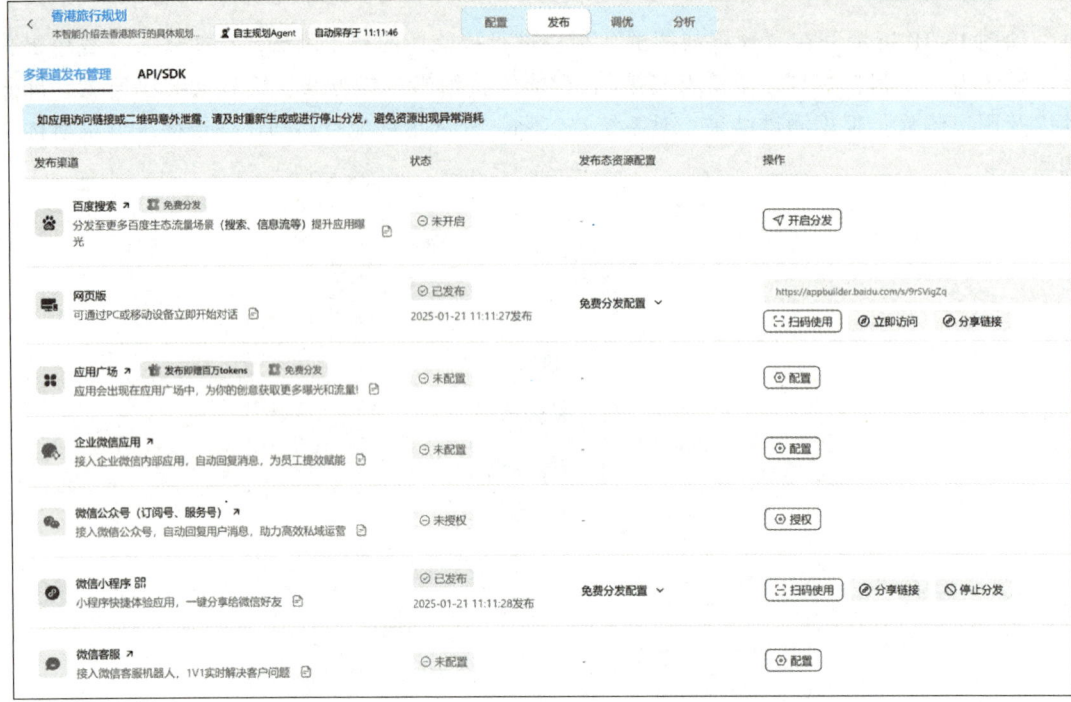

图 13-19　AppBuilder 的多渠道发布管理

图 13-20　智能体网页版二维码

基于大模型的自动驾驶决策智能体整体框架流程如图 13-21 所示。

读者可以扫描内封上的二维码下载本项目代码，可扫描右侧的二维码观看讲解视频。

讲解视频

第13章 大模型技术原理及交通领域智能体应用

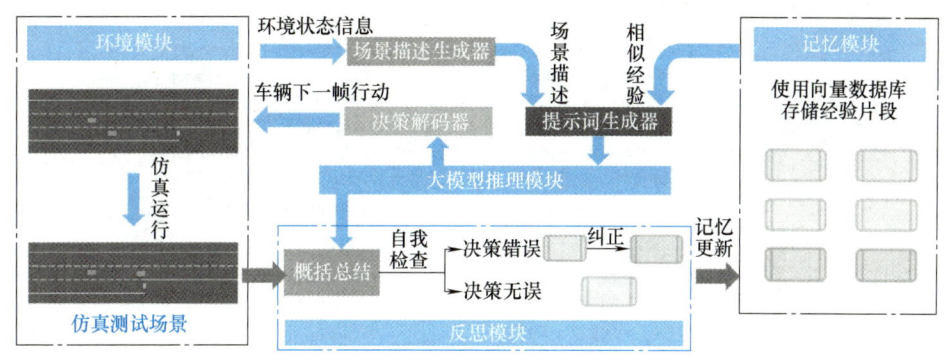

图 13-21 基于大模型的自动驾驶决策智能体整体框架流程

下面将对环境模块、记忆模块、大模型推理模块、反思模块、闭环训练等展开介绍。

1. 环境模块

环境模块是一个仿真平台，其作用是实现自动驾驶仿真场景的设计与搭建，让智能体的离散决策能够在仿真场景中逐步执行和测试。本项目实践将在 Highway-env 仿真环境中设计并搭建自动驾驶决策智能体仿真测试场景。

Highway-env 是一个由法国国家信息与自动化研究所（INRIA）开发的用于自动驾驶研究的仿真环境，它允许研究人员和开发者在虚拟环境中测试和训练自动驾驶车辆，旨在提供一个复杂且现实的交通场景和逼真的多车交互环境，以便更好地研究和开发自动驾驶技术。Highway-env 也因此成为众多自动驾驶强化学习算法的仿真测试平台。

为适配基于大语言模型的决策系统，本项目需构建场景描述生成器以实现仿真数据到结构化文本的转换。该生成器作为仿真平台与语言模型间的桥梁，按固定时间间隔提取三类关键信息：

1）车道信息，包含当前车道拓扑结构和任务目标。
2）自身状态信息，包括位置、长度、速度、加速度等。
3）附近车辆信息，包括相邻车辆的位置、长度、速度、加速度等。

所有数据经规范化处理后，将按照预定义模板生成自然语言描述（如图 13-22 和图 13-23 所示），作为语言模型进行实时决策的情境输入。这种文本化接口设计既保留了环境状态的完整语义，又规避了直接处理仿真中间数据的复杂性。

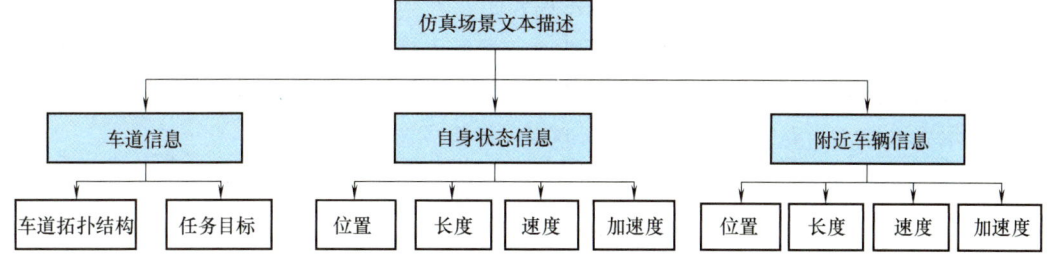

图 13-22 仿真场景的文本描述包含的内容

2. 记忆模块

记忆模块本质上是一个用来存储历史经验的向量数据库，能够提供实时记忆与知识更

> 车道信息
>
> You are driving on the entrance ramp of the highway and have reached the section where you can merge onto the highway. The end of the road segment is 75.50 meters ahead of you, you must turn left to merge onto the highway before the end of this section, otherwise you will have a collision. Your goal is to merge onto the highway safely, so please make sure there is no collision with other vehicles before changing lanes.
>
> 自身状态信息
>
> You are driving on a road with 3 lanes, and you are currently driving in the rightmost lane. Your current position is `(231.00, 8.00)`, speed is 20.00 m/s, acceleration is 0.00 m/s^2, and lane position is 1.00 m.
>
> 附近车辆信息
>
> There are other vehicles driving around you, and below is their basic information:
> - Vehicle `96` is driving on the lane to your left and is parallel to me. The centre position of it is `(231.00, 4.00)`, length is 5.0 meters, speed is 20.00 m/s, acceleration is 0.00 m/s^2, and lane position is 1.00 m.
> - Vehicle `584` is driving on the lane to your left and is ahead of you. The centre position of it is `(300.00, 4.00)`, length is 5.0 meters, speed is 20.00 m/s, acceleration is 0.00 m/s^2, and lane position is 70.00 m.

图 13-23　仿真场景的文本描述示例

新，解决大模型没有使用最新经验再训练的问题，同时通过嵌入技术将数据转换为向量并存储，使得大模型能够快速检索最相关的信息。向量数据库的核心功能是近似搜索，它能够快速找出与目标最接近的数据，提升了大模型的生成能力，使其能够结合最新的数据生成更精准、更贴合需求的答案，可以减少大模型在生成回答时可能出现的不准确或虚构的信息，即所谓的"幻觉效应"。同时，向量数据库能够处理文本、图像、音频和视频等多种类型的非结构化数据，通过使用机器学习模型、词嵌入或特征提取技术将它们转换为向量，进一步扩展了大模型的应用范围和能力。因此，向量数据库成为大模型时代的重要技术需求，为大模型提供了强大的支持和扩展。本项目采用开源的嵌入式向量数据库 Chroma，将场景的文本描述向量化并存储。

当环境模块输出场景文本描述时，大模型首先将场景文本描述转换成向量，并在记忆模块中通过向量相似度检索与该场景描述片段最相近的向量，记忆模块接着将相似的场景片段经验解码成文本格式。当前场景的文本描述和相似场景的经验片段文本将在固定的提示词模板下耦合，共同成为大语言模型的输入。存储在记忆模块中的相似场景经验将作为示例，辅助大语言模型在面对当前场景时进行逻辑推理，并做出最终的行动决策。每一段历史经验均由三个关键部分组成：场景描述、推理过程和最终决策。场景的文本描述可以通过 OpenAI 提供的文本嵌入模型（text-embeddings-ada-002）转换成向量形式。

3. 大模型推理模块

大模型推理模块主要负责构建基于大模型的自动驾驶智能体，并耦合当前场景的文本描述和历史经验片段生成完整的提示词。大语言模型根据预设的提示词和输入信息通过逻辑推理得到可解释的离散行动决策，最后提取得到当前帧的智能体车辆行动决策并返回给仿真平台执行，从而完成大语言模型对自动驾驶智能体的一次决策控制。

本项目使用 LangChain 框架构建大模型智能体。LangChain 是一个专注于构建和部署基于大语言模型的应用程序的框架,旨在简化开发过程,使开发者能够更容易地利用大语言模型的能力来创建智能应用程序。LangChain 提供了一系列工具和接口,支持从数据预处理到模型训练、微调和最终部署。在模型部署方面,LangChain 提供了一系列部署选项,包括本地部署、云端部署或通过 API 提供服务,让开发者可以根据应用需求和资源情况灵活选择部署方式。LangChain 是一个强大的工具,它通过提供一套完整的解决方案,使得利用大语言模型构建智能应用变得更加容易。它不仅简化了开发流程,还提高了开发效率,降低了进入门槛,让更多开发者能够参与到自然语言处理领域中。

使用 LangChain 框架构建大语言模型智能体时,首先需要明确大模型的调用方式。如果采用本地部署的方式,可以通过 Ollama 库本地下载 Qwen、Qwen2、Llama2、Llama3 等不同类型中不同大小的开源免费大模型,Ollama 中文官网为 https://ollama.org.cn/,包含完整的本地部署大模型教程,这里不再赘述。本地部署大模型对显存和内存要求较高,如果硬件条件不满足,可以使用 API 对大模型进行调用,这时需要在对应大模型的官网上注册账号并获取 API。

在完成了基本的大语言模型调用后,需要使用 SystemMessage 作为大语言模型的背景设定,以及 HumanMessage 作为每次与大语言模型对话的输入,从而得到与 HumanMessage 对应的大语言模型输出 AIMessage。

在本项目中 SystemMessage 主要用于明确大语言模型的自动驾驶决策智能体的角色定位,确立驾驶的目标是保障驾驶的安全与高效,要求做出对应输入的场景描述文本的离散行动决策,同时约束大语言模型的 AIMessage 输出格式框架,方便最终行动决策的提取。通过 API 调用大模型的简单示例代码如下:

```python
#引入库
from langchain.chat_models import ChatOpenAI
from langchain.schema import AIMessage, HumanMessage, SystemMessage
#创建大模型智能体,选择对应模型和其他参数
llm = ChatOpenAI(temperature = 0,
                 model_name = "gpt-4-1106-preview",
                 max_tokens = 2000,
                 request_timeout = 60)
#给大模型输入任务背景和要求
System_message = "xxx"
#输入具体的场景文本描述和记忆库中的相似场景经验
Human_message = "xxx"
messages = [SystemMessage(content = System_message),
            HumanMessage(content = Human_message)]
response = llm(messages)
print(response.content)
```

4. 反思模块

因为大语言模型在决策时会受到所提供的相似场景历史经验的影响,做出与参考案例类似的决策推理过程与结论,所以要求记忆模块中的经验片段都是优质经验,也就是说并非所

有经验都需要存储,部分导致车辆发生碰撞的决策经历需要修正和反思后再进行存储。因此在发生碰撞时,反思模块将通过大模型反思智能体对导致碰撞的决策进行修正和反思。通过这种反思过程,智能体能够将从错误中学习到的、经过提炼的推理逻辑和经过修正的决策存储在记忆模块中。这样不仅确保了知识的累积和保存,而且为智能体在多变的驾驶环境中进行闭环学习打下了坚实的基础。基于大模型的反思智能体构建思路与上一小节的自动驾驶智能体相似,主要的区别在于 SystemMessage 中反思的背景描述和对输出的格式要求,以及 HumanMessage 中输入的决策信息和推理要求。

5. 闭环训练

在完成各个子模块的搭建并耦合后,即可开始进行闭环仿真训练。在训练过程中可以通过检查发生碰撞时大模型的推理过程,分析智能体做出错误决策的根本原因并及时调整。随着训练轮数的不断增加,经验库中的经验片段也将不断丰富和完善,基于大模型的自动驾驶决策智能体在场景中的表现也会不断提升。在完成训练后可以尝试修改仿真场景,但保留原记忆模块,测试基于大模型的智能体在新场景中能否通过历史经验提升决策水平,测试大模型智能体的泛化能力。

习题

1. 选择题

1) 大模型通常指拥有(　　)参数以上的人工智能模型。
   A. 百万级　　　　B. 亿级　　　　C. 数十亿甚至更多　　　　D. 千亿级

2) Transformer 架构是由(　　)公司提出的。
   A. 微软　　　　B. 谷歌　　　　C. OpenAI　　　　D. 百度

3) Deepseek 大模型通过(　　)机制实现了推理效率的提升。
   A. 静态神经元激活　　B. 动态神经元激活　　C. 多层感知机　　D. 卷积神经网络

4) 在大模型智能体的技术架构中,(　　)负责将输入信息转化为行动决策。
   A. 感知模块　　　　B. 规划模块　　　　C. 记忆模块　　　　D. 执行模块

5) LangChain 框架的主要作用是(　　)。
   A. 提供硬件支持　　　　　　　　　　　B. 简化大模型应用开发过程
   C. 优化网络传输　　　　　　　　　　　D. 管理数据库

2. 判断题

1) 大模型的发展完全依赖于硬件技术的进步。(　　)
2) Transformer 架构的核心组成部分包括编码器和解码器。(　　)
3) GAN 网络通过生成器和判别器的对抗训练来生成数据。(　　)
4) 大模型在训练过程中不需要考虑能效与可持续性。(　　)
5) 参数高效微调技术通过修改全部参数来适配特定任务。(　　)
6) 大模型智能体只能处理单一模态的任务。(　　)
7) 在 RAG 技术中,检索模块负责根据输入查询定位相关片段。(　　)
8) 大模型全调技术相比微调技术,计算成本更低。(　　)

9）智能体技术只能应用于个人助理场景。（　　）

10）基于大模型的自动驾驶智能体不需要进行闭环训练。（　　）

3. 简答题和论述题

1）简述大模型发展中的主要伦理考量有哪些？分别解释其重要性。

2）解释 Transformer 架构中自注意力机制的作用及其优势。

3）大模型微调技术与全调技术的核心区别是什么？各适用于什么场景？

4）简述 RAG（检索增强生成）技术的核心原理及其优势。

5）分析大模型在训练和应用过程中面临的主要挑战，并提出可能的解决方案。

6）结合实际案例，论述提示词工程在大模型应用中的重要性及优化方法。

7）从技术架构和应用价值两个角度，分析大模型智能体与传统 AI 应用的区别。

8）论述多模态大模型的发展趋势及其对产业垂直场景的潜在影响。

部分习题
参考答案

参 考 文 献

[1] 周志华. 机器学习［M］. 北京：清华大学出版社，2018.
[2] 李航. 机器学习方法［M］. 北京：清华大学出版社，2022.
[3] 邱锡鹏. 神经网络与深度学习［M］. 北京：机械工业出版社，2020.
[4] 李彦宏. 智能交通［M］. 北京：人民出版社，2021.
[5] 徐国艳，刘聪琳. Python深度学习及智能车竞赛实践［M］. 北京：机械工业出版社，2024.
[6] 刘阳，林惊. 多模态大模型：新一代人工智能范式［M］. 北京：电子工业出版社，2024.
[7] 黄佳. GPT图解大模型是怎么构建的［M］. 北京：人民邮电出版社，2024.
[8] 黄佳. 零基础学机器学习［M］. 北京：人民邮电出版社，2024.
[9] WEN L, FU D, LI X, et al. Dilu: a knowledge-driven approach to autonomous driving with large language models［Z/OL］.［2025-01-20］https：//doi. org/10. 48550/arXiv. 2309. 16292.
[10] JIANG K, CAI X, CUI Z, et al. Koma：knowledge-driven multi-agent framework for autonomous driving with large language models［J］. IEEE Transactions on Intelligent Vehicles，2024：1-15.
[11] WANG L, REN Y, JIANG H, et al. Accidentgpt：a v2x environmental perception multi-modal large model for accident analysis and prevention［C］//2024 IEEE Intelligent Vehicles Symposium. Jeju Island：IEEE，2024：472-477.
[12] LAN Z, LIU L, FAN B, et al. Traj-llm：a new exploration for empowering trajectory prediction with pretrained large language models［J］. IEEE Transactions on Intelligent Vehicles，2024：1-4.
[13] REN Y, CHEN Y, LIU S, et al. TPLLM：a traffic prediction framework based on pretrained large language models［Z/OL］.［2025-01-20］https://doi. org/10. 48550/arXiv. 2043. 02221.
[14] WANG M, PANG A, KAN Y, et al. LLM-assisted light：leveraging large language model capabilities for human-mimetic traffic signal control in complex urban environments［Z/OL］.［2025-01-20］https://doi. org/10. 48550/arXiv. 2403. 08337.
[15] PANG A, WANG M, PUN M O, et al. iLLM-TSC：integration reinforcement learning and large language model for traffic signal control policy improvement［Z/OL］.［2025-01-05］https://doi. org/10. 48550/arXiv. 2407. 06025.
[16] BOUKERCHE A, MA X. Vision-based autonomous vehicle recognition：a new challenge for deep learning-based systems［J］. ACM Computing Surveys（CSUR），2021，54（4）：1-37.
[17] ZOU Z, CHEN K, SHI Z, et al. Object detection in 20 years：a survey［J］. Proceedings of the IEEE，2023，111（3）：257-276.
[18] VIOLA P, JONES M. Rapid object detection using a boosted cascade of simple features［C］//Proceedings of the 2001 IEEE Computer Society Conference on Computer Vision and Pattern Recognition. Kauai：IEEE，2001，1：I-I.
[19] CHEN Y, ROHRBACH M, YAN Z, et al. Graph-based global reasoning networks［C］//Proceedings of the IEEE/CVF Conference on Computer Vision and Pattern Recognition. Long Beach：IEEE，2019：433-442.
[20] WU T, LU Y, ZHU Y, et al. GINet：graph interaction network for scene parsing［C］//Computer Vision-ECCV 2020：16th European Conference. Glasgow：Springer，2020：34-51.
[21] HAN K, WANG Y, CHEN H, et al. A survey on vision transformer［J］. IEEE Transactions on Pattern Analysis and Machine Intelligence，2022，45（1）：87-110.

[22] YE N, ZHANG Y, WANG R, et al. Vehicle trajectory prediction based on hidden markov model [C] // 2017 IEEE 86th Vehicular Technology Conference. Toronto: IEEE, 2017: 1-5.

[23] ALAHI A, GOEL K, Ramanathan V, et al. Social lstm: Human trajectory prediction in crowded spaces [C] //Proceedings of the IEEE Conference on Computer Vision and Pattern Recognition. Las Vegas: IEEE, 2016: 961-971.

[24] LECUN Y, BOTTOU L, BENGIO Y, et al. Gradient-based learning applied to document recognition [J] Proceedings of the IEEE, 1998, 86 (11): 2278-2324.

[25] SIMONYAN K, ZISSERMAN A. Very deep convolutional networks for large-scale image recognition [Z/OL]. [2025-01-05] https://doi.org/10.48550/arXiv.1409.1556.

[26] KRIZHEVSKY A, SUTSKEVER I, HINTON G E. ImageNet classification with deep convolutional neural networks [J]. Communications of the ACM, 2017, 60 (6): 84-90.

[27] SZEGEDY C, LIU W, JIA Y, et al. Going deeper with convolutions [C] //2015 IEEE Conference on Computer Vision and Pattern Recognition, Boston: IEEE, 2015: 1-9.

[28] HE K, ZHANG X, REN S, SUN J. Deep residual learning for image recognition [C]//2016 IEEE conference on Computer Vision and Pattern Recognition, Las Vegas: IEEE, 2016: 770-778.

[29] VASWANI A, SHAZEER N, PARMAR N, et al. Attention is all you need. [C]//Proceedings of the 31st International Conference on Neural Information Processing Systems. Long Beach: Curran Associates, Inc, 2017: 6000-6010.

[30] GOODFELLOW I, POUGET A J, Mirza M, et al. Generative adversarial nets [J]. Advances in neural information processing systems, 2014, 2672-2680.

[31] SONG Y, ERMON S. Generative modeling by estimating gradients of the data distribution [J]. Advances in Neural Information Processing Systems, 2019, 32: 6840-6850.

[32] HO J, ERMON S. Generative adversarial imitation learning [J]. Advances in Neural Information Processing Systems, 2016, 29: 4565-4573.

[33] DHARIWAL P, NICHOL A. Denoising diffusion probabilistic models [Z/OL]. [2025-01-05] https://doi.org/10.48550/arXiv.2102.09672, 2021.

[34] CHEN D, RADFORD A, CHILD R, et al. A unified language model pre-training method for natural language processing [Z/OL]. [2025-01-05] https://doi.org/10.48550/arXiv.1903.07832.

[35] TAN, Z, LE Q V. EfficientNet: Rethinking model scaling for convolutional neural networks [Z/OL]. [2025-01-05] https://doi.org/10.48550/arXiv.1905.11946.